LIFE AS WE MADE IT

HOW 50,000 YEARS OF HUMAN INNOVATION REFINED—AND REDEFINED—NATURE

悬崖边的造物者

[美] 贝丝·夏皮罗——著 撖静宜——译

中信出版集团 | 北京

图书在版编目（CIP）数据

悬崖边的造物者 /（美）贝丝 · 夏皮罗著；撒静宜译 . —北京：中信出版社，2023.1
书名原文：Life as We Made It : How 50,000 years of Human Innovation Refined—and Redefined—Nature
ISBN 978-7-5217-4952-6

I. ①悬… II. ①贝… ②撒… III. ①生物工程 IV. ① Q81

中国版本图书馆 CIP 数据核字（2022）第 210672 号

悬崖边的造物者
著者： [美] 贝丝 · 夏皮罗
译者： 撒静宜
出版发行：中信出版集团股份有限公司
（北京市朝阳区惠新东街甲 4 号富盛大厦 2 座 邮编 100029）
承印者： 宝蕾元仁浩（天津）印刷有限公司

开本：880mm×1230mm 1/32 印张：10.75 字数：227 千字
版次：2023 年 1 月第 1 版 印次：2023 年 1 月第 1 次印刷
京权图字：01-2021-4795 书号：ISBN 978-7-5217-4952-6
定价：69.00 元

目录

序言

究竟何为天意?

在美国西部腹地，一头年老的野牛啃食了满满一口鲜嫩的草。正在野牛平和地咀嚼满嘴的食物时，一声狼嚎打破了斯内克河畔的宁静。它抬起头，停止咀嚼，猛然警觉起来，嗅着周围的空气，耳朵也在微微地颤抖。四周寂静无声，只有漫无目的飞舞的蚊子在它周围嗡嗡作响。它意识到危险并没有迫在眉睫，便又开始咀嚼起来，视线再次投向地面。它朝着新鲜的草地慢慢地移动着，附近几十头野牛也跟随着它慢慢地向南移动。一群野牛就这样平静地，不紧不慢地，一路吃草一边走向山中。

这画面平静又安然，在为数不多的地球最后的荒野之地，一群野牛繁衍生息，不受这荒野之外纷纷扰扰的约束。这画面充满了希望，虽然人类自己的确把我们的星球搞得一团乱，但还是有一小块一小块远离人工痕迹的栖息地留存了下来，可以让这些野牛自由游荡。更重要的是，这画面鼓舞人心。这些野牛之所以可以生存下来，是因为我们拯救了它们。19世纪末期，曾经在这片平原上生活的上百万头野牛近乎消失，但是它们并没有灭绝。人类规划了保护区让它们可以反刍和养育幼崽，而且设立了法律，让这些保护区远离捕猎、偷猎和其他威胁。多亏了人类的这些举措，目前有超过50万头野牛生活在北美。

不过除了上面描述的这些，最重要的是这些画面是自然的，这些被北美第一个国家公园所保护的美洲野牛代表了未受破坏的野性。这是自然界应该有的样子，因为这也是自然界一直以来的样子。

除了不是这个样子的时候。

过去10年见证了强大生物技术（也称生物工程）的迅猛发展，这些技术既惊人又鼓舞人心，同时也非常可怕。克隆、基因编辑、合成生物学、基因驱动，这些词预示着一个不同的未来，但那是一个令人期待的未来吗？一方面，技术发展的优势显而易见。生物技术可以避免疾病发生和治愈疾病，也可以改善食物的风味和延长保鲜时间。但是另一方面，生物技术也创造了异常的东西，比如嵌入了微生物基因的玉米和可以生出小鸭子的鸡。[①]事实上，越来越难

---

① 是的，这是可以真实发生的事！从发育的鸭蛋中提取原始生殖细胞（这些细胞最终会发育成精子或者卵子），再把这些鸭原始生殖细胞注射到鸡蛋中就可以实现这个过程。注射过鸭生殖细胞的鸡蛋孵化出小鸡，鸡达到性成熟时，它将拥有两种卵子：一种由自身的原始生殖细胞发育而来，另一种是由注射的鸭原始生殖细胞发育而来。如果使用鸭的精子进行人工授精，则鸭卵子将会受精（鸡和鸭在演化上差异过大，鸭精子无法使鸡卵子受精，因而无法产生鸡鸭杂交种），这些蛋就会孵化出一只小鸭子了。

找到完全没有被人类染指过的东西了。虽然科学家也在努力地保护自然中现存的东西和空间，但是种种危机超出了目前技术可以解决的范畴，例如：海上石油泄漏，增长的灭绝率和新发传染病。我们是否应该深入研究下去，拥抱现代科学的力量，去期待一个不一样的未来呢？在那个未来里，微生物可以清洁人类产生的废物，长毛象可以游荡在西伯利亚的田野里，在耳边嗡嗡作响的蚊子可以不携带病毒。或者我们应该扼杀掉这种未来，在一切事情为时已晚之前停下来？

对于很多人来说，充满人工改造生物的未来是黑暗绝望的。或许，工程菌、猛犸象和不能传播疾病的蚊子在某种程度上可以造福人类，但制造它们是不正确的，创造一个拥有这些东西的世界也是错误的行为。这些人有一种指责科学的倾向，他们认为科学家和21世纪的技术把世界带到了危险的悬崖边，跨过去就是全新的自然，是一个全部根据人类意图由人类创造的、不自然的自然。但这个充满危机感的预测，是基于人类刚刚开始干预自然的假设做出的，而且认为自然和非自然的边界明显又清晰。然而，历史、考古学、古生物学，甚至基因组学都讲述了一个截然不同的故事。在对过去的研究中，我们了解到在整个人类历史中，我们一直在塑造周围生物的演化进程。在过去的5万年里，我们的祖先通过狩猎、干涉的方法战胜了数以百计的物种，并导致了它们的灭绝。他们把狼变成了波士顿㹴犬，把大刍草（玉蜀黍属植物）变成爆米花，把野生卷心菜变成了羽衣甘蓝、绿花菜、菜花、抱子甘蓝和宽叶羽衣甘蓝等。我们的祖先学会了狩猎和驯养，然后当他们旅行时，他们的行为和举动创造了物种适应和演化的条件。一些物种与人类相遇后存活了下来，但很多物种并没能保留下来，它们都发生了某种变化。可以说现存的生物是由我们塑造的，一部分是通过随机的演化，另一部分是通过不那么随机的人类意图。

将视线重新投向美洲野牛。我们的祖先在距今两万多年前第一次踏上北美大陆，他们刚开始可能只是尾随这些看起来很美味的动物，但慢慢地人们发明了优良的技术，可以狩猎野牛，其中一些技术甚至可以一次杀死数千只动物，仅有那些逃脱了捕猎的野牛幸存下来。伴随着气候变冷，栖息地恶化，野牛的种群数量锐减。

在约12 000年前，冰河时期渐近尾声，适宜野牛生存的栖息地再次扩张，从而导致野牛种群数量反弹。当然，温暖的气候也适宜人类生存，人类数量也出现了增长。植被变得密集，人类开始使用火去重塑土地。他们学会了驱赶野牛到易于捕猎的栖息地。野牛适应了这种变化，并且繁衍壮大。同时，人类也在适应。人类生活开始围绕着野牛群的季节性变化而变化，他们使用野牛的肉、皮、粪便和骨头作为食物、衣服、燃料和工具。贸易网络随之出现，在同一块大陆上生活的人类相互联系起来。

大约5个世纪前，欧洲人踏上了北美大陆，他们也对野牛产生了浓厚的兴趣。欧洲移民逐渐向西推进，伴随着越来越多的人口和飞速发展的铁路网络，可观的野牛种群分崩离析，逐渐瓦解、崩溃。对野牛和野牛栖息地所有权的战争愈演愈烈，越来越多的人和更多的野牛在战争中死亡。不停地签署条约又撕毁条约，使美洲原住民遭遇了难以承受的苦难。养牛场扩张了，开始争夺原本属于野牛的食物、空间和水源。这次，一切都发生得太过迅速，野牛没能适应。在19世纪与20世纪之交，一部分野牛被人类捕获并圈养起来，另外一部分野牛依然生活在野外，但是曾经繁盛的野牛群已不复存在。

约一个世纪前，人类意识到野牛陷入了危机。有保护意识的官员设立了禁止屠宰野牛的法律。野生动物管理者开始建立保护区来保护野牛的安全，并且在这些区域内选择可以繁衍下一代的野牛。如此一来，野牛活下去的最佳策略不再是逃跑，从某种程度来说是讨好俘获它们的人类。野牛再次适应，开始茁壮成长。

现代生物技术让我们可以比祖先更快、更精准地干预物种演化，人工授精、克隆和基因编辑增加了我们对DNA（脱氧核糖核酸）的控制力，我们可以根据人类的意愿决定哪些DNA遗传给下一代，这样也就增强了人类意图在演化中的力量。时至今日，生物技术在农业中得到了大量应用。100年前，农夫发现一只小猪长得比别的小猪大，可能就更为精心地饲养这只优良的猪，几代之后，这种优良的特征才会慢慢显现在畜群中。50年前，农夫可能会从生长得最为迅速的猪身上收集精液，使母猪受孕而产下更多具有生长迅速这种特性的后代。时至今日，农夫可以对猪的DNA进行测序，发现是什么遗传变异导致了生长速度的不同。农夫可以提取优质猪的细胞，并且克隆它们以构建新的胚胎，这些胚胎中含有所有导致快速生长的遗传变异，最后被移植到代孕母猪体内获得更多的优良后代。或者，农夫可以直接编辑、重组这些胚胎的DNA，使其获得更快的生长速度。最终，这些干预的结果都是一样的——更大的猪和更为良好的品系，现在仅需几年就可以达到这样的目的，过去需要几十年甚至几个世纪。

新的生物技术让我们获得了祖先未曾拥有过的能力，也让事情变得复杂起来。比如“环保猪”（一种基因重组工程猪），它的确是猪，大部分的基因也是猪的基因，但是它们的基因组中加入了一个来自微生物的基因和一个小鼠基因。如果使用传统育种技术，那么这是无论多么精心培育都无法得到的猪，但是现代生物技术就可以做到。这种“环保猪”的发明，是为了解决农业上一个非常具体的问题。养猪场附近水域经常遭受严重的磷污染，因为这种重要元素通常会被添加进饲料，然后多余的磷主要靠粪便排出体外。“环保猪”基因组中添加的两个基因能够表达一种蛋白质，分泌到唾液中后，就能把磷分解成可被利用的形式。这种猪可以更有效地利用饲料中的磷，也就意味着可以饲喂更少的磷。这样一来减少了饲养者的成本，同时也保护了水源不受污染。在2010年，这个新品种被提交监管部门批准。没有人知道审核是如何进行的，但最终这种猪的研发因审核停滞不前，经费耗尽而停止。“环保猪”解决了最为困扰世界农业的问题之一，但是由于我们对技术的怀疑，这种可能随之而来的重大突破被我们拒之门外。

“环保猪”的发展过程暴露了我们的不安，一种对人与其他物种的关系迈向下一阶段的惶恐，也暴露了这种不安带来的高昂代价。我们的迟疑延缓了对技术安全性和其广泛潜力的研究。我们已经错过了很多次可以利用生物技术解决问题的机会，例如：清除栖息地的污染，拯救在灭绝边缘的种群，或者提升农业产量。不过，我们的迟疑也是可以理解的。早期研发并得到应用的生物技术中有很多因缺乏透明度而遭受抵制，研究人员并没有向公众解释经生物技术改造的作物是怎样产生的，究竟与经传统育种技术得到的作物有何不同（其实也没什么不一样）。缺乏透明度给少数极端分子可乘之机，他们利用公众对风险的天然厌恶去传播错误信息。又由于监管体系的混乱和知识产权之争，这些生物技术作物背后的科学问题一直没能得到公开讨论。这也让潜在的消费者在生物技术食品面前望而却步。

早在20世纪90年代中期，生物技术食品在理论层面被提出，然而现在生物技术的矛头直指另一个严峻的问题：由于人类对地球的掌控，全球范围内生物多样性减少了。从化石资料来看，生物有着自然的灭绝速率，但是目前的灭绝速率远远超过原有速度。这的确是我们的错误，除了人类自身和人类驯化的动物以外，其他动物的栖息地质量恶化，数量减少。大多数人都认可我们应当对这种灭绝危机有所作为，但是大家并没能在采取何种措施上达成一致。一些人认为应当让人类完完全全地从多达一半的地球表面撤出，以保护完整的自然，但是另一些人认为直接干预是减缓人为灭绝速率的有效办法。几十年来，生物学家一直在做出努力，比如：手动清除入侵物种，移动种群到其他栖息地，或者引入替代物种填补关键生态位（这些空缺的关键生态位通常由灭绝导致）。但是，利用今天的生物技术可以做更多的事情。举例来说，我们可以改造各个物种的基因组，让它们能够适应干旱的土壤、偏酸性的海洋和被污染的河流，也可以利用基因驱动系统彻底地清除入侵物种；我们甚至可以复活灭绝的物种，恢复原有的生态交流，改善生态系统健康。这些生物技术干预手段在生态保护方面有着巨大的潜力，但风险也随之出现。

2017年，海伦·泰勒和她的同事对新西兰的生物保护从业者进行了调查，目的是了解他们对利用基因工程进行实地保护工作的看法。新西兰政府宣布了一个野心勃勃的目标，计划在2050年前消灭大鼠、澳大利亚负鼠和白鼬这些引进物种，因为这些物种的出现对本地物种造成了毁灭性打击。这个计划的完成时间无疑充满了野心，很多人认为生物技术是按时实现这个目标的可能途径。然而，泰勒团队的调查显示，大家对这些策略的接受程度与被改造的物种有关。大多数的受访者赞同改造入侵物种的DNA，但是无法接受对本地物种的DNA进行改造。事实上，很多受访者承认他们宁愿看到本地物种灭绝，也不愿意使用生物技术来拯救它们。他们为何不安？因为实际上他们扮演了“上帝”的角色，人为地改变了演化进程，只是他们在扮演这个角色的时候感觉不是很好，除非他们面对的是入侵物种。

这种面对不同物种的不同态度其实就是保护工作者的意志，是某种程度上人类给予的天意。现在，是时候去接受“上帝”这个角色了。

在接下来的章节中，我将讲述一个故事，描绘人类与其他生物之间不停变化的关系。这个故事将被分为两部分，进行区分的时间节点为生物技术出现前后。这是绝大部分人认为的转折点，是生物技术的出现让我们拥有了操纵自然的能力。第一部分描述了人类发展的三个阶段：捕猎、驯化和保护。第1章记录了我从学生时代开始慢慢对古DNA研究领域感兴趣，最终成为这个领域的一名教授的经历，介绍了我和同事如何从化石中提取DNA去重构进化史。第2章阐述了古DNA是如何揭示人类起源的，包括我们与远古近亲的相遇如何重塑人类演化路径。第3章描述了人类的脚步逐渐扩展到全球，此时我们主要承担着捕食者的角色；同时讨论了一个有趣的现象，那就是在人类种群扩张的过程中，当人类到达一片未受侵扰的栖息地时，恰好本地物种灭绝了。第4章讲述了人类的角色从猎人转换成了农夫，这一切开始于人类发现灭绝不是完全不受控制的。我们的祖先为了保障自己的下一顿饭，开始发展畜牧和种植技术，也开始为了获得农场用地而砍伐森林。第5章讲述人类的角色再一次发生转变，从农夫变成管理者。因为人口的激增和家禽家畜的蓬勃发展，野生生物的栖息地被大量消耗，物种迅速灭绝，动物保护行动也由此开始。

目前，我们还依赖着祖先在人类创新史的前三个阶段所发展的技术，但是我们的干预依然在影响着其他物种。集约化农业满足了现在地球将近90亿人口的食物需求，国际法保护了地球的海洋、空气、陆地和淡水循环。但是现在地球又面临了危急时刻，目前的人口数量远超传统技术可以养活的数量，而且由于人类正在大幅度改造地球，原本的栖息地变化过快，以至于大量的物种来不及适应变化使灭绝速率飙升。不过，我们又一次拥有了新的工具，这个工具可以让我们以一种前所未有的速度和方式来操纵物种。

第二部分将探究由生物技术带来的人类创新的新阶段。第6章主要探讨像克隆和基因工程这类生物技术是如何影响农业和畜牧业的，例如基因工程可以针对性地改造物种而避免传统育种的随机性。第7章描述了生物技术如何在保护濒危物种及其栖息地方面发挥作用。从克隆猛犸象到转基因雪貂，再到自限性蚊子（带有自限性基因，雌性个体无法活到成年），生物技术可以加快物种的适应速度，以减缓生物多样性减少，以及恢复受损栖息地的稳定性。最后，第8章推测了新生物技术还能做些什么。不再受限于原有的物种界限，或许我们可以继续用所了解的知识，通过新技术优化食品、宠物和农作物，也许会超越想象发明出更好的东西。

今天的生物技术不同于过去的传统技术，需要我们另行看待。现在我们拥有前所未有的力量去改造物种，我们需要意识到这种力量的存在，并且接受和学习如何掌控这种力量。这么做并不容易，但也绝非不可能。同时，现今的我们不同以往，比祖先更为清晰地了解世界是如何运转的。我们对生物学、遗传学和生态学有着更为深刻的了解，能够评估风险，进行跨文化和跨语种的交流，也能够分担技术和经济负担。更重要的是，我们有上万年改造自然的经验，还怀着从过去到现在未曾改变的目的：去创造更有效率地为我们服务的有机体。

生物技术使我们突然开始掌控自然，这是不正确的想法，实际上我们扮演“上帝”的角色已经有一段时间了。

第一部分

我们的来路

第 1 章

寻觅古DNA：美洲野牛的演化命运

在加拿大育空，从道森市前街的咖啡店出发，只需不到一个小时的车程就可以穿越到上个冰河时期。位于怀特霍斯西北500千米的道森市是一个崎岖不平的北方小镇，到处都是泥泞的道路和木质人行道，还有很多西部风格的老酒馆，由于土地的消失，很多建筑物以奇怪的角度摇摇欲坠地矗立在那里。现在，旅游业是道森市的主要经济来源，但过去并不是这样。1896年人们在这里第一次发现了黄金，自那以后有超过46万千克的黄金从克朗代克河流域被开采出来。

但是，克朗代克河淘金者发现的不仅仅是黄金，每年在淘金的过程中，数以千计的冰河时期化石从克朗代克河的冻土中被冲刷出来，其中包括猛犸象、乳齿象、野牛、马、柳树、地松鼠、狼、骆驼、云杉、狮子、旅鼠和熊。这些枝干、种子、骨骼、牙齿，甚至是木乃伊般的完整躯体代表了生活在克朗代克地区的动植物，它们可能在几百万年前的某个时间段内生活在这里。

自淘金热以来，科学家一直在收集克朗代克地区的化石，希望利用这些资料重建上个冰河时期的气候和群落。现在，这些化石成为我研究中的支柱，我每年夏天都尽可能地在那里待上几个星期。现在我可以指出哪条尘土飞扬的路最有可能被冲刷掉，哪条小溪穿过了富饶的土地（当然是指骨骼化石极为富饶），还有哪些火山灰层指示了什么化石年代。但是，在2001年那个炎热的夏天，我第一次开车到达那里的时候，我一无所知。

当时，我和我的两个同事朋友杜安·弗勒泽和格兰特·扎祖拉一起从道森市出发前往克朗代克。我们三个人当时还是研究生，大家的研究课题都依赖于这个地区的数据，但是只有我一个人从来没有去过淘金地区。当时，我们主要在道森市参加一个学术会议，白天可以与同行交流科学，讲座结束后可以顺便探索这座城市的夜生活。在去淘金地区的前一个晚上，我们探寻到了一家看起来脏兮兮的酒吧，被当地人称为“矿坑酒吧”。我们在酒吧里意外遇到了杜安的矿工朋友，在吃了几个育空黄金土豆以后，他邀请我们去他家看看他的骨骼收藏。于是，第二天早上我们从学术会场溜出来，去往矿区。当时的我做好了面对强烈阳光的准备，做好了面对克朗代克无处不在的蚊子的准备，甚至做好了遇到熊的准备，但事实证明我没有对泥泞做好准备。

大约驶出城镇20分钟，整洁的高速公路就消失了，只剩下尘土飞扬的矿区道路，我们坐在杜安借来的卡车里，蜿蜒前行。一路上，我为克朗代克的野性自然和人类世界的强烈反差所震惊，前一分钟我们刚刚闯过一片原始云杉林，小心翼翼地穿过其中一条希望不会太深的小溪，然后下一分钟我们就处在光秃秃的荒原中央，推土机正在铲掉大块的冻土。道路曲折崎岖，当我们的皮卡甩尾过弯时，我的胃里翻江倒海。终于车开上了一条平直的道路，车速渐缓，我实在太渴望新鲜空气了，尽管坐在中间位置也迫不及待地越过格兰特摇下了车窗。然后，克朗代克给我上了第一课，这个地区臭气熏天。污浊的空气扑面而来，我倒吸了一口凉气，被这刺激的空气打败了，只好重新坐回座位，但是格兰特和杜安好像没注意到这股味道。

很快便到达目的地了，我们把车停在矿区主要的商店旁边。格兰特和杜安激动地跳下车，而我迟疑了。刺鼻的气味越来越强烈，我开始打算留在车里，让他们去看骨头吧。可是，我也想一睹骨头和矿藏的真容，所以最后我还是动摇了，深吸一口气，做好准备打开车门，冲进了恶臭。

我站在碎石路面上，定神环顾四周。我的右边是商店和一些房屋，左边是仓库之类的建筑物（或许是刺鼻气味的来源？）和几辆卡车，以及几个我觉得可能用于丢弃生锈金属的大垃圾箱。远处有几个看起来像矿工的人，他们正在摆弄类似可以装在平台上的消防水管的东西。杜安已经向他们走去，我也跟着走了过去，其实我只是想远离一切能够产生这种恶臭的东西。

和我预想的不一样，越靠近这些矿工，恶臭反而越强烈。我看看格兰特，然后厌恶地捏住了鼻子。突然，我们面前一台强大的发电机启动了，这又冲击了我的另一个感官。我崩溃地踢了踢脚下的石子，一不小心有一块大石头打到了杜安的靴子上。

杜安疑惑地回头问发生了什么，他的声音压过了发电机巨大的声响，他似乎仍没有注意到这股刺鼻的气味。

格兰特笑道："她是第一次来！"他提醒杜安。

"啊，"杜安点点头，转过身眯着眼睛看向太阳的方向，想知道他的朋友是不是在那群消防水管旁的矿工中间。"这个味道啊，你觉得这些泥巴是由什么组成的呢？"他随口问道。

"是死掉的猛犸象，"格兰特笑着补充道，"还有上个冰河时期死掉的草木和其他垃圾，现在早就腐烂了。"

这样就不难理解了，几万年前的有机体碎片原本被冷冻在土地里，现在突然被暴露在夏季阳光下，肯定会产生令人不快的气味。

"还有冰川淤泥，"杜安补充说，"你会想要小心的。"

我们三人向着消防水管运转的地方继续走着，我逐渐适应了这里的气味和噪声。杜安挥舞着手臂大喊，矿工们注意到了我们，然后让水流变小了，发电机的声音也变小了。杜安认为这是一种邀请，赶紧凑上前去聊天。我和格兰特留在原地等待，扫视着刚刚被冲刷出来的淤泥，寻找来自冰河时期的生命迹象。

很快，我就发现了一个野牛角，爆破点刚刚翻出来很多冻土，它从里面露出来。我兴奋地戳着格兰特的肋骨，指给他看。他微笑着，因为十分认可我的化石发掘能力（当然是我自以为的），示意我把它挖出来。带着第一次发现冰河时期化石的激动心情，我朝爆破点边缘走去，蹑手蹑脚地跨过一条从爆破点流出的浅溪，然后准备跳过一个小水坑。在这里，克朗代克给我上了第二堂课：凡事都要小心翼翼。不知道这件事的我，非常不雅地"着陆"了，我深深地陷入脚踝高的淤泥中。我惊慌失措地想要拔出一只脚，结果不但这只脚没有移动，反倒让另一只脚因为额外的压力而陷得更深了。我又使劲拔了一次，这次脚是成功拔出来了，但是靴子留在了泥里。我一只脚只穿着袜子在湿哒哒的泥地上面企图寻找一个支点，最后还是失败了，我失去了重心向后倒去。结局就是我的两只脚、两只手和屁股都陷进了臭气熏天的淤泥，我绝望地回头看向格兰特寻求帮助，然而这个让我陷入这种境地的人只是开心地嘲笑我。

“我早就告诉你要小心！”杜安在消防水管旁边喊道，他和身边的矿工一边微笑，一边无奈地摇头。

在脱掉两只靴子，丢了一只袜子，自己浑身上下散发着几千年前腐烂尸体的味道之后，我终于从泥泞中挣脱出来，同时我也完成了在这个地区工作的“成人礼”。然后，我们一起回到了矿区商店，去参观他们的化石收藏。化石主要是野牛骨骼，我对此非常高兴，因为我现在正在研究冰河时期的野牛。还有一些马骨、猛犸象骨头和象牙、驯鹿骨头和鹿角，以及一些少见的熊和猫的骨头。我们被告知需要把这些化石带回怀特霍斯的博物馆，所以我们给每块化石都做了标记，并且在野外记录本上详细记录了化石的物种、采集日期和出土的矿区。我也用电池供电的小电钻采集了一些野牛骨骼的样本，准备日后回到我在牛津的实验室提取DNA。之后，我们谢过矿工，收拾好记录，把化石都装进杜安的卡车里，准备把它们带回怀特霍斯。

一切是如何开始的

实话实说，1999年开始我的研究生课题的时候，我并没有打算研究野牛。在我第一次紧张地穿过牛津大学动物学院大厅的时候，我没有想到野牛。在我找到一个办公位，想到未来5年工作规划的时候，野牛也没有出现在我的脑海里。我从小并没有对野牛有什么浓厚的兴趣，但是几个月之后我就遇到了它，我用德雷梅尔激光切割机切割了一段三万年前野牛的骨头（是的，这非常重要）。很惭愧的是，我不得不承认自己当时对野牛的第一印象并不好。这是一个尴尬的“眼色游戏”，即将成为我导师的人提出了建议，而我如坐针毡，思索如何礼貌地拒绝他的提议。“为什么不研究野牛呢？”对我的职业生涯而言非常幸运的是，他接下来说，“如果你做这个课题，你就有机会去西伯利亚。”这让我怎么舍得拒绝。

当时，古DNA领域的研究才刚刚开始，在此之前15年，加利福尼亚大学伯克利分校的阿兰·威尔逊研究团队开创了这个领域。他们采集了一小块100年前保存下来的斑驴肌肉组织，这种动物是一种已经灭绝的斑马亚种。他们从肌肉组织中提取了DNA，并且进行了测序。他们的研究结果证明DNA也可以存在于死亡个体中，这引发了一场科学狂潮。全世界许多实验室开始对灭绝物种进行测序，争相提取猛犸象、洞熊、恐鸟和尼安德特人的DNA。大家都在争相发表最古老的DNA或最为稀少物种的DNA测序结果，很少有人去验证那些最惊人的研究结果。在20世纪90年代中期，恐龙DNA序列还有在琥珀中保存下来的昆虫DNA序列都已经被发表在著名的科学期刊上，这些研究结果让人难掩喜悦之情，但是问题也随之而来。虽然有些古DNA序列的确可以被验证，但是没有一个极其古老的DNA序列是真实的。事实上，大多数（不是全部）研究宣称的几十万年前的DNA序列已经被证实是样本污染，它们可能来自微生物、人类，或者是研究人员的午餐。这是古DNA研究领域的至暗时刻。

1999年我开始研究古DNA时，这个领域刚刚走上正轨，成为一门严肃的科学。科学家意识到古DNA往往会断裂或者降解成微小的片段，而且很容易被活体的完整DNA所污染，比如来自参与实验的研究人员的DNA。在20世纪90年代末期，几个大学和研究所投入了巨额资金去开发能够用于古DNA研究的超净实验室。这些实验室的科学家设立了非常严格的DNA提取方法，包括：在无菌环境中进行实验，所用实验器具都要在漂白液中浸泡以去除潜在的DNA污染源，要穿戴无菌衣、靴子、手套、发网和口罩以避免污染古DNA，而且不信任来自竞争对手实验室的数据。这些措施也产生了另一个方面的影响，限制了可以研究最吸引人、最古老的DNA的竞争者数量。

我懵懂地踏入牛津大学并且开始了古DNA研究，兴奋的我完全不知道自己正在走进一个激动人心的世界，当时的实验室还只是初具雏形。实验室的领导者阿兰·库珀，也是我未来的导师，他刚刚离开伯克利的阿兰·威尔逊课题组，这个课题组培养了他和许多在古DNA研究早期非常有名的人物。库珀在牛津大学自然史博物馆中拥有一个清洁实验室，能够支持古DNA研究，还雇用了博士后伊恩·巴恩斯。在我加入后，实验室仅有我们三个人。

大多数人可能会觉得在一个仅有少数实验室参与的新兴领域，我可以对自己的研究课题有更大的选择权，但是在古DNA领域并不是这样。到了1999年，所有的生物类群都被不同的实验室认领，像最吸引人的食肉动物和古人类，或者任何可以激起期刊编辑和记者兴趣的类群都已经被瓜分了。同样来自阿兰·威尔逊实验室的斯万特·佩博和亨德里克·波纳，在德国莱比锡新成立的马普进化人类学研究所进行猛犸象、大地獭、人类和尼安德特人的研究。加利福尼亚大学洛杉矶分校的鲍勃·韦恩研究狗、狼和马。美国自然历史博物馆的罗斯·麦克菲研究麝牛。阿兰·库珀认领了熊和猫，并且让伊恩进行研究，当然还有野牛，但看起来无人问津。

尽管我对野牛并不感兴趣，但是古DNA太吸引我了。在暑期地质学野外实习期间，我开始着迷于地球塑造生命系统的过程。我对更新世巨大冰川留下的痕迹十分感兴趣，过去的几百万年大多属于更新世，这个地质阶段有明显的冰期与间冰期，冰川的连续进退留下了很多痕迹。在每条冰川的行进过程中，生命系统必然会重塑，我想象着冰川是怎样导致灭绝，又怎样重新组合了物种，为演化提供了什么样的机会。最近的冰河时期恰逢人类大规模迁入北美，这无疑加剧了冰川退行导致的原本缓慢进行的生态系统剧变——和现在正在发生的生态系统剧变并没有太大差异。事实上，我选择牛津大学深造，正是想要研究这种过去和现在的联系。我希望在这里学习古生物学和进化生物学，这两个学科正是这所学校的优势学科，也可以用到我之前接受的地质学和生态学训练。在遇到阿兰·库珀之前，我从来没有听说过古DNA，但是这项研究在揭示冰河时期如何影响地球物种演化方面的潜力是显而易见的。如果我有能力提取和分析古DNA，我就可以追溯演化带来的变化，因为这些剧变会被DNA记录下来。我能利用从过去的历史中学到的知识，去保护现今的物种和生态系统。是的，我几乎被热情冲昏了头脑，但是古DNA的确很酷，不是吗？

但是，这个令人激动的计划有个漏洞，就是我不具备任何分子生物学方面的技能。我从来没有使用过移液枪或者提取过DNA。我对应该研究哪些DNA毫无头绪，也不知道自己应该去哪里和如何得到可以让我提取DNA的化石。还有，我对野牛一无所知。

我不能一开始就被吓倒，所以决定从图书馆里的研究开始。按照牛津大学图书馆借书卡的规定，我发誓不在书库里喝茶，也不会烧掉图书馆里的书。我开始学习关于野牛的知识。我发现了数量惊人的书，并且大多数从来都没有人翻开过。在之后的几周里，我在阴暗寒冷的图书馆地下室抵挡住了喝热茶和烧书取暖的诱惑，学习了很多野牛的相关知识。我发现野牛比我想象中有趣得多。

究竟什么是美洲野牛?

美洲野牛这个物种被北美印第安人苏族分支拉科塔人称为*tatanka*或者*pte*，加拿大北部原住民甸尼人称美洲野牛为*tł'okįjeré*，在几千年不同的人类语言里，野牛拥有不同的名字。现在我们熟知的美洲野牛这个物种第一次拥有的英文名是16世纪的欧洲人赋予的，他们称之为水牛（buffalo）。现在，buffalo这个词有“镇定”和“恐吓”的意思，似乎很适合这种笨重又任性的动物。在16世纪，这个词指殖民者用动物制作的皮草大衣。用外套命名还不是最糟糕的，因为这个名字甚至不是唯一的，欧洲人会把看起来皮毛可以用来做外套的陌生动物都命名为buffalo。作为分类学家的责任就是对每个物种有清晰和明确的定义，面对各不相同的buffalo，欧洲的分类学家震惊了。在18世纪中期，大家终于就分类命名的争论达成了部分一致，被称为buffalo的物种减少到三种：北美水牛、非洲水牛和亚洲水牛。1785年，卡尔·林奈正式指定了美洲野牛（*Bison bison*）这个名字，这让分类学家集体松了口气。北美水牛这个名字不再被使用，官方名称被定为美洲野牛（bison）。

数百万年来，猛犸象和马是北美动物群的长居者；一直生活在亚洲的野牛200万年前才出现在当地的化石记录中，它们是北美大陆的新居民。野牛是通过白令陆桥到达北美的，这座桥因白令海而得名，目前已经被白令海所淹没。而白令海本身以维图斯·约纳森·白令命名。他是一位丹麦探险家和地图制作者，在数十万年后坐船进行了和野牛同样路线的远航。

19世纪和20世纪早期的古生物学家无法推测野牛通过白令陆桥的确切时间，但还是有一些证据存在。例如，陆桥仅在更新世冰期最寒冷的时候可以通过，因为那个时候大部分海水都被冻了起来，海平面降低，白令陆桥随之显露出来。这时，白令陆桥形成了一条连续的走廊，连接了无冰川的栖息地，动物可以自由穿梭。尽管大家不是同时或者同方向移动的，但是猛犸象、狮子、马、野牛、熊甚至人类都是利用白令陆桥移动的。因为白令陆桥是间歇性出现的，所以古生物学家可以确定野牛是在寒冷期进入北美，也是最近才到达北美。同时，大多数在北美大陆发现的野牛骨骼并没有矿化（矿物质填充有机组织孔洞的过程），这就意味着它们可能并不是很古老。不过，温暖地区的矿化会发生得更快，一些来自温暖地区的骨骼发生了部分矿化，这混淆了古生物学家的判断。古生物学家需要一种可以直接测量野牛化石年龄的方法。20世纪50年代，一种叫作碳定年法的技术出现了，让测量变成可能。

碳定年法可以揭示有机体的死亡时间。有机体在生长过程中吸收大气中的碳来构建骨骼、叶子和其他部位，碳定年法利用了这种特性。事实上，生物吸收了两种碳——碳12和碳14。碳12是稳定的，而碳14是宇宙射线撞击地球高层大气时产生的放射性同位素，它并不稳定，会衰变成碳12，半衰期为5 730年。有机体死亡后，便不再从大气中吸收新的碳，但是生物体内的碳14还会继续衰变，这意味着有机体内碳14和碳12的比例会随着时间推移而变化。通过测量这个比例，我们可以知道有机体何时停止吸收新的碳14，也就知道了生物体何时死亡，以及化石的年龄。

碳定年法给古生物学带来了史无前例的革新，但是依然存在局限性。其中最为严重的是，它只能测定相对年轻的样本年龄。5万年后碳14仅留下极少的量而难以被精确测量，因此在样本年龄超过5万年后，这种方法只能告诉我们样本超过5万年了。

在对北美的野牛骨骼进行碳定年法测量来寻找最古老的野牛时，大多数的骨骼距今不到5万年，但是仍然有一些由于年代过于久远而无法测定。这就意味着，野牛进入北美的时间早于5万年前。直到最近半个多世纪，古DNA的谜团终于在一座火山的帮助下解开了。

2013年，阿尔伯塔大学地质学家贝尔托·雷耶斯在加拿大育空地区工作时，发现一块冰冻野牛足骨从冻崖上伸了出来。这块崖壁属于奇杰崖，是一块位于偏僻的旧克罗聚落区附近的地质暴露区。这块骨头嵌进厚厚的火山灰中，这些火山灰被称为旧克罗火山喷发碎屑。其中一个显眼的深棕色土壤层里面满是植物枝干、根系和其他有机体碎片，这种类型的沉积层是在两个冰期之间温暖的间冰期形成的。在嵌有骨骼的暗层之上有一层细灰色淤泥，这种沉积层是在冰期形成的。地质层随着时间的推移不断积累，因此贝尔托可以知道，拥有这块骨骼的动物生活在冰期之前的一段温暖期。这就是了解这块野牛足骨化石年龄的线索，但是在更新世有多达20个冰期和间冰期，他又如何确定是在哪一个间冰期呢？

这时火山帮了忙。

火山喷发的时候，碎石、矿物质晶体和火山玻璃碎片会以灰的形式喷入高层大气，然后在风的作用下飘到远处，有时可达数千千米远。最终火山灰会落到地面，像雪一样覆盖整片区域，厚度从几微米到几米不等。之后随着时间推移，火山灰层会被其他沉积层所覆盖，经历风雨侵蚀和其他常见作用而逐渐沉积。或许几千年后，一条河流经过，穿过了沉积的土地，露出峡谷崖壁，可以看到像是无意中夹在两层正常土壤中的白色毯子。这块白色毯子就是火山灰，也是时间的标记。所有在火山灰之下的东西（像是土壤、骨骼、树木或者其他有机物质）都是在火山爆发之前沉积的，所有在火山灰之上的东西都是在火山爆发后沉积的。

火山灰层也被称为火山碎屑，在阿拉斯加和育空地区的冰期沉积层中十分常见。阿留申岛弧/阿拉斯加半岛火山区和阿拉斯加东南部的兰格尔火山区是两个相互靠近的火山区，它们的喷发提供了火山灰。每座火山的化学元素特征不同，因而其产生的火山灰成为一种地理特征，我们可以借此将整个区域的火山灰和喷发火山联系起来。更重要的是，火山碎屑中包含的火山玻璃微粒可以揭示火山的喷发时间，这个时间的测定依赖于一种类似碳定年法的方式，不过利用的是铀238的放射性衰变。铀的半衰期相比于碳更长，能够用于分析最早发生在200万年前的喷发时间。

旧克罗火山碎屑，也就是发现野牛足骨的沉积层之下的一层火山灰，据地质学家估计大约是13.5万年前沉积的。野牛足骨存在的沉积层在冰期和火山喷发之间，也就意味着野牛生活在冰期前的一个温暖期。我们从地质记录中可以知道，从13.5万年前到下一个冰期之间只有一个时间窗口，大约是距今11.9万~12.5万年，这个时间段内育空北部地区气候足够温暖，能够支撑木本植物的生长。这也就是贝尔托发现的野牛生活的时期。

贝尔托发现的这块野牛足骨是北美地区在合理年代推定下最古老的野牛化石。之后也有许多研究者继续在更古老的沉积层中寻找野牛化石，包括旧克罗火山碎屑之下更为古老的沉积层。马、猛犸象和其他冰期的动物骨骼都有发现，但是并没有野牛骨骼的身影。我们提取了贝尔托野牛骨骼的DNA用于分析，发现其序列与灭绝和现存的北美野牛同源，证明这些野牛都来自那群越过白令陆桥的野牛。贝尔托发现的野牛是最早生活在北美的野牛之一。

野牛可能是在16万年前越过白令陆桥到达北美的，那是在贝尔托发现的野牛生活年代之前的一个冰期，当时白令陆桥可以从海洋中显露出来。随着气候逐渐温暖，草原面积扩张，野牛也开始向东、向南扩散，渐渐遍布整个大陆。野牛的足迹被数以万计的各种野牛化石记录下来，北至阿拉斯加，南到今天的墨西哥北部，从东到西几乎横跨整个大陆。最为极端的野牛是巨型长角野牛（*Bison latifrons*），它们的两个角尖端跨度达2.1米，体型是同时期北方野牛的两倍。根据它们和其他间冰期繁盛的物种一起出现，可以判断长角野牛的历史至少有12.5万年。事实上，长角野牛看起来和其他野牛非常不同，甚至有古生物学家认为它们是不同时期穿过白令陆桥的不同物种。但是，长角野牛的化石没有在北美大陆中北部被发现，仅仅在特定地区存在。如果它们和其他野牛是分开通过白令陆桥的，那么长角野牛只可能是因为跑得太快而未能在北部大陆留下任何化石记录。

作为一名研究生，我知道如果能从长角野牛化石中提取到DNA，我就能回答这个问题。但不幸的是，长角野牛不仅生活在非常久以前，而且生活在温暖时期，这两个条件都不利于DNA的保存。在很多年里，我尝试了很多次都没能从现存的长角野牛化石中提取到DNA。之后我就毕业了，也更改了研究课题，不得不放弃对长角野牛DNA的探索。但在2010年10月14日，杰西·斯蒂尔偶然间开着推土机撞到一头猛犸象的化石，因此我得到了一个机会可以继续之前的研究。

斯蒂尔是参与科罗拉多州斯诺马斯村水库扩建的工作人员，这个村落因靠近落基山脉最好的滑雪场而闻名。当他把卡在推土机上奇怪的巨大肋骨拔下来的时候，斯蒂尔并没有意识到他就此发现了一个拥有北美地区最为丰富的冰期化石的沉积区。随后，丹佛自然科学博物馆和美国地质勘探局的团队抵达，水库工程暂停。接下来在2011年夏天的8个星期，上百名博物馆员工、志愿者和数十名科学家（我也在其中）穿上亮黄色的安全背心，戴上醒目的白色安全帽，开始进行挖掘工作。最终，我们采集了超过3.5万件动植物化石，包括数十头长角野牛，以及乳齿象、猛犸象、地懒、骆驼和马，还有蝾螈、蛇、蜥蜴、水獭和海狸等小型动物。这些化石的保存状况非常良好，一万年前的莎草和柳树叶去掉泥浆后还是绿色的，发掘出来的古代浮木甚至长达20米，甲虫、软体动物和蜗牛的壳都保留着原本的鲜艳色彩。我完全有理由相信，巨型长角野牛的DNA可以被保存下来，我又重新燃起了希望。

最终，我们仅在一段长角野牛骨骼中提取到了DNA。这段保存得最为完好的野牛骨骼位于古老湖泊中的一个沉积层，沉积时间大约在11万年前。尽管DNA降解非常严重，我们还是尽力拼凑出了序列并与我们的野牛数据库进行比对。我们的分析结果显示了非常清晰的结果：长角野牛在遗传上与其他野牛毫无区别，尽管它们的形态不尽相同。巨型长角野牛并不是一个独立物种，而是一种生态型，一个由于适应了不同的环境而导致形态独特的谱系。与奇杰崖野牛相比，巨型长角野牛的体型几乎大了一倍，这大概归功于它们生活在温暖的北美大陆中部，那时的大陆资源丰富。

随着地球再次变冷，草原消失，巨型长角野牛也随之灭绝了。到9万年前，所有的野牛都是较小的体型了，北美大陆再次陷入冰期。在育空地区一块野外发掘区，我们发现了与另一个火山沉积层相关的数千块野牛骨骼。这个火山沉积层是希普克里克火山碎屑，大约在77 000年前沉积。在这个区域出土的野牛骨骼，无论从绝对数量上还是相对于猛犸象和马这类常见动物的数量上来说，都证明这个时期生活在育空地区的野牛种群数量庞大。实际上，约3.5万~7.7万年前是最后一个冰期的最冷时期，这个时期生活的野牛应该被命名为高山野牛。

在高山野牛时期，野牛从寒冷的美洲大陆北部向温暖的中部持续迁移。迁徙的牛群遇到其他牛群并与之交配，产生新的形态和生态多样性。19世纪和20世纪早期的古生物学家对这些细微的差别乐此不疲，他们依据些微不同的牛角曲率、角之间的距离或者眼窝形状就声称发现了前所未有的化石，发现了一个新物种。他们对化石骨骼，尤其是头骨进行测量、绘制，然后再次测量。这种测量只是无谓地确立一个新物种，从而骗取论文和学术声誉。

我很喜欢这段野牛研究井喷时期的故事，我的朋友、野牛分类学专家迈克·威尔逊给我讲了很多这个时期的物种分类故事，这些有趣故事指出了那个时期古生物学研究者如何狡猾地绕开规则。例如，要确认一块野牛化石是代表了一个新物种（太棒了！），还是属于已经命名的物种（嘘！），古生物学家会把头骨放在地上，鼻子朝前，两个角朝向左右，然后测量角基部的头骨长宽比，把这些数据和现存野牛的数据进行对比，去判断是否发现了一个新的物种。如果基于这种方式展开研究，那么发现新物种的速度必然会随着大量化石被测量而放缓。但是事实上，从某个时刻开始，大家开始使用一些小把戏，比如将头骨的鼻子指向左边而不是前方，原先的长宽比就改变了，因为原来的长现在变成了宽。[①]人们采用这些诡计，大概是为了保持高物种"发现率"。

这段虚假繁荣时期过后，野牛拥有了10多个新的学名，包括*Bison crassicornis*、*Bison occidentalis*、*Bison priscus*、*Bison antiquus*、*Bison regius*、*Bison rotundus*、*Bison taylori*、*Bison pacificus*、*Bison kansensis*、*Bison sylvestris*、*Bison californicus*、*Bison oliverhayi*、*Bison icouldgoonforeveri*、*Bison yougetthepointus*。终于在20世纪末，有古生物学家开始怀疑，北美大陆的野牛应该只有一种，因此我开始利用古DNA去验证这个假设。在许多耐心的博物馆馆长的允许和协助下，我得以从许多被赋予不同名字的化石上采集一些微小样本。我参观了一座座北美的博物馆，在充满可移动置物架的博物馆库房里待上几天，在浩如烟海的化石库存中寻找需要的化石，并且留取小块样本。偶尔在休息的空当，我会因在博物馆里迷路而突然出现在灯火通明的展厅，手里攥着我的临时通行证。碰巧在那附近

① 迈克给我讲的故事大概是这样，或许不是鼻子指向左再指向右这类问题，而是其他一些方向不同引发的问题。不过无论如何，这都是非常严重的问题，用这些糟糕的性状来定义一个新物种，不仅是视规则为无物，同时也忽略了非常重要的生物学问题，比如野牛角的形成是由多种因素决定的，不仅仅由物种决定，这些因素包括野牛在角发育阶段的健康程度和一生中与其他野牛打斗时间的长短。

的参观者应该会被我这个迷路的科学家逗笑，因为我的脸上由于戴着防尘面具有红色的勒痕，并且头发上满是白色骨头碎屑。没想到的是，我会成为展览的一部分，就像博物馆馆长利用我带给参观者更好的游览体验，如果真是如此，我很乐意奉陪。

我将这些野牛骨骼样本带回牛津，提取DNA并且进行测序，与其他野牛化石DNA和现存野牛基因组进行比对。古代野牛和现代野牛的基因组不尽相同，尤其是古代野牛的遗传多样性要比现在的野牛高得多，这意味着当年的野牛种群数量庞大。但是，我并没有发现在不同名称的野牛之间存在遗传多样性差异。所以根据DNA的结果，北美仅存在一种野牛。那么这个物种究竟应该叫什么呢？答案非常简单。根据分类学原则，如果一个物种有多个名字，那么第一个名字具有优先权。所以，所有的北美野牛都应该被称为美洲野牛。

急转直下

在大约3.5万年前，北美野牛的生存状况开始恶化。在此之前，相对于冰河时期而言，冰期相对温和。野牛生活在白令地区，也就是从西西伯利亚的勒拿河到加拿大育空的马更些河，包括现在被淹没的白令陆桥。这块栖息地相当广阔。年降雨量稀少，无法形成冰川，但是足以滋养繁盛的草原，这对野牛而言无疑是绝佳的条件。但是随着气候变冷，降雨量进一步减少，草原开始被没那么有营养的灌木取代。马可以摄取灌木，因而短暂地取代了依赖草原的野牛的地位。但是由于气候持续变冷，灌木也逐渐消失了，马也未能持续繁盛。

到了2.3万年前，上个冰期最寒冷的阶段前后，白令地区的野牛和马都陷入困境。它们的栖息地减少，而且有两座巨大的冰川横亘在现今加拿大的西部，一座是落基山脉东麓的科迪勒拉冰盖，另一座是加拿大地盾的劳伦泰德冰盖，两座冰川的相遇切断了白令地区和南部潜在栖息地之间的通路。这段冰川屏障持续了将近一万年。

显然，冰期最冷的时期对生活在北美大陆的野牛很不友好，但是草原栖息地的丧失不是唯一的原因，还有新的捕食者出现了，他们将目光锁定了野牛。这个新的捕食者刚刚从亚洲跨过白令陆桥来到这片大陆，用两条腿直立行走，能够远距离投掷尖头武器。他们就是刚刚到达北美的人类。野牛从未遇过这样的捕食者，通常捕食野牛的是狼、熊或者大型猫科动物，它们在一次成功的狩猎中可能会抓住一两个个体，通常是最幼小、最年老或者最病弱的。但是人类并不是这样，他们合作捕猎一次可以带走几十只或者更多的个体，而且目标不是最弱小的个体，而是最大、最健康和最肥美的野牛。随着人类种群增长，他们对野牛的追捕也逐渐加剧，野牛的种群结构被破坏。繁殖季来了又走，能够繁育的野牛数量减少，牛犊的数量也随之减少，野牛的种群数量日渐减少。同时，野牛的栖息地在进一步萎缩，幸存的个体不得不退到孤立和日渐缩小的草原。对野牛来说更为不幸的是，人类知道这些仅存的栖息地都在哪里。

虽然古生物学家可以利用野牛化石数量来推断冰期野牛数量锐减，但是古DNA提供了更为有力的证据。到冰期结束，世界重新开始变得温暖时，曾经遍布整个白令地区的野牛种群已经减少到只剩几个地理孤立的小畜群，每个畜群在仅存的小片草原上各自生活。这些幸存的种群继续存在了千年，但是当年的繁盛已不复存在。生活在同一栖息地的个体遗传上非常相似，这意味着种群规模已经非常小，并且很少存在不同栖息地之间的遗传交流。直到2 000年前，最后的北方野牛种群也消失了。

在劳伦泰德和科迪勒拉冰盖的封锁下，一部分野牛被困在了南部。它们相比于北部的野牛也没有多幸运，因为那里也有人类，人类在冰期末期与野牛生活在一起。他们分散居住并且发明了新工具，其中一些是为杀死野牛而专门设计的。截止到1.3万年前，冰川以南的野牛种群已经减少到寥寥几个，甚至是唯一种群。现今生活的野牛都来自这些幸存的南方种群，如果不是这些冰川以南的少数野牛幸存下来，那么野牛也会像猛犸象、巨熊、北美狮和其他有魅力的冰河时期动物一样，消失在历史的长河里。

短暂繁荣

随着冰期结束，现今的温暖期到来了，一个全新的地质时期也到来了——全新世，草原全面回归北美中部大陆。猛犸象和马已经灭绝或者濒临灭绝，这也就意味着和野牛竞争同一生态位的物种很少，到一万年前野牛重回繁荣。数百万头亲缘相近的野牛跨越平原（这些野牛之后被称为平原野牛），穿过森林（这些野牛之后被称为森林野牛）。对北美野牛而言，全新世的早期是绝佳时期。

当然，这个时期的人类的表现也很好。在草原回归整个北美平原的时候，人类也几乎遍布整个大陆。早期的北美人类想出了很多妙计来捕获野牛，比如手持长矛和弓箭，把野牛赶进雪堆，或逼进峡谷和畜栏，或试图在它们穿越河流或者湖泊时进行伏击。又或者，人类跟踪野牛到它们的饮水处，然后逼迫它们跳下悬崖，或者迫使它们在仓皇逃窜时互相踩踏而导致死亡和重伤。在这些大规模猎杀地点，一次驱逐就可以导致上百只动物冲下悬崖。

联合狩猎是早期北美人类社会活动的重要组成部分。联合狩猎就意味着共同收获，把原本分开的族群聚集起来，一起分享堆积如山的野牛尸体。在这种联合狩猎期间，家庭团聚、人们庆祝胜利、安排联姻还有进行政治决策。野牛皮可以被制成鞋子、独木舟和帐篷。牛角可以被制成打击乐器和杯子。这些器物，还有保存下来的歌曲、故事、舞蹈和艺术记录了超过1.4万年间北美人类和野牛之间的纠葛。人类依赖野牛，同时野牛也塑造了人类演化史。

野牛同样在适应有人类的生活。在全新世早期，野牛比它们冰河时期的祖先体型更小。阿拉斯加大学费尔班克斯分校的古生物学家戴尔·格思里在他的著作《猛犸象草原的冰河动物群》中将这种体型的减小归结于野牛和人类的互动。冰河时期野牛的主要捕食者是狮子、巨熊和剑齿虎，这些捕食者主要单独或者组成小团队捕猎。为了避免被吃掉，野牛可以与捕食者对峙或者用巨大的角进行反击。在这些捕食者灭绝以后，灰狼和人类成为主要捕食者。被狼群或者人类族群盯上的时候，最好的生存策略变成了逃跑。因此，这种新的捕猎模式更有利于小而灵活的野牛在演化中活下来。加拿大生物学家瓦勒留斯·盖斯特也认同这一点，并且指出人类可能对强壮的大公牛施加了强大的选择压力，这些个体是最容易和持长矛的人类对峙的个体，因此也是最容易死亡的个体。大约15 000年前，野牛首次遇见人类；大约5 000年前，北美野牛的体型变得和现今相似，但是和冰河时期它们的祖先相比，体型仅约为祖先的70%。

或许，人类也间接导致了野牛体型变小。在源源不断的野牛肉的支持下，人类慢慢在最好的栖息地永久定居，毕竟拥有武器的人类还是可以赢下领土战争的。野牛被驱赶到水草不丰沛的地方，体型较小的野牛需要更少的资源，从而比它们体型较大的兄弟姐妹更易存活。野牛适应了这种变化并且坚持下来，尽管和之前相比体型和种群规模都变小了。

之后对野牛来说，有一个喘息的机会。大约500年前，欧洲人到达北美大陆，带来的天花、百日咳、伤寒、猩红热等传染病席卷了整个大陆，病毒在原住民中肆虐。随着原住民大量死亡，许多历史悠久的人类族群消失了，野牛被捕猎的压力也随之降低。到18世纪中叶，据历史记载，在北美平原生存的野牛已达6 000万头，但这最后的繁荣并没能持续。

除了疾病，欧洲人还把马带回了北美。马在北美生活了上百万年，但在冰河时期末期灭绝，仅在欧洲和亚洲幸存下来。16世纪西班牙探险家重新把马引入北美，这对野牛而言是一个坏消息。18世纪所有人（包括殖民者和原住民）都发现，马在围捕并猎杀野牛时特别有用。欧洲人还带来了枪，枪在提高猎杀野牛的速度和准确度上的贡献仅次于马。

19世纪初期，欧洲殖民者加快了步伐，随之而来的是大规模野牛狩猎。一波又一波向西扩张的殖民者发现野牛好吃又好卖。每年捕猎者和贸易商将数百万张野牛皮售卖到东海岸。火车公司甚至提供了19世纪版本的“车上娱乐”，让乘客们在穿过平原的时候以射杀野牛为乐。同时更为不幸的是，殖民政府和军队与北美原住民之间争斗不断，前者视这些坚持捕猎野牛、拒绝迁移到保留地转而进行农业活动的原住民为敌。他们认为这些野牛是原住民的重要资源，对野牛赶尽杀绝才是解决原住民这个棘手问题的唯一解决办法。所以，他们大肆鼓励猎杀野牛，只要能猎杀野牛，就可以破坏条约和规则。种种行为让原本在18世纪中期有几十个大型种群的野牛，到1868年仅剩两个种群，而这两个种群还被铁路隔开，一个是北部种群，另一个则是南部种群。随着1873年经济衰退，更多的捕猎者和投机者涌入草原，希望可以将野牛皮换成现金。他们成功席卷市场的同时，导致野牛皮价格“跳水”，于是他们又不得不捕杀更多的野牛来维生。野牛种群消失了，只留下了成堆白骨和被剥皮后的尸体。1876年，野牛从南部平原彻底消失；到了1884年，仅有不到1 000头野牛生活在北美地区。

营救野牛

19世纪初期，一些人认识到，人类几乎导致即将到来的野牛灭绝。但是直到1874年，第一部保护野牛的法案才被美国国会通过，这项法案禁止了野牛的“无用屠宰”。不幸的是，当时的美国总统尤里西斯·辛普森·格兰特拒绝签署该法案。1877年加拿大政府通过了《野牛保护法》，希望达到相同的保护野牛的目的，但最后还是被拒绝执行。最终，1894年美国当时的总统格罗弗·克利夫兰签署了《雷斯法案》，用以“保护黄石公园内的鸟类和其他动物，并且惩罚公园内的违规行为”。这个法案保护了最后生活在北美的野生平原野牛，剩下的野生森林野牛生活在加拿大西部。在该法案通过后8年，也就是1902年，黄石公园内的野牛种群数量仅为25头。

幸运的是，在法律之外还有人保护野牛。在19世纪七八十年代，有一些人意识到了野牛的商业价值，所以围捕了他们能找到的所有野生野牛，然后建立了6个私人牧场，圈养了大约100头野牛。如果我们把这100头圈养野牛也算进去，就意味着所有活着的平原野牛仅为125头。这是不到1.5万年间野牛第二次濒临灭绝了。

1905年，美国野牛协会成立了，旨在保护野牛免于灭绝。西奥多·罗斯福原本是一名狂热的野牛猎人，最后成为该协会第一位名誉主席。两年后，该协会领导了第二次动物引入（第一次是西班牙探险家把在北美灭绝已久的马再次引入），他们将生活在布朗克斯动物园的15头野牛转移到俄克拉何马州一个牧场。一年后，该协会又向美国国会请愿，成功地在蒙大拿州建立国家野牛保护区，并且筹集资金从私人农场主手里购买野牛，于1909年放归该保护区。在接下来的5年里，他们通过相似的方式在南达科他州风洞国家公园和内布拉斯加州奈厄布拉勒堡野生动物保护区建立新的野牛种群。野牛再次繁盛，它们得救了。

事到如今

目前北美存在两种野牛，一种是平原野牛，另一种是森林野牛，它们都是从1.3万年前和150年前两次濒临灭绝的境地中幸存下来的。美洲平原野牛属于野牛（*Bison bison*）这个物种的野牛（*bison*）亚种，因而拉丁学名全称为*Bison bison bison*，主要生活在草原平原。美洲森林野牛属于另一个亚种，拉丁学名全称为*Bison bison athabascae*，主要生活在北美大陆北部的山区中。森林野牛的体型较平原野牛大，据说森林野牛毛发更少，胡须和鬃毛更细，前腿毛更少。但是由于1925年加拿大政府为了减轻中部省份的放牧压力，将艾伯塔省中部野牛国家公园的6 000头平原野牛迁入艾伯塔省北部的森林野牛国家公园，因此这两个亚种不同的演化路线变得模糊。平原野牛与森林野牛之间没有可以阻止它们杂交的演化障碍，因而目前可能没有遗传上纯种的森林野牛了。尽管如此，政府还是尽力分开保护森林野牛和平原野牛，希望可以保存它们各自的特征和多样性。

现在有50万头野牛聚集成不同的牛群生活在北美地区，牛群的规模不等，约为10头到数千头。野牛是大型动物，可重达一吨，性格平和，风度翩翩，视力不佳，但是它们依然是非常耀眼的物种。它们通常很平静，但是也可以像疾驰的马一样飞奔，受到惊吓时可以从静止状态垂直跳起两米高。在圈养野牛地区和国家公园内，管理者一直在警告游客不要和野牛互动，但是依然每年都有游客因无视这些警告而出现伤害事故甚至更糟糕的事情。毕竟它们是野生动物，而不是毛茸茸版本的家牛。

野牛的保护是一个成功的故事，从19世纪末濒临灭绝到现在畜群稳定且健康，而且它们的肉和皮毛存在着可持续的巨大市场。于是，2016年当时的美国总统贝拉克·奥巴马宣布野牛为美国国家哺乳动物。目前，北美野牛种群欣欣向荣。

欣欣向荣的种群应该是什么样子的呢？现在，大多数的野牛是私人饲养的牲畜。这些野牛经历过选择性繁育后，具有易管理和高利润的特性——温顺、繁殖率高、生长快速、高效喂养。在很多（或者说是全部）圈养野牛群中都发现了家牛的基因，这是因为20世纪初的农场主有意使这两个物种杂交，希望可以让野牛既保持抗逆性强的特性，又能有家牛温顺的品性。畜群内部和畜群之间的繁殖得到精心的管理，一些营利和非营利组织提供一系列优化繁育服务，例如DNA分型、疾病检测和促进贸易。在这些牧场里，野牛受到了保护，不需要与其他食草动物竞争，也不需要担心狼或者熊这些捕食者；当季节变化时，它们不再需要为了追逐优质的草场而迁徙。让野牛得以生存在今天的特性和基因已经变化了，与令其祖先存活下来的特性和基因不再相同。那么，这些野牛还有野性吗？

大约有4%的野牛生活在保育群中，它们仅仅占用原野牛生活空间不到1%的区域。这些野牛在保育区内没有商业目的的选育压力，但是受到的管理力度不亚于私人畜群。和商用畜群一样，保育群生活在围栏内，免于疾病、捕食者和其他糟糕情况的侵扰。每年一些个体都会被选择性淘汰以限制种群增长，人们将品性不佳的个体淘汰，优化畜群性别和年龄结构以控制繁殖，同时减少逃逸的可能性。

大多数的保育群也有一些家牛的血统，这引发了它们是否还值得被保护的问题。例如，加利福尼亚海岸附近圣卡塔利娜岛上的保育群中，有50%的野牛含有家牛的线粒体DNA。线粒体DNA是一种母系遗传的DNA。得克萨斯农工大学的野牛生物学家詹姆斯·德尔研究圣卡塔利娜保育群，探究家牛基因是否影响了野牛的某些方面。他的研究发现，带有家牛线粒体基因的野牛相比于带有野牛线粒体基因的野牛，体型更小、更矮。这些结果证明，如此之多的家牛血统可能会影响圣卡塔利娜野牛群。那它们依然是野生野牛吗？

鉴于像德尔的研究这样的结果，管理者苦恼于究竟要如何保护保育群。是应该施加选择压力清除家牛血统，还是增加一个野牛基因遗传变异的机会？因为它们曾经濒临灭绝，目前的野牛都来自少数个体而缺乏遗传变异。同时，牛群也在群内积累独特的遗传变异，通过适应当地条件（这是好的方面），也通过近亲繁殖（这可能会造成不良的效果）。这让管理者不得不面临艰难的选择，一方面，在不同牛群间移动个体能够避免近亲繁殖造成的后果，另一方面，这种移动可能又影响了原本野牛产生的本地适应性。不过，无论管理者最后做出哪种选择，他们实际上都决定了美洲野牛的演化命运。

接管演化

北美野牛的故事是我们接管物种演化进程的一个缩影。在近200万年中，野牛生活在没有人类的世界，适应了冰河时期来来往往的冰期和间冰期。在天气寒冷的时期，拥有厚厚毛皮的野牛可能变得更健康强壮，也更容易在捕食者的袭击中逃脱；在温暖的时候，或许情况是相反的。捕食者清除了最老和最不健康的野牛，剩下的野牛得以繁衍生息。野牛的足迹遍布北半球，随着草原的兴衰更替而变化。

随后人类出现了，带来了工具，这些工具的更新速度远远超过了野牛演化出逃脱技能的速度。在超过1.4万年间，人类为了食用或者是狩猎运动而捕猎野牛。在此时间段内，野牛两次濒临灭绝。它们第一次幸免于难是因为赶上了全新世早期，那时的气候对草原生长来说非常理想，而且并没有什么食草动物和野牛竞争这些丰饶的草原。然而，这只是暂时的。

野牛第二次濒临灭绝的时候，人类出手了，野生动物保护者接管了原来自然演化所统治的地方。他们决定哪些个体可以存活下来并且繁育后代，甚至让野牛与家牛杂交。政府建立保护区，通过立法来保护这些保护区。目前，美国政府认可每个牛群都是独立、有价值的群体，并且尽全力保护，尽管它们都来自不到125头的祖先。一些野牛群被指定用于保护，而另一些并没能享受这种待遇。管理者和繁育者在不同牛群之间移动个体，科学家分析野牛DNA来帮助管理者决定应该繁育哪些野牛，哪些基因是好的基因，以及有多少家牛基因算是过多的状态。管理者捕杀部分野牛以限制过度放牧，为野牛接种疫苗预防疾病，设立围栏避免捕食者的侵扰。现在，在这些保护区的围栏里，我们可以坐在舒适的汽车里，欣赏它们迷人的野性。

北美野牛的演化故事只是人类参与其他物种演化的沧海一粟，我们影响了几乎所有（或者说就是所有）生活在今天的生物。只是我们塑造野牛的方式从捕猎变成了保护，我们中途学会了如何操纵和管理野生动物以满足我们的特定需求。在接下来的章节中，我将深入探讨捕食者和保护者这两种人类的角色，同时探讨两种角色之间的转变。我将以我和其他人的研究结果为例，阐述人类在自己的演化过程中如何重塑其他物种的演化路径。

第 2 章

相遇相融：人类的起源故事

智人（*Homo sapiens*）就是我们现代人类。1758年林奈创立双名法，用属名以及种名命名物种，自那时起，我们在生物学意义上被命名为智人，归于人属（*Homo*）、智人种（*sapiens*）。时至今日，我们是人属现存的唯一物种，但在很长的一段时间内并不是这样的。我们的近缘物种尼安德特人（*Homo neanderthalensis*）与我们一起生活在地球上，直至约4万年前尼安德特人灭绝——在某种意义上是近乎灭绝，因为他们的DNA依然在一代代传递下去，只是承载这些遗传物质的物种被称为智人，而不再是尼安德特人了。问题由此产生：用不一样的名字去划分“物种”有何意义？我们自然与其他生物不一样，包括与我们的远古近缘种不同。那么作为智人，或者用我们更为熟知的名字——人类相称，究竟意味着什么？

可以说几乎所有曾经生活在地球上的生物现在都已不复存在，因为在庞大的地球时间尺度中，大多数的生物只生活在短短50万~1 000万年的有限时间跨度内。但是，生命的故事也不全然是昙花一现的萧瑟，因为还有演化。

物种从出现的那一刻开始，就在发生变化。个体通过繁殖把自身遗传物质的副本传递给下一代，但这种传递并不完美。实际上，DNA的复制会出现错误，因此每个孩子的基因组与其父母相比，大约有40处差异。这些发生改变的位点，我们称之为突变。大多数的突变不会产生任何影响，但有一些突变会让孩子的外貌或者行为方式看起来与他们的兄弟姐妹不同。这类变异是在演化过程中发挥作用的突变。例如：一些突变导致孩子缺乏找到食物或者配偶的能力，而另一些突变却提高了孩子生存和繁衍的能力。随着时间推移，这些生活能力更强的孩子将会生存下来，也将拥有更多的后代，这些孩子也就是演化中最为成功的个体，那么这些成功孩子拥有的突变将会在这个物种中越来越普遍。

物种将以这种方式一直演化下去，直到两种事件之一发生时停止。要么是这个物种的最后一个个体死亡，这个物种被宣布灭绝；要么是这个物种的遗传物质发生了大量的变化，可以被分类学家定义为一个新物种。当后者发生的时候，虽然之前的物种消失了，但是它们的DNA仍在传递，只是承载遗传物质的载体更换了名字。这还是灭绝吗？在回答这个问题之前，我们可以试想，现在地球上成千上万的物种都来自一个生活在40亿年前的小小微生物，那么这个微生物不是既消失于地球，又存在于每个生命体中吗？

新的物种是在偶然间形成的。植物漂到新的岛屿上，生根发芽，形成一个新的种群；或者河流改道，将原本的一个大种群分割成了两部分；又或者一些个体发现了新的栖息地，移居到那里开始再次繁殖。这些地理上的隔离，给遗传隔离提供了条件。如果新的种群一直处于隔离状态，那么这个种群的演化将会走上与其他种群不同的道路，而且这个种群产生的突变将仅在这个种群内累积。最终，这个种群可能变得完全不同于原来的种群，一个新的物种就诞生了。

另一个造成遗传隔离的因素是时间。每一代都会产生新的突变，这些突变会在上千代的传递过程中积累下来，因此一些后代可能与现在的个体截然不同，遗传物质也不再相容。正因为如此，物种存在的时间是有限的，在演化中诞生又在演化中消亡。

演化的规则非常简单，就是突变的积累。大多数情况下，只是用简单的机会游戏去决定这些突变是否能传递到下一代。但有时候，有些个体带有的可遗传变异增强了生存和繁殖的能力，换句话说，它们更适应自己生活的环境。因此，这些突变将有更大的概率被传递到下一代。随着时间推移，原本的遗传谱系伴随着突变，产生了多样性和适应性，或许和原来还是有很高的相似性，也可能不再相似——灭绝就这样发生了。

纵观我们自身的演化史，大多数时候我们和其他生物的演化并没有什么差异。我们的祖先生存和繁衍，形成了自己的种群。经过数十亿代的繁衍，众多突变积累在种群中，并且影响了种群的遗传谱系。因为气候变化或者栖息地的迁移，又或者生态位的出现和消失，我们的祖先逐渐变成动物、哺乳动物、灵长类动物，再变成猿。之后，我们的祖先发现了可以打破这种演化规则的方法。他们学着联合起来去抵抗演化的机会游戏，不是眼睁睁看着不适应环境的个体死亡，而是选择互相帮助。他们尝试着去塑造周围的环境，而不是被动地接受环境改变。他们不仅研究自身的演化轨迹，也探索共同生活的生物的演化轨迹，以此来控制演化，而不是受制于随机事件。虽然古生物学家仍然没能透彻地了解这种控制是在何处、何时，又是如何发生的，但毫无疑问，这是我们与其他生活或曾经生活在这地球上的成千上万个物种不一样的原因。这就是我们成为人类的意义。

我们的崛起

大约4 000万年前，始新世时期，一群类似猴子的灵长类动物从气候温暖而稳定的东南亚地区扩散到非洲地区。之后渐新世到来了，构造板块持续运动，抬升了东非大裂谷的山脉，从而改变了气候和天气条件。地球开始变得寒冷，两极形成了冰川。曾经茂盛的非洲热带雨林变得干旱，一些地区变成了热带稀树草原或者沙漠。这些灵长类动物适应了变化，演化出了寻找食物和庇护所的新策略。

在大约2 600万年前的东非大裂谷，第一批属于猿类的化石出现在了当地化石记录中。最早的类猿化石属于*Rukwapithecus fleaglei*，仅有一块下颌骨和上面的几颗牙齿，但足以证明这块化石所属物种与其他灵长类动物不同，古生物学家将其划归为新的物种。与旧大陆猴相比，*Rukwapithecus*和其他猿类拥有更大的身体和大脑。它们没有尾巴，这证明它们已经演化出了在树间移动和保持平衡的新机制。

气候继续变化，猿在演化中获得了胜利。大约1 800万年前，化石记录中出现了一种拥有强有力下颌和粗壮牙齿的猿类。这种名为非洲古猿（*Afropithecus*）的猿类可以从更广泛的食物中摄取营养，而不像它们的表亲那样仅靠较弱的下颌摄取水果。这些非洲古猿可以咀嚼厚壳植物、硬壳坚果和种子。这种获取更广泛食物的能力或许是非洲古猿和其后代能够走出非洲，扩张到亚洲和欧洲的演化优势，至少是使它们最初能够在亚洲和欧洲生存的优势。

大约2 300万年前中新世开始了，中新世早期欧洲气候属于亚热带气候，对以水果为食的猿类而言是理想的生活条件。但是随着中新世的发展，地球变冷。欧洲雨林被林地取代，原本无尽的夏天被四季取代。栖息地逐渐缩小，资源出现短缺，欧洲猿类为了适应环境变化，出现了不同的特性。一些谱系演化出了直立的姿势、抓握力强的手指、强壮的手腕和更大的脑，以便在不断缩小的欧洲雨林中快速有效地移动。大约1 000万年前，这些体型更大、可能更敏捷的猿类重回非洲，它们很可能就是我们的祖先。

真正的两足直立生活方式是人族的关键特征。人族是人猿总科下一个亚群，包括我们所在的人属。第一种习惯直立行走的人族生物是南方古猿（*Australopithecus*）。南方古猿主要生活在大约400万年前的东非，大多数古人类学家认为南方古猿是人这个谱系的直接祖先。南方古猿366万年前的足迹化石被火山灰保存了下来，于1976年在今坦桑尼亚北部被发现，由此证明了南方古猿的确是用双足行走的。整个非洲大陆发现的南方古猿化石展示了一个高度多样化的群体，它们适应了日渐干旱和变化多端的气候。大多数南方古猿的脑容量约为现代人脑容量的35%，它们都有灵巧的手腕和手。露西是南方古猿阿法种，生活在320万年前，骨骼化石于埃塞俄比亚阿法尔地区被发现。她拥有直立行走必需的健壮双腿，同时还拥有健壮的胳膊，我们可以想象到她在树上和地面上都非常敏捷。稀树草原在大约300万年前开始扩张，一些南方古猿演化出厚厚的臼齿，能让他们咀嚼稀树草原上充满纤维的坚韧的草，以获取营养。与后来的人类不同，南方古猿没有彻底地放弃森林，他们还是更喜欢生活在茂盛的森林，或者是林地和草原交错的区域，这些栖息地中的树木可能充当了避难所，他们用以躲避饥饿的食肉动物。

双足行走带来了一些优势，比如双足行走的猿较四足行走的猿视线更高，从而能够扫视更远的距离。双足行走让他们够得到更高处的水果和看到更远处的猎物。同时双足行走使他们解放了上肢，手和手腕能够抓握小的物体，而不是用来站立或者跑步；自由的上肢还可以用于其他目的。自从我们的祖先演化出双足行走，他们就开始进行创新，并且分享技术让其他个体也能重复这些技术。他们发展出了语言和合作行为，这把他们和其他猿类区分开来，他们也开始利用周围环境中的材料制作石制工具，用作提高捕猎效率的武器。

一切由此开始。

我们的土地

大约260万年前，更新世冰期开始了，气候变化主要影响着地球两极，但是赤道地区的非洲也没能逃脱冰盖前进和后退的影响。冰川增多时，海平面下降，非洲大陆也变得凉爽而干燥。冰川消退时，非洲的干旱局面有所减弱。这种变化的幅度在更新世中有两次较大的改变，一次是在大约170万年前，另一次是在大约100万年前。这两次变化延长了非洲的干旱期，使原本适应潮湿状态的生态系统很难在下一次干旱期到来之前恢复过来。非洲茂盛的雨林渐渐被干旱的稀树草原取代。

非洲的动植物都适应了更新世的气候模式，需要湿润环境才能生存的物种灭绝了，或者演化得能够适应更长的干旱期和更加变幻莫测的气候。化石资料反映了这些变化，许多更新世非洲物种灭绝率增加，包括很多牛科动物（现今家牛、山羊和绵羊的近亲）、猪科动物（现今家猪和疣猪的近亲）和猴子。当然，整个非洲大陆的不同地区和分类群之间存在差异，不过整体的趋势是一致的：260万年前更新世冰川开始形成时，气候剧变，物种灭绝率增加。

食草动物的灭绝率是遵循这种模式的。

而对于食肉动物而言，更新世的前几十万年，灭绝率并没有出现显著的变化，但是在200万年前——大约更新世冰川形成后50万年，食肉动物灭绝率开始上升，而且一旦开始，它们的情况就比其他非洲物种更糟，明显比食草动物灭绝得更多。

这种模式令人费解。

一种简单的解释是，环境变化对食肉动物的影响有一定滞后性。因为食草动物是非洲植物的初始消费者，一旦植物群发生变化，食草动物就会遭受直接打击。只有食草动物开始灭绝，食肉动物才会面临资源匮乏的问题。虽然这种解释有一定道理，但是从食草动物开始灭绝到食肉动物感知到影响，之间有50万年，这段滞后期是相当长的一段时间，甚至可以说时间太长了。

另一种可能的解释是，鉴于食肉动物在食物链中的地位，它们更不容易受到更新世气候变化的影响。因为一种食草动物灭绝后，其他食草动物的数量可能会增长来填补空缺的生态位，这样一来食肉动物还是拥有足够的食物，只是换了“包装”。在这种情况下，当气候变化达到某个阈值，食草动物的总数开始下降时，食肉动物才会开始灭绝。这种解释也有一定道理，但是冰川逐步增加到第一个峰值是在170万年前，那是食肉动物灭绝率上升的30万年后。因此，这可能也不是故事的全部。

还有一种可能的解释来自考古记录。2011年西图尔卡纳考古项目启动，调查图尔卡纳湖西边的一处早期人类居住地。在展开调查的第一年，几位团队成员不小心走错了路，发现了一片从未被发掘的区域。令他们感到震惊的是，被团队成员称为“确凿无疑的石器”的物件就躺在地面上。他们立即开始发掘，到次年年底，一共发现了超过100件石器和超过30块肯尼亚平脸人（*Kenyanthropus*，有时也被归为南方古猿）化石。肯尼亚平脸人在大约320万年前灭绝，这个遗址可以追溯到330万年前，他们在这里制作了目前已知最古老的石器，也是迄今为止唯一早于更新世冰期的石器。这些工具证明我们的祖先和他们的表亲已经开始演化成更有效率的捕食者和肉类加工者，此时恶劣的气候让他们的猎物——食肉动物的境地变得艰难。难道我们的祖先才是压死食肉动物的“最后一根稻草”？

从更新世开始，考古记录中出现了越来越多的石器。埃塞俄比亚的贡纳出土的260万年前类牛骨骼显示了切割和刮擦的痕迹，这说明早期人类开始加工肉类并且提取骨髓。埃塞俄比亚和肯尼亚的其他三个遗址可以追溯到235万年前，证实了石器对早期人类的重要性。其中一个遗址是位于西图尔卡纳的洛卡拉雷遗址，人们发掘出很多加工过的骨头，来自牛科动物、猪科动物、马科动物、一种灭绝犀牛、一些大型啮齿动物，还有爬行动物和鱼。这证明在那个时候，我们的祖先正在和非洲食肉动物竞争猎物。

心灵手巧的人类

人类的生物学分类之争相当激烈，与其相比，野牛分类的争议不值一提。人类生物学分类的问题不像野牛那样有很多化石资料参考，化石十分有限。每一块新化石的发现都会用来大肆宣传和激烈讨论，因为人属的早期历史并没有被记录下来，我们只能通过化石资料来撰写历史，而当某些结论被新的化石推翻时，就得再次重写历史。从前，人类化石通常被私人收藏家收藏，一方面保护了这些化石不受意外事故的损害，但另一方面也阻止了虎视眈眈的竞争对手对化石的研究。所幸，现在的古人类学家不再采取保密措施，而是支持开放的学术氛围，甚至发表化石新发现以及精确的3D(三维)模型打印指南[①]。

300万年前某个时间点，人类在非洲开始演化，但究竟具体是何时何地，又有多少种人类共存，目前依然存在争议。莱迪-热拉尔下颌骨是目前已知最早的属于人类的化石，距今280万年，发掘于今埃塞俄比亚阿法尔地区。莱迪-热拉尔化石是一块左下颌骨，包括6颗牙齿，其中3颗牙冠有损坏。由于骨骼的其他部分并没有留存，对这块化石的分类只能依靠这些牙齿，根据它是更像之后人类的牙齿还是更像南方古猿的牙齿来判断它是否属于人类。不出所料，莱迪-热拉尔的牙齿正好处于这两种极端之间：这些牙齿比南方古猿的牙齿要小一点儿，而且形状与南方古猿的不同，但是它们又不完全符合早期人类的牙齿特征。因此，莱迪-热拉尔下颌骨可能属于早期人类，但也可能不属于早期人类。

1960年，乔纳森·利基在坦桑尼亚奥杜瓦伊峡谷发掘时，发现了一块下颌和一块头骨顶部，这些骨头似乎属于一个孩子。乔纳

---

① 2015年古人类学家李·伯格和约翰·霍克斯宣布发现了一种已灭绝人类——纳莱迪人（*Homo naledi*），生活在距今26万年前的南非。在他们的团队宣布发现的12个小时内，纳莱迪人化石的3D打印说明已经可以被免费获取。这种方式与之前的古生物学研究模式非常不同，之前通常是在研究结果发表多年以后，原始数据才能够被用于其他研究，或者提供模型购买服务。目前，肯尼亚国家博物馆和图尔卡纳盆地研究所收藏的一些南方古猿和人类化石已经公开，3D模型打印指南可以从AfricanFossils.org下载。这个网站是一个非营利网站，通过知识共享许可协议（非商业性、相同方式分享）提供数据。

森是著名古人类学家路易斯·利基和玛丽·利基的长子，他的父母30年前就已经开始了对这个区域的发掘，当时发现了一些原始石器。一年前，玛丽发掘了一块年轻人的头骨，这块头骨面部突出，大脑很小，他们推测它大概率不是工具的制作者。所以，他们一直寻觅着，直到乔纳森发现这个孩子的骨骼，它显然与之前的化石不同。之后3年多的时间里，其他和这个孩子的骨骼属于同一物种的化石接连出土，包括一个孩子的腕骨和手骨、一个成年人的足骨、一个包括完整牙齿的部分头骨，还有另一个上下颌齐全的头骨。包括路易斯·利基、菲利普·托比亚斯、迈克尔·戴、约翰·内皮尔在内的考古学和古人类学研究团队，研究了这些骨骼并达成了一致的结论：这些骨骼来自一个和现代人类非常相似的物种，而且和非洲南部的南方古猿不一样，他们很可能是石器的制造者。研究团队把这个物种命名为能人（*Homo habilis*），意为能够制造工具的人。能人生活在距今170万~240万年前，直立时有100~135厘米高，双足行走，脑容量比南方古猿大得多，但依然不到现代人脑容量的一半。

路易斯和玛丽·利基夫妇的次子理查德·利基也投身考古事业，1972年理查德·利基和米芙·利基夫妇领导的考古团队在今图尔卡纳湖东岸发现了一个头骨。这个头骨具有人属的特征，但又与能人不尽相同。利基夫妇把这个物种命名为鲁道夫人（*Homo rudolfensis*），这个名字来源于图尔卡纳湖的旧称——鲁道夫湖。接下来的几年里，肯尼亚陆续发掘出一些似乎属于鲁道夫人的化石。从那时起，不出所料，关于这些化石的归属问题一直存在争议，究竟这些化石是否都属于鲁道夫人，或者有一部分应该属于能人，还是说，这些都不应归属于人类。但不管这些化石究竟属于哪个物种，毋庸置疑的是，它们的年代与能人和几种南方古猿的年代相同，这也就证明在240万年前有多个谱系的类人灵长动物生活在非洲，他们能够直立行走。

180万年前，一种归属于人属的人类生活在今格鲁吉亚的德马尼西。这种人类曾经被称为直立人（*Homo erectus*）、匠人（*Homo ergaster*）、格鲁吉亚原人（*Homo georgicus*），诸如此类。他们能够制作粗糙的石器，虽然脑容量只比能人稍大一点儿，但是比能人更高。这种身高的增加可能是由于人类第一次走出非洲，为了适应新的环境而出现的特征，不过此时距离定居下来还有很久。

160万年前，直立人出现在肯尼亚、坦桑尼亚和南非，然后在100万年前向东、向北扩散到远东的中国和印度尼西亚。在78万年前，直立人的后代（也被称为海德堡人，*Homo heidelbergensis*）定居于今西班牙，70万年前到达今英格兰。这些人类有更大的脑，身材更为瘦高，身高在145~185厘米，体重在40~68千克。他们形态多变，甚至在同一个化石发掘点都不尽相同，与现代人类相似。

和现代人类一样，直立人的出现给予了生态环境重重一击。作为第一种完全双足直立行走的动物，直立人非常擅长追逐猎物。他们是耐力型猎手，能够跑得更远，而且体温比四足动物下降得更快。同时，直立人聪明、善于合作和富有创造力，他们能够合作捕猎，增加狩猎的成功率。直立人可以像他们的祖先一样制作和使用石器，但他们发展了这项技能，能够随着情况变化重新设计。直立人在演化过程中也开始使用其他类型的工具，例如用于刺穿或者投掷的木矛。他们还成功占领了只有靠船才能到达的岛屿，而且建立了功能分离的定居点，比如分别用于屠宰肉类、种植植物和睡觉的空间。虽然那个时候的直立人还不能像现代人类这样说话，但是这些复杂的行为意味着他们已经有了很高程度的合作、教授和学习活动，这种程度的活动依赖于复杂的语言系统。直立人开始挑战演化规则。

与“邻居”和谐相处

截止到70万年前，归于人属的物种已经走出了非洲南部，向北扩张到欧洲和亚洲。他们拥有更大的脑和灵巧的双手，能够使用复杂的工具，开始操控他们周围的世界。从这里开始我将会省略一些关键细节，先提前向古人类学家致歉。化石证据描述了之后大概的人类演化路径：直立人演化出了海德堡人，他们生活在距今20万~70万年前，遍布非洲并进入欧洲。海德堡人在欧洲和中东地区演化出了我们的表亲——尼安德特人（他们出现在距今40万年前），又在30万年前的非洲演化出了我们——智人。归于人属的物种，除了智人之外都已灭绝。之后也有幸存人属物种的遗骸被发现，在这些距今很近的遗骸出现的地方出现了智人的痕迹。这种不可思议的巧合可以用一个简单的理由来解释：我们的祖先在非洲杀死了所有人类谱系中的其他物种，然后离开非洲，到达欧洲后又杀死了尼安德特人；之后人类扩散到世界的其他地区，一路上杀死了他们遇到的所有非智人的残余种群。之后，我们会再详细讲述这段故事。

当然，我的概述缺少了许多细节，这是古DNA领域最初建立时绘制出的最为基本的人类演化路径。鉴于我们这个物种的一己私利，古DNA领域最初的研究目标是尼安德特人和其他早期人类物种就不足为奇了。这些早期研究的结果惊艳众人。

第一个尼安德特人的DNA序列发表于1997年，这项研究和其他关注尼安德特人的遗传学研究差不多，由斯万特·佩博主导，他当时是慕尼黑大学的教授，现在他是莱比锡的马普进化人类学研究所所长。1997年，他和同事们发表了一小段尼安德特人的线粒体DNA序列。早期古DNA研究通常都关注线粒体DNA，是出于以下几个原因。首先，线粒体是存在于细胞核外的细胞器，拥有自己的基因组，每个细胞都有数千个线粒体基因组拷贝，但是仅有两个核基因组拷贝，这意味着线粒体DNA比核DNA更容易被保存在化石中。其次，线粒体是母系传递的，这也更便于解释演化过程。1997年佩博发布的线粒体DNA完全不同于现代人类，这和化石记录提供的证据相似，表明尼安德特人和现代人类拥有不同的演化路径。从其他尼安德特人骨骼中复原的线粒体DNA也很快被加进了演化树中。所有的数据都指向同一个结论：尼安德特人和现代人类亲缘关系很近，但它们是两个独立演化的分支，至少独立演化了几十万年。

近10年来，所有古DNA都揭示了这种尼安德特人和现代人类的亲缘关系。21世纪初期，新的DNA测序方法让检测尼安德特人的核基因组变得经济可行。2006年，当时是佩博课题组博士后的埃德·格林领导团队发表了一篇概念验证阶段的论文，提出绘制整个尼安德特人核基因组的可行性，认为不久之后就可能得到整个图谱。尽管他们使用的数据库很小，仅是尼安德特人核基因组的4%，但是这奠定了现今古DNA研究的基本方法。

2010年，埃德·格林和斯万特·佩博，以及其他合作研究人员发布了第一份尼安德特人基因组草图，这是第一次（但绝非最后一次）古DNA重写人类演化史。这份基因组草图揭示了尼安德特人种群和现代人类种群在大约46万年前分开，大致是化石资料显示具有尼安德特人特征的人类第一次出现在欧洲的时间点。不过，数据也显示了一些出人意料的结果。一些尼安德特人DNA片段也出现在现代人类基因组中。只有在我们目前认为清晰的演化树分支不够清晰的情况下才能解释这种结果，比如尼安德特人和现代人类谱系首先分开，但是后来又重新相遇。

自2010年以来，将古DNA提取、测序和拼接进基因组的技术日新月异，研究人员从大约12名生活在欧洲和西伯利亚的尼安德特人化石中提取DNA，拼接了基因组，他们生活在从3.9万年前到12万年前。基因组数据显示，尼安德特人种群很小，地理上相互隔离；而且进一步确认了第一份遗传图谱的结论，即我们和尼安德特人的演化史深刻交织在一起。遗传证据显示了这两个物种之间交流频繁，比化石资料显示的交流更多。他们相遇时会通婚，交换基因。因此，现代人类的基因组中存在着一些尼安德特人DNA。

基于DNA得到的研究结果撼动了原本化石作为演化史守护者的至高无上的地位，随后另外两项古DNA研究把化石资料请下了宝座。首先，西伯利亚丹尼索瓦洞穴中发现了一块大约8万年的指骨，科学家对其进行测序，发现它既不属于尼安德特人也不属于现代人，而是一个迄今为止未被发现的古人类。其次，西班牙一个洞穴中发掘出一段距今42万年前的古人类骨骼，对其进行测序，基因组结果令人困惑。

2008年，俄罗斯考古学家在阿尔泰山脉发掘丹尼索瓦洞穴时发现了一小块指骨，这块指骨在数万年前属于一名年轻女孩。尽管这一小块指骨还不如一个咖啡豆大，但是包含保存完好的DNA。将其基因组与现代人类和尼安德特人的DNA进行比对时，她的DNA显示出她属于一个全新的物种，属于一种从来没有出现在化石资料中的古人类。佩博团队将其命名为丹尼索瓦人，得名于发掘她的山洞。

对这名年轻女性的基因组进行分析，发现在39万年前，尼安德特人和我们分道扬镳后不久，一部分尼安德特人离开欧洲，开始在亚洲扩散，这些人类就是丹尼索瓦人。当然这还不是故事的结局。后续古DNA研究发现，数十万年后尼安德特人再次离开欧洲进入亚洲，同时也出现在了丹尼索瓦洞穴中。他们在那里共享的不仅仅是空间。2018年佩博团队描述了这名在丹尼索瓦洞穴中发掘出来的女性，她生活在距今9万年前，母亲是尼安德特人，父亲是丹尼索瓦人。而用于得到这些信息的骨头仅有3厘米长、1厘米宽，没有任何特征，至少在形态学上来说是这样的。

丹尼索瓦人可能在晚更新世广泛分布于全世界。大多数的化石证据都来源于丹尼索瓦洞穴，包括四颗牙齿和许多骨骼碎片，都是基于DNA或蛋白质数据被鉴定属于丹尼索瓦人的。到2019年，在青藏高原的一个洞穴中发现了一块距今16万年的颌骨，其蛋白质序列揭示了它属于丹尼索瓦人，这是第一次有了确凿的证据证明他们曾经生活在阿尔泰山脉以外。不过，在这些具体的化石证据出现之前，现代基因组数据已经显示丹尼索瓦人（或许不仅仅是丹尼索瓦人，也可能是其近亲）广泛生活在全世界。现今大约有5%大洋洲的原住民基因组可以追溯到混入了类似于丹尼索瓦人的古人类基因。这种混合被认为发生在现代人类进入巴布亚新几内亚的时候。

几年后，第二项动摇化石地位的研究出现了。同样来自佩博团队的马蒂亚斯·迈尔复原了来自42万年前古人类骨骼的DNA。这段骨骼出土于西班牙阿塔波卡地区的胡瑟裂谷（Sima de los Huesos）洞穴中。在这个洞穴中发现了28具近乎完整的骸骨，其分类学地位一直是争论的焦点。马德里康普顿斯大学古人类学家胡安–路易斯·阿苏瓦加花费数十年发掘和研究这些骸骨，确信它们属于早期尼安德特人，但有人认为这些骨骼显示了海德堡人的形态特征。当迈尔团队从一具骸骨中拼凑出线粒体基因组和一部分核基因组时，他们的结果证明没有一个人说对。就线粒体基因组而言，与之后的尼安德特人相比，他们的确更像丹尼索瓦人，但是核基因组指向典型的尼安德特人。

这究竟是怎么回事？

一种可能性是，在后来的尼安德特人化石中得到的线粒体DNA起源于另一支古人类，而不是尼安德特人，不过目前这还只是一个假说。2017年在摩洛哥的杰贝尔·伊罗遗址，科学家发现了现代人类的化石，其历史可以追溯到31.5万年前。既然现代人类可以栖息在如此遥远的北部地区，那么他们也很可能探索了更北的地区，也许沿途会遇到尼安德特人，并且与之交配。当时尼安德特人的人口很少，所以一部分现代人的基因混入了尼安德特人的基因组，比如线粒体DNA。这种假设可以解释为什么胡瑟裂谷尼安德特人的线粒体序列不同于之后的尼安德特人：胡瑟裂谷尼安德特人拥有更为原始的线粒体DNA，而之后的尼安德特人因为和现代人类通婚而演化出了另一个版本的线粒体DNA。如果这种假设属实，那么我们在过去几十万年里不止一次走出非洲。

来，让我们利用古DNA回顾一下这个故事。

从遗传数据中我们可以估计出来，尼安德特人和现代人类的祖先在46万年前的非洲分裂成两个谱系。其中一支留在了非洲，并且最后演化成了现代人类；另一支可能向北扩散到欧洲，在那里演化成原尼安德特人。然后，在42万年前的某个时间点（也就是胡瑟裂谷骨骼化石所属人类生活的时期），原尼安德特人分裂成两个谱系，一个留在原地演化成西尼安德特人，另一个向东发展，演化成丹尼索瓦人（或许也可以称之为东尼安德特人）。在尼安德特人和丹尼索瓦人分开后，但是早于12.5万年前（也就是德国发现的尼安德特人线粒体基因更像现代人类的时候），现代人类或许比化石记录显示的更早走出非洲，与尼安德特人通婚，然后消失。至少有一些西尼安德特人继承了一部分那时候现代人类的线粒体基因。这些带有早期现代人线粒体基因的尼安德特人向东扩张，然后遇到了丹尼索瓦人，并且与之通婚。在不早于距今约7万年的某个时间点，现代人类再次走出非洲，进入欧洲，这次是更为成功的定居。他们再次与尼安德特人相遇和通婚。现代人类继续向东行进，沿途与尼安德特人和丹尼索瓦人通婚，并慢慢取代了他们。

为什么在我们的演化史中要耍这么多的花招呢？这个问题的答案可能特别简单：可以的话，为什么要拒绝呢。这些人类之间并不存在基因交流的屏障，遇到了彼此，基因就开始交流。这种交流在演化上也有好处。长时间生活在本地的种群已经建立了对栖息地的适应，像是对当地病原体的免疫力、对食物和气候的适应性。我们的祖先通过和远亲通婚获得了一些基因，帮助他们在新的环境中存活下来，甚至是兴旺发达。

如果这些通婚和基因流动在近期的演化史上都是有利的，那么我们是否可以假定物种间的基因流动在整个演化史上都有利呢？化石记录表明，在更新世的早期和中期，直立人的种群广泛分布在亚洲。如果尼安德特人和丹尼索瓦人遇到了这些早期人类，他们应该也会视这些人类为自己的潜在伴侣。事实上，一些研究者提出一种可能性，即丹尼索瓦人是向东扩散的尼安德特人与当地直立人杂交的结果。有一些化石记录证明了这个假说，在丹尼索瓦洞穴中发现了两颗牙齿，DNA表明他们类似于丹尼索瓦人，但这两颗牙齿相比于尼安德特人而言实在是太大了，直径约为1.5厘米。这种大牙齿是更为古老的性状，曾经有利于磨碎坚硬的食物，比如草一类的植物，但后期人类已经不再拥有这种饮食习惯。DNA数据也支持了这一假说，现代人类定居大洋洲的时候可能遇到了当地幸存的晚期直立人，或者是一些我们还没发现的谱系或杂交谱系，而不是遇到了完全没有化石记录的南方丹尼索瓦人。这也就解释了为什么丹尼索瓦人（在这个假设中是具有直立人血统的尼安德特人）和定居在大洋洲的现代人类（具有尼安德特人和丹尼索瓦人的血统）与生活在世界其他地区的现代人类相比，有着相似但是不一样的祖先血统。

当然目前这些还是推测，是基于目前已有的数据所做出的解释。如果有了新的化石发现，或者新的古人类基因组数据，人类历史又会被抹去重写。目前我们唯一能够肯定的是，现在还有许多细节我们并不了解。

与此同时的非洲

尼安德特人和丹尼索瓦人在欧亚大陆兴起和扩张，与此同时有几个人类谱系也在非洲演化。根据现今的数据，我们智人这个谱系在大约35万年前演化出来，而且至少在之后的10万年间，有至少两个人类谱系同时存在于非洲：智人和纳莱迪人。2015年在南非升星岩洞（Rising Star cave）发现了纳莱迪人，他们拥有更小的脑容量和体格。智人首次出现在非洲的精确位置目前还未知，但是在10万~20万年前，属于智人的化石遍布整个大陆。现存人类的基因组数据表明早期人类的种群非常小，而且种群间处于隔离状态，但随着种群的扩张和栖息地的变化，DNA在他们之间断断续续地流动。

其他事情也在同时发生着。在大约30万年前（中石器时代）非洲的考古遗址中，越来越多的证据显示人类开始拥有一系列日益复杂的行为。距今31.5万年前，在摩洛哥的早期现代人类考古遗址杰贝尔·伊罗，人类在烘烤石头，使石头更容易剥落和塑形，以便制造工具。大约10万年前，生活在非洲北部、东部和南部的智人能够用贝壳（或者偶尔用鸵鸟蛋）制作珠子，而且用颜料装饰这些珠子，有时还画上复杂的几何图案。在中石器时代晚期，早期智人有一系列创新，包括：捕鱼，设圈套捕捉小动物，长距离运输黑曜石一类的材料，发展丧葬仪式，以及制作复合工具，比如弹射武器。这些都是人类技术、行为和文化复杂性的证据。

这种行为复杂性或者行为现代性，是如何产生的？它的出现是很迅速的事情吗？直到最近，很多古人类学家仍然相信这种被称为现代人类行为的东西是突然产生的，或许原因是单基因突变。但是在非洲大陆上发现了越来越完整和古老的考古记录，这些新的证据重写了这个故事。现今，大多数古人类学领域的人们认为行为现代性是在10万年~100万年前逐渐演化的，创新引发了文化和技术的发展，这种发展又推动了创新。不过考古记录的确显示了技术的发展似乎是在5万~10万年前突然加速的，现在科学家正在探索究竟是什么使人类最终转变成具有复杂行为的现代人类，可能是人口的增长，或者是长途迁徙和随之而来的文化交流，甚至是遗传因素。

或许，尼安德特人和丹尼索瓦人的DNA提供了一些线索，至少指引我们去现代人类基因组中的某个部分寻找答案。目前生存的现代人类基因组中有1%~5%来自我们的祖先或者其他表亲。但是并非我们所有人都拥有同样的祖先DNA，而是不同的人继承了不同的祖先DNA。实际上，如果拼凑起所有存在于我们基因组中的祖先DNA，就会发现我们能拼凑起93%的尼安德特人和丹尼索瓦人基因组。

那剩下的7%呢？这就是事情变得有趣的地方。

使我们成为现代人类的基因

如果一个孩子的父母一方是尼安德特人，另一方是现代人，那么这个孩子出生时将带有各自父母完整的基因组。这个孩子的精子或者卵子（取决于是男孩还是女孩）产生过程中，发生减数分裂，父母的染色体将会分开并且重新组合，大约每条染色体有一次重组的机会，这样产生的新染色体组将是孩子父母基因组的混合。每个精子或卵子都含有50%尼安德特人和50%现代人的基因组。如果这个孩子和现代人通婚，那么他们的后代基因组中有50%尼安德特人和50%现代人基因组混合的拷贝（来自这个孩子的父母），也有100%现代人基因组的拷贝。这些基因组在产生精子和卵子的过程中，又会发生重组，这样的生殖细胞中大约会含有25%

的尼安德特人基因组。假设没有额外的尼安德特人基因组输入，那么随着一代代的繁衍，尼安德特人DNA将被稀释。当今，我们的基因组中都含有少量的祖先DNA，很有可能是从我们父母双方那里继承了一些祖先DNA。

我们的远古祖先和人类祖先再次相遇并且交换基因，但这个时候他们已经按照不同的演化路径行进几十万年了。随着时间流逝，两个谱系都积累了一些DNA突变，其中有些突变增加了该谱系的独特性。当他们相遇并繁衍时，基因组发生了重组。一些后代出生时缺失了重要的谱系特异性突变。例如，如果一个人类的孩子出生时缺失了重要的人类特异性突变，而是继承了古老祖先的基因，那么这个孩子可能无法存活，或者无法在拥有复杂行为的人类种群中茁壮成长。随着时间流逝，这些DNA会被认为“不起作用”，也就是没有人类版本的这段DNA的个体无法存活，这些DNA会被自然选择标记为无用，然后被踢出人类基因池。这些出局的DNA是我们现在不再拥有的7%的基因组，也就是这些基因组让我们成为人类，我们为什么与众不同的答案就藏在这些基因组中。

目前，我们已经对数以万计的人类基因组和一些高质量远古祖先基因组进行了测序。这使得我们能找到现今人类没能遗传到的祖先DNA，也就是那关键的7%的基因组。然后，我们需要精简这份候选者名单。首先，我们需要将它们分为两类，一类是在偶然间丢失的，另一类是因与人类基因组不相容而被拒绝的DNA。但这一步非常困难，因为目前科学家依然没有彻底地搞清楚基因组各部分的功能。现在我们知道如何寻找基因，也能够识别基因组的哪些部分可以控制基因何时开启或关闭。但是，依然有很多重要的问题需要我们了解，例如基因之间的相互作用、基因之间的间隔，还有一些基因我们没能找到它的功能，但它可能拥有重要的作用。

我的团队和其他一些研究组，首先开始研究基因组中最容易了解的部分：基因。在基因中，有一些突变可能会比其他突变更具影响力。比如说，一个突变影响了所转录的蛋白质序列，那么这个突变比不影响蛋白质序列的突变更容易造成功能差异。我们可以测量这些突变究竟在现今人类中有多么普遍，从而判断这个突变的影响力。如果所有或者大部分现代人都拥有一个突变，这个突变并不存在于远古基因组中，那么这个突变以某种方式使早期人类受益的可能性就很大。

最近，埃德·格林、内森·舍费尔和我使用这种方法确定了一些DNA片段。这些片段原本存在于远古祖先中，但现在人类只拥有这个片段突变后的DNA，它们是在我们与远古表亲分开后演化的。我们想找出这些人类特异性基因组，结果发现人类特异性基因组仅仅占总基因组的1.5%。而不是7%，而且比7%少得多。现在，我们开始更深入地了解这占比1.5%的基因组，去寻找让我们成为人类的线索。

神经肿瘤腹侧抗原1（*NOVA1*）就属于人类特异性基因。*NOVA1*被称为主调节因子，因为它控制了基因的剪切，从而形成不同的蛋白质。有趣的是，*NOVA1*在脑早期发育时最为活跃，出生时存在*NOVA1*突变的人通常会患有神经系统疾病。

目前生活在这个星球上的人类所拥有的*NOVA1*不同于其他所有的脊椎动物，甚至和尼安德特人和丹尼索瓦人都不同。这个不同点非常小，仅仅是一个位点的突变。但所有的人类都拥有这个单突变，这就是一个非常好的证据，证明这个突变让我们不同于其他远古表亲。埃德·格林和我联合加利福尼亚大学圣迭戈分校的阿利森·穆特里课题组，一起探索这个突变的功能究竟是什么。在穆特里组工作的博士后克莱伯·特鲁希略首先编辑了人类细胞，使其基因组含有远祖版本的*NOVA1*，然后将这些细胞转化为能够在实验室培养皿上生长的类脑器官。在该器官生长的过程中，克莱伯追踪细胞的大小、性状和活动性的变化，并且将数据分享给我们，以便我们分析产生了哪种蛋白质。克莱伯发现含有祖先版本*NOVA1*的类脑器官相比于未被编辑过的类脑器官生长得更慢，而且器官表面有差异：含有祖先版本*NOVA1*的脑拥有不同寻常的蓬松表面，而含有人类版本的脑更为光滑。埃德实验室和我实验室的学生爱德华·赖斯、内森·舍费尔分析了这些数据，他们发现数百个基因以不同的方式剪切和连接，这似乎依赖于不同版本的*NOVA1*。许多基因的剪切方式与脑发育过程中的关键功能有关，例如神经细胞的生长和增殖，以及突触之间连接的形成。尽管这个结果令人兴奋，但这仅仅是一个开始。这个小故事到此为止，而未来的研究必须要弄清楚，这种不同在其他类型的人类细胞中是否存在普遍性，对人类生理和认知发育而言意味着什么。目前这还不是“什么造就了人类”这个问题的答案，但是它指明了一个有希望的方向。

我们基因组中独有的1.5%可能包含了很多有趣的重要线索，

能够指明是什么导致了我们和远古表亲不一样。这1.5%的基因组中有很多人类特异性基因以不同的方式参与了脑发育，其他的则影响了我们的饮食和消化、免疫系统、生物钟以及其他关键生理过程。现在我们先简单谈谈剩下那93%的基因组，人类可以像继承人类基因那样简单地从我们远古表亲那里获得这部分DNA。关于这部分基因组，有两个要点需要指出。

首先第一点是，从全世界人类DNA分析结果不难看出，有时拥有一些特定基因的祖先版本DNA更有利于人类生存。例如现在生活在西藏高海拔地区的人们，他们相比于生活在低海拔地区的人更有可能含有内皮PAS结构域蛋白1（*EPAS1*），这个基因是从和丹尼索瓦人有关的远古祖先中演化而来的。祖先版本的*EPAS1*改变了红细胞的产生过程，这样有利于人类在氧气稀薄的地区生活。这意味着藏族人的祖先中，继承了祖先版本*EPAS1*的人相比于继承人类版本的人，能够更好地存活在高海拔地区。

*EPAS1*远不是祖先版本DNA使现代人类受益的唯一例子。一些现代人群中与免疫相关的基因，出现祖先版本基因的频率很高，这可能是由于在遇到当地病原体时，祖先版本的基因存在某些优势，能够帮助继承它的人类生存下来。在一些人群中，与新陈代谢相关的基因也很普遍地存在祖先版本，皮肤和头发色素沉积相关的基因就是这样。例如，欧洲人普遍拥有蓝色眼睛是因为尼安德特人的基因混入了人类基因。

第二点也是令人惊讶的一点，直到今天，我们远古表亲的基因组依然有这么多的部分存在于我们的基因组中，包括那些尼安德特人和丹尼索瓦人在演化过程中为了适应栖息地而留存的突变。古生物学家通常认为尼安德特人是人类演化成行为复杂的智人后，最先灭绝的物种之一。但是我们的基因组告诉我们，这个结论过于简单。我们的祖先不仅战胜了尼安德特人，而且利用他们来提升自己。尼安德特人的消失，预示着接下来将要发生的事情。

第 3 章

闪电战：和人类狭路相逢

2007年的夏天，我在俄罗斯莫斯科参观了一座与众不同的博物馆，但是我在那里做了一件令人后悔的事。当时我无视同事的异议，伸手拿起了一块5万年前的化石：这块犀牛角化石曾经属于一头西伯利亚披毛犀。在握着它的时候，我内心充满了敬畏。我握着的是一只灭绝已久的动物如此重要的一部分，它是披毛犀这个物种最后留存的个体，它是经历了几千万年演化后诞生的后代，它也是地球上现存的最饱受威胁的物种之一的表亲。我意识到，这只披毛犀的死亡，甚至是这个物种的消亡，或许过错方是我们这个物种。这只角就这样被放置在一座拥挤博物馆的底层置物架上，四周被用于出售的穴狮复原骨骼和精美的现代象牙雕刻所围绕，它们都沐浴在人工落日下。这场景设置得无比适宜但又如此不公平，仿佛提醒着我们，我们的祖先遇到过丰富的生物多样性，但同时我们又如此贪婪。10多年后，当时拿起犀牛角的决定和挥之不去的恶臭，一想起来就让我尴尬和后悔。

参观博物馆并非为了让自己遇到这么沮丧的事情。当时我正在莫斯科，和一小群科学家待在一起，大家都对猛犸象演化的不同方向感兴趣。我们是为了参加一周后在雅库茨克召开的第四届国际猛犸象会议，不过我们这个来自非洲、北美和欧洲的小团体打算在那里先观光一周。和我们同行的还有俄罗斯古生物学家安德烈·舍尔，他大部分的职业生涯都是在研究冰河时期的动物；与他在一起的还有他的同事费奥多尔·希德洛夫斯基，他是一名企业家，也是猛犸象爱好者。

那一周充满了不可预测的冒险。游玩的第一天我们就被警察拦了下来，当时我们只是想穿过车流去参观圣瓦西里大教堂，但是我们把车开上了人行道。然后第二天，我们开车穿过一个步行公园（很显然，我们没有吸取前一天的教训），看到一头大象正在一个东方号载人飞船复制品旁边溜达。我们把这段神奇的经历分享给了团队中的大象专家和保护学者赫兹·肖沙尼，他当时没去。听到这个消息，他竟然没有表现出任何的激动或者震惊，而是平静地问："是非洲象还是亚洲象啊？"我们在莫斯科郊外享用了丰盛的晚餐，然后在阿尔巴特街购物。不过，我们在莫斯科的这一周最主要的目的是去参观希德洛夫斯基博物馆，寻找藏品中是否有可以用于研究的标本。

希德洛夫斯基的冰河时期博物馆完全体现了他的热情，对象是曾经生活在西伯利亚苔原上的生物。博物馆坐落于全俄展览中心，这个展览中心是一个巨大的城市公园，拥有曾经奢华的展厅、装饰了镀金或者镀铜雕像的华丽喷泉，还有一些苏联时期科技成就的复制品。博物馆的入口在一堆老旧的建筑物包围下，难以分辨。这些老旧的建筑到21世纪初时大多用于小商铺经营，售卖纷繁复杂的东西，从二手衣物到机枪，再到手绘俄罗斯套娃。博物馆的门位于一个狭窄又陡峭的楼梯底部，受布局限制，门口放置了一个巨大的柜子用来储存蓝色鞋套，这样使得进入博物馆变得更难了。在墙上贴着一张手写的告示，写着不准穿着不当鞋子的人入内，所以我们不得不挤在狭窄的楼梯间里，笨手笨脚地给每一只鞋套上鞋套，同时尽量避免我们的胳膊肘攻击到彼此或者撞到墙。我们穿上鞋套之后爬上楼梯，终于到达了博物馆的主展厅，那里给了我们很多惊喜。

在2018年关闭以前，这座博物馆自称为“博物馆剧院”，它曾经是学校和家庭活动中带小孩子们来体验冰河时期的热门地点。我去时是2007年，游客从入口进入博物馆就会看到一个展厅充满了实物大小的灭绝生物模型，并且鼓励人们攀爬。向博物馆的深处走去，陈列着众多的头骨和巨大骨骼，展示了完整的西伯利亚野牛、穴狮和猛犸象骨架。这些骨架是利用希德洛夫斯基和他的朋友们在西伯利亚发现的骨骼碎片拼接而成的。中央大厅的特色是一只机械猛犸象，它掉进了坑洞中，拼命地想要爬出来，但是它一次又一次地掉下去了。四周的屏幕循环播放希德洛夫斯基的西伯利亚探险视频。后边的展厅展示了一些商品，用于出售。博物馆还陈列一把可供人坐的华丽宝座，完全用象牙制作，同时也展示其他象牙制品，比如花架、桌子、棋盘、雕像和首饰。希德洛夫斯基的助手向我们保证，这些都是由猛犸象的牙制作而成。

在多种感官被轰炸的状态下，我犯了战术失误。有一面墙上陈列着特别不寻常的标本：一块巨大的猛犸象股骨、一个完整到近乎完美的穴狮头骨、一些明亮的黄白猛犸象牙、好多各种大小的猛犸象和乳齿象牙齿，此外还有一个犀牛角。我从来没有如此近距离地接触过犀牛角，因为此前我的大多数工作都是在北美的博物馆进行的，据我所知北美地区从来没有出现过披毛犀。这个犀牛角相当漂亮，呈棕灰色，即便它是披毛犀两个角中较小的那一个，也比我想象的要大。当我拿起它的时候，它比我想象的要重，而且表面粗糙不平，一点儿也不像我曾经接触过的上百块冰河时期动物的骨头。

我盯着这个角，愣在了那里。我想起了我见过的第一只活犀牛，那是一只生活在肯尼亚奥尔佩杰塔自然保护区的驯化犀牛，叫作莫拉尼。我还记得当时需要拍摄照片，我靠在睡着的巨型动物身边，害怕地发抖，保护莫拉尼的工作人员还因此嘲笑我。我想到了不管是在这个保护区还是在其他地方死去的犀牛，它们大多数都是被偷猎者杀害的，它们的角被卖到黑市，再被骗子制作成假药，卖给绝望的心存侥幸的人。我也想到了披毛犀在末次冰盛期幸存下来，在灭绝边缘的它们，发现自己无法逃脱人类这个精明捕食者的摆布。

我看着朋友们，期待他们能和我一起经历这个激动人心的时刻，或者至少在激动地等待着轮到他们欣赏犀牛角。但我看到的是，他们的脸上写满了恐惧、厌恶、惊愕和好笑。我只能尴尬地笑笑，然后把犀牛角递给伊恩·巴恩斯，他是和我合作多年的古DNA研究员。但是他举起双手，一边摇头一边蹭着往后退。那个时候我才终于听清楚他们说的是什么：“不要碰那个！”“你为什么要这么做？”“夏皮罗，你做了一个糟糕的决定。”“莫斯科没有足够的肥皂来解决掉它。”我只是疑惑地把美丽的化石放回了架子上，然后我又做了那天第二个最糟糕的决定，在裤子上蹭了蹭我的手。他们盯着我，伊恩轻笑着。我朝身后看了看，希望他们或许是在对我身后的什么东西做出反应，但是我背后什么也没有。被盯到不自在的我只能困惑地瞪着伊恩，然后举起双手，咄咄逼人地耸了耸肩。我举手的时候，一股气流涌进我的鼻子，哦，我闻到它的味道了。

那个时候我突然想起来，披毛犀的角和人类的头发一样，都是由紧密压缩的角蛋白构成的。随着时间流逝，角蛋白链断裂，慢慢腐烂。这么说吧，就是一段5万年前的头发，从来没洗过，在地下埋了一段时间后被挖出来，又被放置在温暖的置物架上一段时间。所以，并没有任何人想要用手拿起它。

当我冲去洗手间找肥皂的时候（当然那是我用完的好几块肥皂中的第一块），我忍不住笑了出来。至少，我曾经握过灭绝披毛犀的角。

第六次大灭绝

犀牛已经存在于地球上很长一段时间了，在过去的5 000万年里，大约有250种不同的犀牛演化出来又消失。其中一些犀牛又小又胖，像矮胖的马。有一种犀牛是地球上曾经存在过的最大的陆生哺乳动物。犀牛遍布热带、温带、高海拔地区乃至北极。一些犀牛生活在陆地上，另一些生活在河流里——这些生活在河里的种类占据的是现代河马的生态位。一些犀牛有类似象牙的牙从下颌伸出来，也有一些没有角和牙。但最典型的犀牛是有角的：有时只有一个弯曲的角位于鼻尖；有时有两个角，一前一后或者并排两个。自大约2 300万年前的中新世早期以来，犀牛的数量和多样性一直在降低，但目前幸存的犀牛和它们的祖先一样令人敬畏。

现今有5种犀牛生活在地球上，尽管它们现在的境地只能说勉强地活着。苏门答腊犀（*Dicerorhinus sumatrensis*）生活在印度尼西亚和马来西亚的热带和亚热带森林中，它们的数量从20世纪80年代中期的约800头减少到现在不到100头。爪哇犀（*Rhinoceros sondaicus*）仅剩下一个不到60头的独立种群生活在印度尼西亚爪哇岛西部。虽然曾经印度犀（又称大独角犀，*Rhinoceros unicornis*）数量减少，但它们现在是一个保护成功的例子。它们遍布印度和尼泊尔，目前种群已经从20世纪早期不足200头恢复到3 500头。非洲有两种犀牛：黑犀（*Diceros bicornis*）和白犀（*Ceratotherium simum*）。1970年，大约有6.5万头黑犀生活在非洲南部和东部。但不幸的是，假药对犀牛角的需求导致它们的种群数量迅速减少，到21世纪犀牛数量减少了96%。多亏了禁止偷猎的政策，这个种群正在慢慢恢复，目前有5 000头存活。白犀有两个亚种，南白犀亚种的生存环境比另一个亚种好，现今大约有2万头南白犀生活在非洲南部的稀树草原上。然而，北白犀就没有这么幸运了，目前处于功能性灭绝状态，仅有两个个体幸存——纳金和女儿法图，它们生活在肯尼亚奥尔佩杰塔自然保护区24小时的保护中。纳金的父亲，也是法图的祖父苏丹，于2018年3月去世，享年45岁。

北白犀的灭绝是1.4万年以来第一次犀牛灭绝，上一次灭绝是披毛犀从西伯利亚苔原上消失。披毛犀得名于它们厚厚的皮毛，这些皮毛支撑它们在更新世冰河时期最冷时依然能生活在遥远的北部地区。第二种冰河时期的犀牛是基什贝尔格犀（也称梅氏犀，*Stephanorhinus kirchbergensis*），相比于披毛犀更喜欢较为温暖的栖息地，也比披毛犀灭绝得更早，灭绝时间大约是5万年前。第三种是板齿犀（*Elasmotherium sibricum*），也被称为西伯利亚独角兽（因其拥有一个巨大的角而得名），生活在中亚的寒冷草原上，大约在3.6万年前灭绝。

为什么这三种适应寒冷环境的犀牛会灭绝呢？和其他冰河时期标志性物种的灭绝一样，争论主要集中在两个可能的原因上：气候变化和人类。几十年来，这两个原因中究竟哪个是罪魁祸首，一直是古生物学家和考古学家研究的主要问题。最近，这个问题也成为古DNA领域的主要问题。

把人类认定为过错方的理由很充分。尼安德特人、丹尼索瓦人和现代人类生活在5万年前的欧亚大陆，他们狩猎和食用巨型动物。到了3.6万年前，板齿犀灭绝，披毛犀也从欧洲消失。尼安德特人也消失了，然后披毛犀栖息地的现代人种群数量不断增加。披毛犀在1.4万年前灭绝，那个时候现代人类无处不在，他们甚至跨越西伯利亚和白令陆桥来到了新大陆（美洲）。不可否认，人类兴盛和犀牛灭绝的时间点出现了巧合。但是，人类真的猎杀了很多犀牛吗？在西伯利亚，考古学家发现了人类食用犀牛的证据，但并不是很常见。晚于2万年前的遗址中只有11%的遗址发现了披毛犀骨骼，但是犀牛从来都不是遗址中唯一的猎物。出现这种情况，到底是因为披毛犀很少被人类当作猎物，还是披毛犀因为生存空间缩小而变得稀有，我们无从得知。

认定气候变化是主要原因的理由也很充分。大约3.5万年前，欧亚大陆的气候转变为间冰期——一个寒冷的时期，但是没有冷到像冰期那样。夏季变得凉爽，冬季气候变得不稳定，营养丰富的草原被苔藓、地衣和其他苔原植物所取代。对生活在苔原上的动物骨骼中碳和氮同位素的检测结果告诉我们一些线索：和板齿犀一起生活在苔原地区的高鼻羚羊适应了新的饮食习惯，开始食用苔原植物。或许板齿犀没能适应，因为它们的牙齿、巨大的角和低垂的头表明它们更适合以靠近地面的矮草为食。气候持续变冷，到2万年前进入了冰河时期最冷的时期。披毛犀除了吃草以外，也以一些苔藓和地衣为食，它们是那时远北地区唯一存活的犀牛了。但是它们的栖息地已经大大缩小，仅存在于西伯利亚东部幸存的孤立草原中。最后的披毛犀生活在大约1.4万年前，很巧合的是，那个时候气候开始变暖了。披毛犀赖以生存的草原正在被灌木和树木所取代。

问题的根源是什么呢？是人类应当对适应寒冷环境的犀牛灭绝负责，还是气候变化应对此负责？截至目前，大家倾向的假说是两者均有责任。在3.5万年前向间冰期转换的过程中，可能犀牛的栖息地减少了，又恰逢人类（尼安德特人或现代人类）狩猎犀牛，压制了它们的种群，使它们对栖息地的变化非常敏感。在西伯利亚东北部，在末次冰盛期结束后，草原被灌木和树木所取代，然后又恰逢人类日渐增加的狩猎压力。本着疑罪从无的原则，就目前欧亚大陆出土的化石和考古记录而言，我们还不能确认人类是犀牛灭绝的罪魁祸首。时间上的巧合还是显而易见的，不过就像我们所看到的那样，时间上的巧合仅仅触碰了这个问题的表面。

在过去的5万年间，不可否认的是，物种灭绝的数量和速度激增。尽管文献中的估计不尽相同，但科学家们的共识是，地质历史上本就存在正常的灭绝速率，可是现今物种灭绝速率已经是基础灭绝速率的20倍之高了。现在，我们正生活在地球第六次大灭绝事件中，始于大型动物的灭绝（例如披毛犀和猛犸象），直到今天微型动物的灭绝（比如蜗牛和蜜蜂），也包括鱼类、鸣禽、野花和树木。这些灭绝具有连锁效应，造成了食物网断裂，破坏了种间关系，侵蚀了景观。

不可否认，最近的一些灭绝事件是人类的过错。人类在20世纪上半叶捕杀加利福尼亚灰熊（也称金熊），致使它们灭绝。20世纪70年代，里海虎（也称波斯虎）的所有栖息地都变成了农田。到了2020年，仅存的科特斯海域的加湾鼠海豚几乎被非法的流刺网（主要用于捕捞洄游性鱼类）捕获。这些近期的灭绝事件实际上也导致了人类的后院起火——我们的食物网受到了波及。例如：大型食肉动物消失以后，没了捕食者的大型食草动物开始扩张，过度啃食草、树和灌木，这就会减少小型食草动物的栖息地，使小型食草动物的种群崩溃，之后又会使捕食小型食草动物的小型食肉动物种群数量减少，就这样恶性循环下去。从近期灭绝事件中可以清晰地看出，我们不仅改变了灭绝物种的演化路径（这样说有些轻描淡写），而且从根本上改变了包括我们在内的其他物种的演化进程。

第一个受害者

2017年，对澳大利亚北部的麦杰德贝贝（Madjedbebe）岩厦出土的石器进行的年代分析使用了一种新的方法，证明了人类在6.5万年前就生活在那里，震惊了古人类学界。这个研究结果把人类到达澳大利亚的时间提前了1.5万年。如果这个结果正确，要么当时的早期澳大利亚人已经有能力开始有目的的航海，而且是快速移动的领军者，要么他们就是早期出走非洲的另一支人类。10年前，如果一位科学家提出人类两次走出非洲，在做报告的时候还会被其他研究人员嘲笑，但是现在积累的基因组学和考古学证据日渐指向这一观点。来自德国的20万年前尼安德特人化石DNA数据显示，他们的祖先已经与智人有了密切的联系。以色列洞穴出土了一块下颌骨，属于智人，可以追溯到大约18万年前；另一些智人化石来自中国的4个洞穴，是一些牙齿和遗骸，大约可以追溯到7万~12.5万年前。如果这些化石的年代和古DNA数据的确是现代人类走出非洲扩散到全世界的证据，那么在6.5万年前其中一些人类先到达了萨胡尔，然后到达麦杰德贝贝。

但是后来又发生了什么呢？在澳大利亚，并没能发现其他和麦杰德贝贝遗址年代相近（相距1万年以内）的考古遗址，也没能从这些最早期的澳大利亚人化石复原到DNA数据。生活在麦杰德贝贝的人可能是早期人类扩散浪潮的一部分，之后或许灭绝，或许是被之后的人类所取代，又或许他们曾经是某次单一扩散浪潮的领跑者。最早到5.5万年前，或者更确切一些，是4.7万年前，人类已经扩散到澳大利亚大陆的大部分地方，而且从那时起一直在那里生活。

当第一批澳大利亚人到达的时候，他们发现这片大陆在前几个冰川周期中持续地变干。在更新世中早期，也就是大约7万年前，原本广泛而密集分布的易燃桉树林被不那么易燃的开阔灌木林所取代，居住在这里的动物群丰富多样。人类扩散到整个大陆的过程中，可能遇到了巨大的双门齿兽，它们是已知最大的有袋类食草动物，最大的个体重量超过2 700千克。人类可能也遇到了巨型袋鼠、巨针鼹（和现今的绵羊一样大）和袋狮。他们或许还看到了巨大的蛇和鳄鱼，还有牛鸟——一种高得离谱儿的大鸟，不会飞翔，体重可以超过700千克。到了4.6万年前，所有这些动物都灭绝了。

澳大利亚巨型动物群灭绝时，刚好人类扩散到这片大陆，这仅仅是一个巧合吗？在人类到达这里之前的数十万年里，澳大利亚经历了一次次火灾的袭击和缓慢的气候恶化。但是化石记录并没有显示，在人类到来之前巨型动物种群数量锐减。然而，巨型动物群在人类遍布整个大陆的同时突然减少。人类首次出现前后，也并没有显示气候在大陆尺度剧变的记录。当地的气候的确在发生变化，但是这些巨型动物群属于不同的分类群，吃不同的动植物，也生活在不同的栖息地，它们有机会迁徙到残遗种分布区并幸存下来。但是它们并没有。

植被变化、火灾特征改变、人类到达和巨型动物群灭绝，我们很难确定这些发生在澳大利亚的古老事件发生的精确时间和顺序。20世纪下半叶，积累的碳定年数据表明，到3万年前还有一些巨型动物群幸存。这被作为人类与澳大利亚巨型动物群一起生活了超过1.5万年的证据，因此人类不应该为它们的灭绝负责。不过对这些化石用新的方法重新定年后，结果显示这些化石比之前测定的更为古老。至少人类在4.7万年前遍布整个澳大利亚，然后巨型动物群大约在4.6万年前就灭绝了，这两个时间点因为测量地区和测量误差的不同，有上下几千年的误差。所以，人类应当是与当地巨型动物群共同生活过一段时间，但是时间不长。

对于澳大利亚巨型动物群的灭绝，在它们的粪便中发现了很有力的证据，直指人类需为此负责。几年前，桑德·范德卡尔斯和吉夫·米勒领导的团队，利用新方法重建澳大利亚的更新世历史。桑德来自澳大利亚维多利亚州蒙纳士大学，吉夫来自美国科罗拉多大学北极和高山研究所。他们在澳大利亚西南部近海巡航，将巨大的取芯机插进海底，提取一段很长的泥浆柱。这段泥浆柱由一层又一层泥土、花粉、DNA和其他有机物组成，这些组分是从大陆吹向海洋的，沉积在海底。他们从柱的最底部（最古老）到最上层（最新）逐层分析，用得到的数据来重建附近大陆栖息地变迁的时间表。

研究团队结合了泥浆柱中碳定年数据和其他化学特征，分析出了澳大利亚西南部近15万年的动植物群历史。他们从其中保存的花粉判断出，在12.5万年前最后一个温暖的间冰期，澳大利亚西南部的森林温暖而湿润，然后在7万年前的冰期开始转变为适应干旱的植被。根据从7万年前到2万年前的沉积率，可以发现这段时间的气候干燥而凉爽。这个干燥时期的泥层可以告诉我们何时发生了大火，又是何类植物在燃烧。距今7万年是一个分水岭，从频繁而强烈的桉树火灾转变为不那么频繁和强烈的其他植物火灾。他们还发现了许多粪便，或者更确切地说是粪便中的真菌——荚孢腔属（*Sporormiella*）真菌孢子。

荚孢腔属真菌属于一类粪生真菌，仅在粪便上生长。与粪便不同，它的孢子坚韧耐寒，因而很容易积累下来留在沉积物记录中。这种真菌非常普遍，而且和食草动物息息相关，因此它是古生态学研究中的一个重要指标：如果我们发现了这种真菌，也就证明巨型动物群依然存在；如果这种真菌消失了，我们就可以得出巨型动物群消失的结论。

几年前，我参与了一个研究组的工作，是利用荚孢腔属真菌来探究圣保罗岛上猛犸象灭绝的原因。这个小岛位于白令海，在阿拉斯加大陆以西。大约1.35万年前，海平面上升，这座岛和大陆分离。尽管岛上的猛犸象与大陆上的种群分离，但它们依然继续存活了8 000年。猛犸象在圣保罗岛上没有任何捕食者和竞争者，它们甚至是这座岛上唯一的大型哺乳动物，而且人类直到距今几百年前才到达这个小岛。因此，猛犸象在这座岛上灭绝的原因一直是个谜。

为了解开这个谜题，我们提取了圣保罗岛上唯一的淡水湖

（古老的火山口）的沉积岩心，像澳大利亚团队那样从上到下分析了每一层沉积物。我们寻找花粉和大型植物化石，这些证据可以告诉我们植被变化是否导致了猛犸象食物的匮乏。我们寻找小昆虫和甲壳类生物，这些物种可以告诉我们水是否浑浊或者是咸的。因为猛犸象会涉水进入湖中喝水，所以我们直接寻找它们的DNA。当然，我们也寻找荚孢腔属真菌孢子。

我们从沉积岩心的底部直到5 600年前的位置都发现了大量猛犸象DNA和荚孢腔属真菌，但是之后两者都突然间消失了。这意味着大型食草动物一直存在，而且猛犸象是圣保罗岛上唯一的大型食草动物，直到5 600年前，它们消失了。我们发现在这个阶段，花粉并没有发生变化，这就排除了植物类群变化导致猛犸象灭绝的可能。然而，我们又发现了其他变化：沉积速率加快了，湖水变浅，也变得越来越咸。在沉积岩心中发现的昆虫和甲壳类生物原本生活在清澈的淡水深处，此时转变为可以忍受大量悬浮颗粒的种类。结合这些数据，我们知道了这个谜题的答案：大约在5 600年前，圣保罗岛上唯一的淡水资源几近干涸，猛犸象灭绝的原因是严重干旱。

澳大利亚的团队并没有预期真菌从沉积岩心中消失，因为食草哺乳动物至今依然活跃在这片大陆上。但是统计这些孢子的数量，能够计算食草动物丰度是如何随时间推移发生变化的，这能够说明食草动物种群何时庞大、何时式微。研究团队发现，在沉积岩心的底部，荚孢腔属真菌的孢子占所有海洋土壤中花粉和孢子的10%。然后到了4.5万年前，沉积岩心中该类真菌孢子数量急剧减少；最低点出现在4.3万年前，仅占所有花粉和孢子的2%。这些证据说明，4.3万年前人类第一次到达这片区域之后，在澳大利亚西南部森林中排便的食草动物变少了许多。

那对人类的指控结束了吗？或许吧。指控人类有罪的证据大多是巧合。一些考古证据表明，人类在捕猎和食用澳大利亚巨型动物。在几个早期考古遗址中的确发现了一些双门齿兽骨骼，但是并没有发现人类切割的痕迹。早期澳大利亚人猎杀巨型动物最令人信服的证据来自牛顿巨鸟蛋壳的燃烧碎片。牛顿巨鸟是已灭绝的大型水鸟，这种碎片在整个大陆的几个遗址中都有发现。因为它们体型巨大，即便是低狩猎率也可以对这些巨型动物造成巨大影响。相比于小型动物，大型动物的后代更少，种群增长速度也更慢，这也就意味着少量的狩猎压力，甚至微小到一个人每10年仅带走一只幼崽，也很容易将大型动物推向灭绝的边缘；小型动物受到的影响就没这么大。澳大利亚生态学家巴里·布鲁克和克里斯托弗·约翰逊称之为“难以察觉的过度捕杀”，在这种情况下早期澳大利亚人的影响足以导致牛顿巨鸟灭绝，尽管这种影响没能在考古记录中显示。

无论人类是否直接或间接导致巨型动物群灭绝，或者是否对灭绝负有责任，大量巨型食草动物的消失都对澳大利亚的生态造成了短期和长期的影响。大型食草动物需要摄取大量的植物，因此也就保证了森林和灌木生态系统中合理的植被密度，减少了火灾的可能性。大型食草动物可以远距离地传播种子，还可以通过消化和在行走时翻动表层土壤，促进营养物质循环。当澳大利亚巨型动物群消失的时候，森林群落发生了变化。森林开始变得干燥和密集，火灾也变得更频繁、更广泛和更猛烈。如果原本生活在这里的动植物不能适应新的火灾模式或新的群落，那么它们只能选择离开或者走向灭绝。澳大利亚的生态系统和动植物（包括人类在内）的生存环境，也因此发生了根本性的变化。

新大陆，新捕食者

在最近一次冰期的某个时间点，一群原本生活在东北亚的人类，向着无人涉足的地方开始了全新的探险。当时天气异常寒冷，食物也很匮乏，这迫使他们分散成小家庭去寻找食物。他们刚开始向东前进的时候，四周的风景还是很相似的，没有高大的树木，草原渐渐变少，还有很多蚊子。在他们迁徙的时候，分散的家庭选择了不同的路径，有的可能沿着海岸线行进，在海洋中觅食，有的可能追逐野牛或者猛犸象在内陆行进。不过，他们完全不知道自己走过的路是之前完全没人走过的，也不会意识到他们走过的路有一天会因为气候变暖、冰川融化，被淹没在海平面几十米以下。他们可能也不会知道自己就这么成为新世界的发现者，当然，他们应该也无从知道。

证明人类通过白令陆桥的考古记录非常稀少，亚纳河犀牛角遗址（Yana Rhinoceros Horn Site）是目前已知最早的遗址，出土了一些工具还有矛杆，这些工具是由狼骨、犀牛角和象牙制成的。遗址中也出土了许多被猎杀的动物骨骼，包括猛犸象、麝牛、野牛、马、狮子、熊和貂熊。这些骨骼和工具来自大约3万年前。人类出现在白令陆桥另一侧的最早记录是加拿大育空地区的蓝鱼洞穴遗址（Bluefish Caves Site），位于白令陆桥的最东端。考古学家在这个遗址发现了被人类改造过的动物骨骼，包括马、野牛、羊、驯鹿和马鹿的骨骼，其中的一些可以追溯到2.4万年前。这两个遗址是白令陆桥两侧最古老的遗址，也是仅有的可以追溯到末次冰盛期前后的考古遗址。虽然仅凭这两个遗址的数据，我们无法知道人类跨过白令陆桥的确切时间和人数，但是我们可以知道，在冰期最为寒冷的时间段里，人类的确出现在那里的某个地方。

冰期生活在白令陆桥可能也没有那么糟糕，那时的气候非常干燥，整个地区被冰川覆盖，但是有足够的降水来支持丰富的草原苔原生态系统。稀有的剑齿虎、狮子和熊原本是强大的敌人，但是像样的栖息地实在太少了，因此很难被遇到。但是，人类在冰期的栖息地非常美好，拥有大量的植物和很多可供选择的猎物，包括猛犸象、野牛、马和驯鹿。只要保证自己不被吃掉，就是完美生活。

人类似乎在末次冰盛期占据了整个白令陆桥，但是想要探索更东和更南的区域，还需要等冰期结束。当人们生活在蓝鱼洞穴时，一个4 000千米宽的冰盖的覆盖范围从今阿拉斯加的南岸到今华盛顿州的西岸，而且横跨整个大陆，延伸到东海岸。巨大的冰盖非常有效地阻止了人类探索白令陆桥以外的地区，直到气候变暖，冰川开始融化。考古学家根据遗传数据分析，推断人类最终扩散到整个大陆之前，可能被冰盖困在白令陆桥超过7 000年。很显然，最后的结果是人类离开了白令陆桥，但是他们是在什么时间、分几次，又是通过什么路径进入大陆的其他部分，这几个问题一直是美洲考古学中争论最持久的问题。

第一条可能的路线是沿着西海岸向南前进，沿途是宜人的海洋性气候地带，人类能够从海洋或者沿海淡水生态系统中获得足够的资源。另一条具有争议性的路线是穿过中部大陆，在那里像野牛这样的猎物会更加丰富。位于中部和东部的劳伦泰德冰盖和沿西海岸山脉的科迪勒拉冰盖在冰盛期合并，随着气候变暖，这两个冰盖慢慢分开，形成了一条南北向的无冰走廊。可能的大陆路线就是沿着两冰盖的接触点，从白令陆桥出发，穿过今加拿大阿尔伯塔省和英属哥伦比亚西部，进入今美国大陆领土。

在我开始思考这个问题的时候，大家已经确认在1.3万年前，人类遍布整个美洲。南美和北美数十个考古遗址已经非常充分地证明，人类至少在那时或者更早几千年的时候已经定居美洲。其中一些遗址，例如美国俄勒冈州佩斯利洞穴（Paisley Caves）出土了一些人类粪便，可以追溯到1.4万年前。我的朋友汤姆·吉尔伯特判定了这些粪便的归属，他是丹麦自然历史博物馆古DNA研究组的负责人，因努力从任何东西中得到DNA而闻名。虽然我们不知道为什么这些人类要在他们的（或者邻居的）洞穴里排便，但是这个洞穴出土的粪便的确证实了人类在1.4万年前已经到达了位于冰盖以南的今俄勒冈州。

1.4万年这个已确定的时间点，能帮助我们确定人类究竟是选择哪条道路到达北美中部大陆的。只要回答一个简单的问题：那个时候是否有无冰走廊可供人类通过呢？首先可以明确的是，一旦冰川开始融化，走廊就会出现，这发生在1.4万年前。但是，刚刚形成的走廊是很难立即投入使用的。从白令陆桥出发，这趟徒步旅行必然是漫长而艰辛的。进入这条走廊的人类不知道他们将走向何处，也不知道需要走多久，甚至都不知道他们正走在冰川融化形成的走廊里。当人类选择走进这条走廊时，他们赖以生存的动植物已经先在那里生活了。

带着这个问题，我和杜安·弗勒泽，以及我们实验室的其他成员，还有一些考古学家和古生物学家，着手研究何时人类欣然走进无冰走廊。这个项目得益于野牛的基因组研究，野牛是用来判定通道是否畅通的绝佳标志。因为冰盖合拢的时候切断了白令陆桥和北美其他地区的联系，生活在冰盖以南的野牛种群近乎灭绝，可能是因为草原的减少，或者是与猛犸象和马这类食草动物的竞争加剧了。南部野牛种群几近崩溃，几乎失去了全部的线粒体基因组多样性，只有一个变种保留下来。冰期过后，南部种群再次繁盛，数以万计（甚至百万计）的南方野牛都拥有一样的线粒体变异，因此很容易将它们和生活在冰盖以北的野牛区分开来。为了了解何时走廊可以通行，我们只需收集走廊区域的野牛骨骼，提取DNA，判断它们属于南方还是北方种群。无论是在南方出现了北方野牛，还是在北方出现了南方野牛，它们出现的最早时间就揭示了走廊何时可供野牛通行和栖息。因为人类和野牛需要相似的栖息地，所以通过对野牛的研究可以揭示走廊区域什么时候开始适宜人类居住。

分析了数十根野牛骨骼的遗传数据之后，我们发现无冰走廊是像拉链一样从两端慢慢开放的。1.35万年前，北方野牛开始向南方移动，南方野牛向北部移动。1.3万年前，两边的野牛出现在了走廊的中心区域。到了1.22万年前，南方野牛出现在走廊的北端。这意味着无冰走廊开放可供通过的时间晚于1.3万年前，对于向南扩散的人类而言，这条路线太晚了。因此，人类是沿着海岸线从白令陆桥向南扩散的，可能发生在走廊开放可供通过的数千年前。

有趣的是，一些证据显示野牛穿过走廊的方向与我们预期的相反。有些野牛由南到北，而不是从北到南穿过走廊。仔细想来，它们选择从南到北迁徙有一定的生态学意义。冰川消退以后，南部和走廊的中心区域非常快地被草原、开阔疏林和寒带稀树草原取代，这些富饶的栖息地提供了产生大量食草动物种群的条件。还有一种可能，走廊北部地区被高山苔原或者灌木苔原，还有成片云杉林所占据。这些栖息地无法提供丰富的营养，大型哺乳动物很难穿越。有了这些生态学数据，适宜生活在草原的野牛从南方进入走廊也就不足为奇了。

这些草原居民的捕食者似乎也跟随着猎物的脚步，向北穿过走廊。现今以野牛为食的阿拉斯加狼，是当时冰川融化后向北迁移种群的后代。最后，人类也开始使用这条走廊，用来向北扩散。在阿拉斯加发现了底部带凹槽的尖状投射器具，出现在这条走廊开通500年后，这种技术是更早些时候南方人开发的用于捕猎野牛的技术。

冰川消退后，人类的遗址越来越多，人类在美洲大陆的分布情况也日渐清晰。到了1.3万年前，人类已经遍布美洲大陆，也成为捕杀大型动物的熟练猎人。后果就是，随着人类从白令陆桥迁入北美大陆，随后进入南美，本地巨型动物群开始灭绝。基于上千块巨型动物化石的碳定年的结果，第一轮灭绝发生在白令陆桥，大约在1.33万~1.5万年前。北美冰盖以南灭绝潮发生在1.29万~1.32万年前，南美则在1.26万~1.39万年前。

我在这里提到的时间范围都非常窄，尤其是在北美大陆，因为数十种不同种类或者不同生态型的物种在短短400年间走向灭绝。已故地球科学家保罗·马丁主要供职于亚利桑那大学，他首次利用碳定年记录提出了明确的理论来解释巨型动物群灭绝。现在这个理论被称为“过度猎杀假说”或者“blitzkrieg”（这个词来源于德语，字面意思为“闪电战”）。马丁的理论也正如字面意思，指在人类遇到对我们而言易捕获的猎物时，精通狩猎的猎手会变得投机取巧，我们会以超过它们繁殖速度的方式，大量减少猎物的数量。保罗·马丁的闪电战理论认为这些灭绝正是因为我们人类，实际上全球范围内的巨型动物群大灭绝都与人类的到达有着惊人的巧合，这些证据都写在碳定年记录中。

在新大陆，古生物学家又一次面临相似的棘手挑战——搞清楚究竟是气候还是人类要在灭绝事件中负责。澳大利亚在灭绝事件开始的时候气候并没有发生变化，而北美发生灭绝事件的同时，气候发生剧烈变化，栖息地变迁。末次冰盛期大约在1.9万年前结束，但是在随后的几千年里，气候依然凉爽。然后大约在1.47万年前，突然转变为温暖而湿润的间冰期。这个温暖期持续了上千年，然后气候又一次变得寒冷，这个寒冷的时期被称为新仙女木期。这一次的转冷非常突然，气候在短短10年内改变到类似冰期的状态。新仙女木期季节性增强，冬天更冷，夏天更热，这意味着生长季变短。食草动物的食物减少了，而且因为大气中的碳减少，仅有的食物中营养物质也不够丰富。然后，大约1.17万年前，气候经历了第三次转变，这次是突然转暖，标志着最近的全新世暖期的开始。气候在极端状态之间摇摆不定，随之而来的就是温度和降水的转变，体型较大、繁殖速度缓慢的哺乳动物受到的影响最大，受到影响的哺乳动物正是已经灭绝的物种。

我职业生涯的大部分时间都在试图梳理北美气候变化和人类扩散之间的关系，它们是如何造成白令巨型动物群灭绝的呢？我和我同事的工作提供了一些线索，来解释大型哺乳动物是如何面对这些威胁的。我们发现不同物种对栖息地变化的响应是不同时的，甚至响应方式不同。例如在欧亚大陆，麝牛和披毛犀的种群数量随着它们栖息地的变化而变化，但是马和野牛种群数量的变化和全球气候变迁之间并没有清晰的联系。当然，全球气候很难预测很多物种的兴衰。比如广泛分布的物种，不太可能突然之间全范围消失，除非是像小行星灾难那样直接结束恐龙统治。现今，古DNA数据已经越来越方便易得、经济实惠，我们已经开始寻找同一物种处于地理隔离状态的种群数据，这些数据有助于厘清当地气候变化和人类影响在灭绝中的作用。

我们以这种方式研究的第一批物种之一是猛犸象。从北半球猛犸象遗骸中得到的古DNA显示，它们并不是突然间消失的，而是在近5万年间慢慢减少的。在那段时间里，不同地区的种群在不同时期灭绝。比如在北美，大陆中部的猛犸象在新仙女木期就灭绝了，但是阿拉斯加北部幸存的种群直到大约1.05万年前才消失。但这还不是猛犸象的结局，生活在岛屿上的两个小种群存活了更长的时间：一个生活在圣保罗岛上，一直存活到5 600年前；另一个生活在西伯利亚东北端的弗兰格尔岛上，直到大约4 000年前。

北半球猛犸象的缓慢减少，很显然是不符合闪电战模型预测的，但是这样也没法撇清人类在猛犸象灭绝中的影响。例如在弗兰格尔岛，猛犸象灭绝的最终时间与人类定居时间相吻合。虽然遗传数据表明那个时候的种群在没有人类的情况下已经濒临崩溃，近亲繁殖导致它们基因多样性下降，适应性也随之降低。可能在没有人类侵入的情况下，仅存的猛犸象种群也会走向灭绝。但是，如果我们的祖先把生活在大陆的猛犸象推向灭绝，也就没有来自大陆的外来猛犸象可以丰富弗兰格尔岛种群的基因池了，这也就断绝了最后一点儿拯救弗兰格尔岛种群的可能性。人类是否间接地导致了弗兰格尔岛猛犸象遗传多样性的崩溃？

目前我对此持观望态度，我认为造成北美灭绝事件的原因非常复杂。在过渡到全新世的时期，气候发生了剧变。随后人类出现了，众所周知他们成为压倒猛犸象的最后一根稻草。如果当时猛犸象已经陷入了生存困境，很小的人类种群就能造成灾难性的影响。

目前，我们实验室正在推进一个大项目，旨在调查人类刚刚开始在美洲扩散的时候，北美巨型动物群究竟处于怎样的困境当中。我们提取了过去4万年间野牛、猛犸象和马的上百块骨骼中的古DNA，这些动物曾经生活在白令陆桥以东的地区。我们收集能够指示温度和降水特征的甲虫类遗骸；对地松鼠类的巢穴进行计数，并且分析组成巢穴的植物种类；测量骨骼化石和永久冻土中的碳、氧和氮同位素含量。我们也直接对古代土壤中的植物DNA进行测序。这些数据描绘了一个动态的、有弹性的生态系统，群落中的优势种群随着气候变化而变化。寒冷期的草稀少，马和猛犸象的数量比野牛更多，可能马和猛犸象更适应营养匮乏的条件。然而气候变暖时，情况就大不一样。地松鼠类迁入，草原扩张，野牛成为最具竞争力的食草动物，数量也会大幅增加，可能是因为野牛繁殖世代较其他动物更短，从而能在刚刚恢复的草原中迅速崛起。群落处于动态平衡的状态，随着气候变化，物种来了又走，繁盛或衰弱，种间相互协调适应。

尽管这些仅仅是北美的数据，也只能追溯到4万年前，但是我们可以想象这一幕会在整个白令陆桥和更新世上演。在间冰期，栖息地中生活着适应温暖气候的动植物。气候转冷时，适应寒冷气候的物种将会接管大部分栖息地，那些原本适应温暖气候的动植物只能生活在有限的气候温暖的栖息地。在残遗种分布区内，适应温暖环境的生物勉强过着岌岌可危的生活。一旦气候再次变得温暖，幸存下来的个体就成为再次扩张的基础。

整个更新世，气候都在温暖和寒冷之间反复横跳，随之而来的就是巨型动物群根据宜居栖息地的增减而兴衰变化。但是，只有最近的气候变化和种类繁多的巨型动物群广泛灭绝同时发生。几百万年间猛犸象生活在三大洲，遍布温带、寒带和冻原，突然间它们发现没有东西可以吃了，在新仙女木期后也无处可去。短面熊至少经历了两轮冰期的交替，但是不知为何无法适应全新世早期的温暖气候。还有马，在更新世经历了十几次大的气候变化，它们仍遍布北美西部，但最后一个冰期后，因在北美找不到合适的栖息地而灭绝。不仅仅是上述这些动物，还有30多个美洲物种在之前很多次气候变化中幸存下来，但偏偏在最后一个冰期后无法存活。这也证明巧合的灭绝时间点出现了另外的压力来源。和之前气候变化时情况不一样的是，人类出现了，他们不仅要和其他物种争夺资源和有限的栖息地，还要为了自己活下去而捕杀其他物种。

北美巨型动物群的灭绝从根本上改变了北美的生态。原本生活在北美平原上的猛犸象和马消失了，它们的消失为野牛重新繁盛铺平了道路。沿着加利福尼亚海岸，巨型动物群的消失使原本的灌木变得更加茂密，而加州榛树的数量减少了——加州榛子是当地人重要的食物之一。在没有巨型动物的情况下，人类希望开拓林地，开始用火来控制植被。在白令地区，原本富饶的草原苔原变得贫瘠，部分原因是大型动物不再生活在那里，缺乏了能够回收营养物质、散播种子和翻动土壤的角色。

目前，马丁的闪电战理论还存在争议。主要的争议点是，如此少量的人类怎样杀害众多不同类别的大型猎物呢？而且在之前地球的历史上，生态剧变的确导致了几次大灭绝事件。不过，马丁认为气候模型不够准确。前几次冰期转换发生了相似的气候变化，有的没有造成大灭绝，有的却造成大灭绝事件，模型对此没有给出一个合理原因的解释。这也就出现了一个折中观点，认为灭绝事件是由多种因素共同造成的。气候变化破坏了栖息地，恰逢人类种群扩张。在人类种群扩张的过程中，他们对食物的需求增加，这也就导致他们的狩猎强度增加了。不过，马丁也不同意这种观点，因为它也未能对全球性大灭绝给出一个共同的解释。是的，气候剧变的确巧合般地遇上了巨型动物灭绝和人类进入美洲，欧洲和亚洲北部发生的事可能也能这么解释，但是没有任何证据显示澳大利亚巨型动物群灭绝之前发生了重大气候变化。

持续攻势

大约700年前，波利尼西亚人的祖先毛利人在13世纪后期第一次定居新西兰。在600年前，这座岛上的鸟类（三个科，包括9种鸟）全部消失了，这些鸟类原本在这里繁衍生息了超过500万年。

恐鸟是一类巨型鸟类的统称，它们的蛋相当于90个鸡蛋那么大。雌性恐鸟比雄性大得多，其中最大的一种恐鸟雌性体重可达250千克。恐鸟也只有一种捕食者——巨大的哈斯特鹰（*Harpagornis moorei*），它们可以从天而降，用巨大的爪子抓走恐鸟。从上百吨恐鸟骨骼、羽毛和蛋壳碎片中提取的遗传数据告诉我们，恐鸟曾经数量非常庞大，而且在灭绝前至少4 000年的时间里，它们是如此蓬勃地生活着。没有任何遗传数据显示它们在灭绝前经历了种群数量减少、疾病、食物短缺或者其他困难时期，也没有任何古生态学证据表明，恐鸟灭绝前或同时期新西兰岛发生了突然的气候变化。在更新世和全新世，岛上的气候也和地球其他地方一样发生了变化，但是遗传数据显示恐鸟没有受到任何影响，经受住了这些变化。然后仅是地质学意义上的一瞬间，新西兰的恐鸟就消失了。

是什么突然改变了恐鸟的命运？看到这里，答案已经呼之欲出了。新西兰最早的考古遗址中满是恐鸟骨骼和蛋壳的化石，这证明人类广泛利用恐鸟，所以恐鸟的灭绝与人类直接相关。正如马丁模型预测的那样，人类一到新西兰岛就吃掉了所有的恐鸟妈妈、恐鸟爸爸和恐鸟宝宝。恐鸟在演化过程中从来没有遇到过这种类型的捕食者，也没有逃脱的技能。恐鸟又很难快速繁殖以满足人类的胃口，所以它们消失了。

其他岛屿上发生的灭绝事件和新西兰恐鸟灭绝大同小异，但是这些灭绝和大陆灭绝事件在两个方面不太相同。首先，岛屿上的巨型动物灭绝比大陆灭绝快得多，从人类第一次登陆到最后的巨型动物死亡的时间相比大陆上更短。这可能归结于岛屿的大小、物种种群数量和其自身特征。岛屿面积更小，因而在有限的栖息地里，动物们很难像在大陆上那样寻找到合适的藏身之处。通常生活在岛屿上的物种种群数量较小，而小种群较大种群更容易受到威胁而灭绝。很多岛屿物种通常在没有天敌的岛屿上独自演化，因而缺乏适应性。此外，生活在岛上的人类还可以从海洋中获得资源，因此岛上物种的种群数量大量减少也不会影响人类的种群数量。第二个导致岛屿灭绝事件与大陆灭绝事件不同的方面是，岛屿灭绝事件通常发生在较晚的地质年代，理由非常简单，因为人类需要花更长的时间才能到达岛屿。

人类首次出现在岛屿上，通常对当地特有动物群来说都是一个噩耗。随着人类探索和占据了一个个太平洋岛屿，10%的本地鸟类都灭绝了。和其他地方一样，体型较大、繁殖速度较慢的物种更容易灭绝。尽管鸟类属于比较脆弱的类群，但是岛屿灭绝也不仅限于鸟类。例如塞浦路斯岛上的侏儒河马，在1.2万年前人类登岛后不久就灭绝了。虽然西印度地懒在大陆灭绝，但之后在古巴岛和海地岛上存活了很久。不过，它们种群数量开始下降的时间和岛上最早的人类考古学证据的时间是非常吻合的。牙买加猴是最后幸存在加勒比海地区的灵长类，也在人类到达牙买加的250年后灭绝了。

岛屿物种灭绝不仅仅是由于人类的直接捕食。通常，人类的到来伴随着土地开垦和其他环境类型的退化，这也就导致岛屿特有种的栖息地退化。远航而来的人类也带来了一些别的东西，比如他们喜欢的植物和驯化的动物（狗、猪和鸡等）；或者是无意间带来了他们都不知道的东西，例如老鼠，老鼠对岛屿物种的威胁非常严重。有时，老鼠是作为食物被带来的；有时，它们是在船长不知情的情况下搭便车出现在岛屿上的。实际上，老鼠的传播和人类的扩散密不可分，已经有研究着手分析太平洋老鼠的遗传数据，来重现人类定居太平洋岛屿的时间和顺序。

最后一个被人类定居的小岛，曾经也是最著名的灭绝物种之一——渡渡鸟的家园。渡渡鸟是一种不会飞的鸽子，被认为是全球人为灭绝的标志物种，它属于毛里求斯的特有种。毛里求斯是印度洋上的一个小岛，距离马达加斯加约1 200千米。毛里求斯最早关于渡渡鸟的书面记录来自葡萄牙水手，他们在1507年被飓风吹离航线而发现了这座岛。这些水手们没有留在那里，他们的记录里也没有提到“渡渡鸟”这个名字。1638年，荷兰水手和商人在毛里求斯建立了第一个定居点。24年后，岛上的渡渡鸟灭绝了。渡渡鸟灭绝的过程完全是由于最为残忍和野蛮的人类行为。渡渡鸟是看起来有点儿傻的鸟，它们遇到人类不会逃跑，而是站在人类面前观察他们。一些书记录了人类为了运动或者取乐，用棍棒打死渡渡鸟。但是人类也不吃它们，显然这些鸟的味道不是很好。渡渡鸟因无法繁殖而殒命。每个繁殖季节，雌性渡渡鸟只能在地上的巢穴中产下一枚卵。这些蛋被人类带来的老鼠、猪或者其他物种吃掉了。没有新的小渡渡鸟诞生，最终所有的成年渡渡鸟也死亡了。

人类是否要对渡渡鸟、恐鸟、塞浦路斯侏儒河马、西印度地懒和牙买加猴的灭绝负责呢？目前看起来对我们不利的证据比较多。但是也有一些反例，最近在古巴岛上发现了一颗4 200年前的西印度地懒牙齿，这说明地懒和人类一起生活了超过3 000年。但这也不意味着在特有种灭绝事件上，人类能够撇清干系。这种长期共存的现象需要除了闪电战模型以外的机制来解释。

虽然和大陆动物群相比，岛屿动物群遭受了不成比例的影响，但是岛屿也是人类第一次为动物保护做出努力的地方，因为岛屿上潜在猎物本就稀少。在斯里兰卡，人类在过去的4.5万年间一直在捕猎斯里兰卡猕猴、长尾叶猴和紫面叶猴，但是这三个物种今天仍然存在。德国耶拿马普人类历史科学研究所的帕特里克·罗伯茨，主要研究斯里兰卡原住民和当地灵长类动物之间的关系，他认为灵长类动物能存活到今天唯一的原因，是早期斯里兰卡居民有意为之。罗伯茨和同事们在法显洞（Fa-Hien Lena Cave）发现了上千块被猎杀的动物骨骼，多数骨骼属于成年个体，但是这些健康的成年个体是种群中最难被捕的个体。因此罗伯茨认为，这种对成年个体的偏好说明了一种复杂的狩猎文化，这基于人类对猎物繁殖周期和领地的高度了解。他认为斯里兰卡猎人充分意识到捕猎可能会对灵长类动物有影响，所以有意识地限制捕猎数量。如果这是事实，那么斯里兰卡人可能是第一批进行可持续狩猎的人类。

孤独的乔治

2019年的新年，一只不起眼的树栖蜗牛在夏威夷大学马诺阿分校去世。这只名叫乔治的蜗牛出生于14年前，一直被圈养在大学里直到去世。在它所有的亲戚都去世以后，研究人员企图在岛屿上为它寻找一个伴侣，至少是一个朋友，但是直到最后也没能找到它的同类。2019年1月1日乔治去世的时候，它所属的金顶夏威夷树蜗（*Achatinella apexfulva*）成了世界自然保护联盟（IUCN）濒危物种红色名录的最新成员。

夏威夷树蜗的灭绝可能并没有像犀牛那些大型动物灭绝一样引人注意，但这不意味着不起眼的物种消失对生态系统的影响是不值一提的。这也不意味着，相比于伤害大型食草动物，我们这次只是犯了一个小错误。实际上，一些科学家估计，从16世纪到现在灭绝的物种中，近乎40%都是陆地蜗牛和蛞蝓。蜗牛在夏威夷生态系统中发挥了重要的作用，它们填补了在大陆上蚯蚓的生态位。一些蜗牛吃生长在叶片上的藻类，这可能限制了疾病的传播。但是由于蜗牛的捕食者被引入，夏威夷特有的蜗牛种类正在以惊人的速度消失。被引进的老鼠吃蜗牛，人类喜欢收集蜗牛，偶尔也会吃蜗牛。但是，最大的威胁来自另一种蜗牛——玫瑰橡子螺（也称玫瑰狼蜗）。

玫瑰橡子螺于1955年被引入夏威夷，用于遏制非洲大蜗牛的泛滥。非洲大蜗牛是在1936年偶然间被带进夏威夷的，从那时起，它们就住在庄稼和石膏墙上。玫瑰橡子螺贪婪地捕食其他蜗牛，所以人类希望它吃掉非洲大蜗牛，从而解决问题。然而事与愿违，玫瑰橡子螺更喜欢夏威夷蜗牛的味道，到今天非洲大蜗牛依然活跃在夏威夷岛上，而那些还没灭绝的本地特有蜗牛却岌岌可危。给本地蜗牛致命一击的，很可能来自我们原本善意的干预和恰好变化的夏威夷气候。现在，还能在高海拔的栖息地发现一些夏威夷特有蜗牛，那里的气候对于玫瑰橡子螺而言过于干燥、寒冷。然而，这些栖息地的气候正在变化，变得越来越温暖而湿润，玫瑰橡子螺正在迁入。

尽管乔治的故事没能得到一个圆满的结局，但是夏威夷蜗牛的困境完美捕捉了我们现在的状况，也就是捕食者和保护者这两种人类角色正在角力。我们知道一些物种为什么会消失，也希望能够阻止灭绝的发生，只是目前我们还没有很好的解决方案。我们能建立人工繁殖环境，但是如果我们无法为它们找到配偶，或者它们无法在人工环境下繁殖，我们就无能为力了。我们也可以设计消除入侵物种的策略，但是这种策略可能会失败，也可能出现意想不到的后果。虽然我们一直在寻找新的办法来挽救这些濒临灭绝的物种，但是它们的栖息地仍在持续恶化。

新技术在向我们招手。如果乔治和某种蜗牛亲缘关系很近，或许在乔治还活着的时候，它们可以交配产生后代。不过，这个后代仅含有50%乔治这个物种的遗传物质，而且无法确定分类学家和保护生物学家是否视此后代为同一物种。另一方面，外源遗传物质的输入可能也会导致蜗牛行为的变化，如果杂交后代没能填补乔治这个物种的生态位，那么灭绝的后果还是无法避免。

或许有一天，克隆乔治成为可能。事实上，在它死后，它的脚的一部分就被立即切下送往圣迭戈冷冻动物园，进行冷冻保存，以便万一复活灭绝物种的技术成熟了，能够复活乔治。不过，复活生物并不是灭绝危机迫在眉睫的情况下能够采取的措施，比如对于乔治而言，这个选项就显得非常遥远。复活生物需要能够转化成可存活胚胎的活细胞，还需要一个母体提供胚胎发育所需的环境，而且需要一个可靠的策略，在没有任何同种个体存活的情况下，来饲养和放归克隆动物。不同物种在复活的过程中将面临不同的障碍，包括技术上、伦理上和生态上的壁垒。例如："我们能找到活细胞吗？""有合适的母体或者卵来支撑胚胎发育吗？""有合适的栖息地吗？我们需要将复活个体放归到那里，而且能保证这个个体不会立即再次灭绝。"在乔治的例子里，或许将细胞冷冻储存是可行的，但是，生物学家对乔治这个物种（或者说蜗牛这个群体）的繁殖和发育周期都知之甚少，也就无法制定有效的克隆和繁殖策略。当然，这可能会随着时间推移发生变化。但是，我敢打赌在那么多需要发展的生物技术中，蜗牛克隆技术肯定排在后面。一些私人投资能够提供资金，支持一些为灭绝危机提供应对策略的研究项目，但是相比于带回一只小蜗牛，他们肯定更愿意复活一些有魅力的巨型动物。虽然我对乔治的复活不抱希望，但是万一可以的话，我们还有它被冷冻的脚。

正在演化的演化力量

人类不可避免地扰乱了和我们生活在一起的生物的演化轨迹，其中导致灭绝这种不可挽回的伤害是最令人痛心的。也许这就是为什么我们现在不遗余力地想要寻找一个借口去推脱自己的过错，努力地寻找灭绝的其他解释，甚至希望通过复活生物这类技术免除我们的责任。不过，与其推卸责任，不如认识到人类在过去不经意的行为能够直接或间接地导致灭绝事件。最初的澳大利亚人和美洲人没有故意要杀死所有双门齿兽和猛犸象。但是，人类的到来彻底改变了原本栖息地的景观。在高草丛生的环境中狩猎时，两足直立行走的猿和四足行走的表亲相比，更具适应性；那些生理和行为上能逃脱人类瞄准镜的动物相比于那些无法逃脱的物种，也更具适应性。甚至之后的灭绝，比如恐鸟和渡渡鸟的遭遇，也不是我们有意为之。它们和其他濒临灭绝的物种都受到栖息地剧变的威胁，一些的确是人类直接或间接造成的，但还有一些完全不是我们的错。

不过，显而易见的是，人类活动造成的严重性和破坏性与日俱增。这在一定程度上是因为现在人口数量一直在增加。人类不再是几个以狩猎为生的小家庭群体，而是一起乘船到达岛屿，登陆时带来的是老鼠、猫和猪，还有被驯化植物的种子、害虫和非洲大蜗牛。同时，人类日渐强大，原始的工具开始被投枪、霰弹枪和超级计算机逐步取代。随着技术进步，这些技术又加快了技术进步的速度。从过去到未来，我们都在开发新的技术来杀戮，来改变景观，以一种比自然选择快得多的速度持续进行着，而自然选择是其他物种唯一可以适应的机制。不可否认，第六次大灭绝危机正在发生，而且正是人类演化的结果。

不过，也不全是坏消息，人类在发展技术以外，也演化出了社会良知。我们不想导致物种灭绝，希望能保护栖息地，维持生物多样性。一些人保护自然是出于私心，希望能够欣赏自然风景和拥有很多选择的菜单。另一些人可能出于更无私的原因，只是想让自然回归原本的价值。不管出于什么动机，近150年来，人类越来越意识到自己在灭绝事件中的作用，然后逐渐转变自己的角色，成为积极采取措施避免灭绝事件发生的保护者。但是我们承担这个角色的时候必须认识到，我们无法让时间倒流，不能让物种继续沿着遇到人类前的轨迹演化。我们太过深入地生活在这个地球上，技术也太过发达，种群数量也过于庞大，不能轻而易举地从已经入侵了20万年的栖息地中撤退。但是，现在人类需要扮演的角色是了解自更新世以来，人类行为对其他物种究竟造成了什么样的影响，并且从我们过去的行为中吸取教训。我们需要考虑一个既有生物多样性又有很多人类的世界是什么样子的，必须利用日益先进的技术，去创造一个人类和其他物种一起繁荣兴旺的未来。

第4章 牛知道答案：狩猎、驯化和育种

我从母亲那里继承的2号染色体副本中，染色体长臂离着丝点大约2/3长度处有一个单突变，发生在微小染色体维持基因6（*MCM6*）的第13个内含子上，从鸟嘌呤（G）核苷酸突变为腺嘌呤（A）核苷酸。*MCM6*参与了一种蛋白质复合物的形成，这种蛋白质复合物的作用是在细胞分裂时解开DNA双螺旋。听上去这个基因非常重要，毫无疑问它也真的很重要。但是我的突变完全不影响这个过程，因为我的突变位于内含子，而内含子在基因翻译为蛋白质的时候会被忽略。考虑到内含子最终会被切下来丢掉，令人惊讶的是，这个内含子突变发生在我的祖先身上，却改变了人类的演化进程。

这个G到A的突变很晚才出现在人类身上，但是很多人都拥有这个突变。我从母亲那里继承了这个突变的单拷贝，但是很多北欧人拥有两个拷贝，这意味着他们从父母双方都继承了这个突变。在欧洲，这个突变频率由南到北逐渐增加。在中欧和西欧地区，有超

过60%的人拥有至少一个*MCM6*突变版本的拷贝，而在不列颠群岛和斯堪的纳维亚，这个比例攀升至90%以上。一个突变在非常短的演化时间窗口内，迅速成为人群中的高频突变，这种现象绝非偶然。这种突变一定为这些继承它的人们提供了某种适合度优势。实际上，拥有这个突变的人和没有这个突变的人相比，有更高的适合度，这个突变是人类过去3万年演化历史中出现的最为有利的突变。

考虑到这个突变的重要性，大概科学家已经对这个突变的确切作用有了一定程度的了解。这种突变导致的表型非常清晰：拥有这个突变的人在成年后依然能够消化乳糖——从牛奶中发现的一种糖；而没有这种突变的人会像其他哺乳动物那样，在接近断奶的年龄时，失去消化吸收乳糖的能力。未带有这种突变的成年人被判断为“乳糖不耐受”，喝牛奶会导致他们腹胀。然而，拥有该突变的成年人喝掉几加仑[①]牛奶毫无影响，好吧，可能不是几加仑。

这种到成年后还能持续产生乳糖酶的现象被称为“乳糖酶持久性”，导致这种现象的分子机制目前还不清晰。从G到A的突变发生在*MCM6*的第13个内含子上，这和乳糖酶基因隔了1.4万个核苷酸，如此之远的突变是如何造成影响的呢？这个突变似乎改变了第13个内含子的序列，让这段序列成为一个蛋白质的二级结合位点，而这个蛋白质能够开启乳糖酶基因。因为拥有了这个激活位点，乳糖酶在原本的通路被关闭后还能继续产生，人就可以继续喝牛奶了。

---

① 美制1加仑≈3.785升。——编者注

究竟人类何时第一次出现了乳糖酶持久性，目前还是一个谜。考古记录显示，这个突变出现后，乳业快速发展，但是无法确定最先发展乳业的种群在那个时候是否已经拥有了乳糖酶持久性，这个突变也许是乳业成熟之后才出现的。此外，全世界不同地区的人类基因组数据显示，引发乳糖酶持久性的突变有几个不同变体，而且这些突变是独立产生的。奇怪的是，乳糖酶持久性的普遍性和人群食用乳制品的习惯并不绝对相关。当今某些群体中高频出现乳糖酶持久性可能仅仅是由于偶然：一系列事件的发生，为这个特性的传播创造了条件。不过，无论乳糖酶持久性突变何时又是如何在我们基因组中产生的，毋庸置疑的是，这些突变不仅改变了我们这个物种自身的演化轨迹，同时也让一些物种从野生转变成了非野生的物种，这种转变到今天仍在继续。

这个故事从上个冰期结束时开始。

从猎人到牧民

1.4万年前，最近的冰期已经结束，人类遍布整个世界。更为温暖而湿润的气候意味着有更多的可食用植物和更肥美的猎物。大量唾手可得的食物，让人类从原本移动的生活模式转向更为稳定的生活方式。

新月沃地是世界上一个特别高产的区域，正如名字所描述的，这是一块新月形的区域，从黎凡特海岸向北到托罗斯山麓以南，毗邻扎格罗斯山脉，直到波斯湾。新月沃地早期居民猎杀野生动物，采集四周丰饶的水果、种子、叶子、块根和块茎。准备好下顿食物之后，他们开始进行试验。他们发现相比于猎杀雌性动物，瞄准雄性个体更好，因为这样不仅物超所值，还能够促进猎物种群数量增加。温暖而湿润的环境使坚果树、草和豆科植物都越来越多，他们发现了这些稳定且富有营养的食物，然后发明了工具——磨石，用来处理采集的大量坚果。这是一个富足而创新的时代。

突然间，命运发生了改变。大约1.29万年前，在新仙女木期，气候快速变冷，一切仿佛又重回冰期。人类发现自己生活在一个生产力比之前低得多的环境中。在之前的美好时光里，土地哺育了更多的人类，所以现在需要喂饱更多张嘴。尽管状况急转直下，但是新月沃地的条件还是比其他地方好得多，人类依然集中生活在那里。这种糟糕的局面持续了超过1 000年。

气候重新转暖，全新世开始了，新月沃地的人们又一次开始试验。他们利用土地上的自然资源，而且结合祖先的创新技术，形成了确保生存的新策略。在试验过程中，和他们一起生活的动植物也发生了改变。在这个人类试验新时代，最具适应性的个体是人类选择的个体。这是新石器时代（Neolithic）的曙光。

Neolithic的意思为“新的石头”，这是人类历史上驯化动植物的开端。从持续了千年的新仙女木期结束时开始，向新石器时代过渡，在一万年前，人类开始种植、照料、保护和收获各种农作物，包括小麦、大麦、小扁豆、豌豆、亚麻和鹰嘴豆等。农作物需要全年照看，这就意味着需要更多的人口来承担这个责任，也就需要更多的食物来养活这些人。荒野变成农田，小族群变成农业村庄，小村庄又渐渐变成了小镇和城市。人们能从土地中获得越来越多的资源，这些资源可以用来建设和维护定居点的设施，然后为了养活这些人，越来越多的土地从荒原变成耕地。

从采集到耕作，这种生活方式的转变的确提供了一些生活上的保障，避免人们挨饿，但是作物的产量依然不稳定。有了更多张嘴要养活，荒年将更难熬。人们需要一种储存食物的方式，好在歉收的年份免遭饥荒。他们建造了一些设施来储存收获的谷物，但是这种方式吸引了啮齿类动物和其他害虫，而且食物不能永久保存。幸好，他们找到了解决方案，那就是动物。那时人们开始驯化动物，动物是一种可靠的储存热量的容器。在收成好的年份，多余的谷物可以用来饲养动物，然后动物的种群数量就会增加。在歉收或者人类想吃点儿肉改善下伙食的时候，这些动物就派上了用场。

从狩猎到放牧的转变是一个缓慢的试验和发现过程。首先，人类试着限制动物的活动，发现被控制的猎物比分散到很远距离的猎物更好抓。他们开始理解动物行为，尝试着根据个体间不同的秉性，选择哪些个体可以用来繁殖，哪些个体用来食用。他们发现一些物种比其他物种的表现更好。比如一些物种在圈养环境中，不容易逃跑，也比较放松。这类物种通常在自然条件下喜欢跟从群体中的领导者，所以也倾向于听从人类领导者的指挥。

和植物一样，人类最早开始驯化动物的证据出现在新月沃地附近。在全新世初期，新月沃地西北部的猎人开始使用一种全新的方式来狩猎家羊的野生祖先。他们开始仅捕获具有繁殖力的年轻公羊，大约两三岁。这种狩猎策略有两个好处：首先，不捕猎雌羊，可以保证羊群能够继续繁殖；其次，除去本地雄性个体，能够吸引附近畜群中的其他雄性。通过这种方式，猎人相当于拥有了这些羊，而且可以吃掉它们。

9 900年前，现今伊朗高原克尔曼沙赫地区，山羊饲养者继承了一种相似的策略，以达到最大狩猎回报率。他们带走了有繁殖力的雄性和年老的雌性，留下有繁殖力的雌性来维持羊群。然后大约500年后，当地低地的考古记录中出现了山羊，这标志着人类历史上一个重要的转变。野生山羊生活在高原的山间，它们爬上危险的崖壁，躲避捕食者和寻找其他动物无法企及的食物。低地并不是山羊特别好的栖息地，它们之所以出现在低地，是因为人类把它们带到了那里。这些山羊正在被驯化。

转型

从野生到家养，并没有既定的规则来定义这个转变。我们只是定义了驯化物种，指其演化进程发生在人类控制之下的物种。现在人类为驯化物种选择配偶，也选择种子的去留。如果我们借鉴上千年的育种经验和数十年的基因组学研究，进行精心选育，我们的选择就可以影响物种的外观、行为和口味，以满足我们的意愿。当然，我们新石器时代早期的祖先并没有任何经验来有意识地驯化物种，在最开始，仅仅是一个偶然。

我们驯化的第一种动物是狗。遗传证据显示，狗是在欧洲或亚洲被驯化的，至少发生在1.5万年以前，或者可能更早。不过，把一匹狼带进屋里，让它睡在床上拿来暖脚，任何一个冰河时期的猎人都不会觉得这个画面很有趣。从狼到狗转变的开端是一个偶然，那个时候，狼生活在人类定居地的附近，并认为人是潜在的食物来源。当然，它们没有吃掉人类，如果它们真要这么做，我们的祖先会直接杀掉它们，《人类最好的朋友》这部影片里的故事也根本不会发生。相反，狼其实是在清理人类丢弃的东西，或者捕猎一些人类不放在眼里的物种。狼和人类的关系，在最开始的时候不是互利共生，而是偏利共生。狼觉得生活在人类附近是很好的，但是人可能根本没有注意到它们的存在。

但这种关系的开始，已经为后来深化的关系奠定了基础。被困在人类定居点的狼和生活在这些定居点的人类，开始从彼此的存在中得到好处。狼吃掉了定居点附近的食物垃圾，帮助人类驱赶害虫。如果有更危险的捕食者靠近，受惊的狼会发出预警。从生物学上讲，狼的幼崽可能非常可爱。随着彼此变得熟悉，狼和人之间逐渐消除了恐惧，最终形成了互利共生的关系。人类饲养了那些最没有攻击性和看起来最不容易逃跑的狼，最终，狼演化成了狗，人类开始依赖它们，将之作为工作伙伴和伴侣。

狗是第一个，但不是唯一一个依靠互利共生方式被驯化的物种。猫也是最早被驯化的物种之一，最初它们是被人类定居点的垃圾吸引过来的。好吧，它们是被小鼠和大鼠吸引过来的，但小鼠和大鼠也是被早期农业的副产品（垃圾）吸引来的。和狗不同，猫在被驯化的过程中并没有发生很多的生理变化，但是家猫相比于野猫更温顺。猫和狗一样，演化得非常关注人类的社交信号。例如，一些猫在听到自己名字的时候，能够非常迅速地识别和响应；另一些猫可以遵循非语言指令，像是根据主人所指位置在两个选项之间做出选择。如果它们会感到烦，大概就是因为这个吧。

作为我们的伴侣动物，狗和猫都在人类社会中占据较高的地位。我们从开始的时候就不吃它们，但是并不是所有遵循互利共生方式驯化的动物都能被这么对待。在中国，野生原鸡被人类丢弃的食物垃圾吸引，然后演化成了家鸡。现在生活在世界各地农场中的300亿只陆生动物中，家鸡就占了230亿只，有时它们紧紧地挤在笼子里几乎不能动弹。野生火鸡在今墨西哥和美国西南部被驯化，因为对火鸡胸脯肉的偏爱，人类培养了一些头重脚轻的品种，这些品种的火鸡难以自行行走和繁殖。还有猪，它们在亚洲的西南部和东部被驯化，应该也是因为清理垃圾而进入人类的视线，现在被当作食物或者宠物，以及用于人类器官移植，还有猪在几乎全世界的文化里都有着负面的刻板印象而被讥笑。

我们认为的牲畜，比如牛、绵羊、山羊、骆驼和水牛等，大多是靠猎物途径被驯化的。猎物途径和互利共生方式在开始时是相似的，都是出于偶然，不过猎物途径驯化的第一阶段是人类对野生动物的管理。动物管理可能是本地猎物短缺引发的，而猎物短缺可能是由于气候变化，或者是由于过度开发，又或者是两者兼有导致的。人类为了提高猎物数量和可预测性，探索不同的狩猎策略，动物管理也许因此产生。无论出于哪种方式，例如带走无生殖能力的个体或者仅带走雄性，这些策略的发展都能够维持甚至增加猎物的种群数量，有助于确保稳定的食物来源。最终，一些受到管理的猎物物种被进一步纳入人类社会，人类开始控制它们活动的时间和地点、食物，还有繁殖方式。

在这些动物的生活方式从野生状态转变成受人类控制的过程中，它们经历了一系列不一样的演化压力。比如在人工饲养条件下，原本起到防卫和求偶功能的角就显得没那么必要，而且生长和携带巨大的角是非常消耗能量的。更重要的是，看起来气质是不一样的。圈养动物出现对人类或者其他物种的攻击性，可是完全不会被允许的。当然，非常容易受到惊吓然后逃跑的个体，也对下一代没什么贡献。所以，人类选择最温顺和服从性最高的个体来饲养，久而久之，也就产生了完全不惧怕人类甚至依赖牧民的畜群。目前，一些科学家认为，一些驯化动物有一些生理特征，与遗传物质改变有关，例如花斑毛色、小牙齿、松软的尾巴和耳朵、小脑袋以及非季节性的发情期。这些大脑发育中的遗传变异，很可能与人类对非攻击性行为的筛选有关。

尽管互利共生和猎物途径的驯化都是从偶然事件开始的，但是这两条演化路径上都有某个节点，人类会在这个节点后经过深思熟虑，做出慎重选择。经历过圈养的第一代，角可能会变小，个体更温顺，因为拥有这些特征的个体比其他个体更加适应圈养环境。不过，当牧民想要一种特别的体型或者花色，又或者他想要一种能够犁地或者产生大量牛奶的品种时，他就会跨过那个节点。这种从偶然事件到有意选择的转变，就是驯化和其他互利共生不一样的地方，也是人类和其他动物不一样的地方。

看起来和驯化很相似的互利共生在生命之树上非常普遍，像蚂蚁就是一个非常有趣的例子。生活在热带地区的切叶蚁沿着老旧小径穿过森林，每只蚂蚁都扛着一片比它们自己大好几倍的叶子。这些叶子不是供蚂蚁们吃的，而是用来喂养蘑菇的——这些蘑菇是它们种植在自己地盘的。采取这种互利共生方式的蚂蚁很像人类的农民，它们喂养和照料自己的真菌花园，去除寄生真菌和其他害虫，来保证蘑菇们的健康。它们甚至学会了通过真菌发出的化学信号来判断植物是不是对真菌有毒，从而决定要不要继续提供这种叶子。真菌则为切叶蚁提供了安全的地下栖息地，而其他不能互利共生的真菌不能提供栖息地。因为切叶蚁的另一种令人惊异的行为，这种互利共生关系会被传递到下一代。在平常的一天，成千上万只有翼蚂蚁集体飞上天空，一旦它们飞上天空，它们会交配几次然后失去翅膀，像带着钳子的黑色雪花一样落向地面。我曾经在巴拿马热带雨林里工作时遇到了这种地狱一般的景观，这不是现代瘟疫，只是切叶蚁的婚飞行为。那么真菌怎么办呢？在这所有的飞翔、嬉戏和坠落的过程中，每一个有希望成为下一代女王的个体，都在设法抓住一点儿旧种群的真菌。如果有幸能存活下来，它将利用抓住的菌丝体构建自己的蘑菇花园，继续互利共生。

另一些蚂蚁的互利共生关系更像放牧，而不是务农。黄毛蚁（*Lasius flavus*）会保护以植物为食的蚜虫。作为回报，蚂蚁可以吃蚜虫富有营养的粪便（有些人称之为蜜露），蚂蚁会用自己的触角抚摸蚜虫，诱导它们排出蜜露（也有人将这种行为称为挤奶）。一种少见的非洲蜂足蚁（*Melissotarsus emeryi*）会保护蚧壳虫群体，它们似乎通过挤压和舔舐蚧壳虫，获取身体表面的蜡质。蜂足蚁也被观察到从植物上采集蚧壳虫，因此蚧壳虫也可能是它们的晚餐。

还有一些动物的互利共生关系像人类和宠物之间的关系。一种大型捕鸟蛛——哥伦比亚镭射蜘蛛（*Xenesthis immanis*）会允许一种蛙在它的洞里闲晃，这种蛙是体型非常小的点状蜂蛙（*Chiasmocleis ventrimaculata*）。捕鸟蛛完全可以把蛙吃掉，但是它没有，而是留蛙在洞里一起生活。捕鸟蛛饱餐一顿之后，蛙就会冲进来吃掉所有剩下的残渣。这样，蛙得到了一个安全的庇护所，捕鸟蛛得到了一个没有食物残渣的生活空间——这样就不会吸引一些害虫来吃掉它们的卵了。

从表面上来看，这些互利共生关系似乎非常像驯化：种植、饲养、放牧甚至是养宠物。但是，这里有一个关键的区别：驯化涉及目的。蚂蚁、蜘蛛和蛙都是因为偶然事件形成这些关系的。成千上万代以来，物种间都彼此适应着对方的存在，最终依赖互利共生关系而存活下来。在这个演化过程中，两个物种都没有意识到它们的关系是互利共生。没有任何一个物种去思考，是不是可以改善某些特性，来使这种关系的未来变得更加美好，也没有任何一个物种想要改变彼此。

但是，人类既是设计师又是修补匠，而且我们学习能力强。在人类的一生中，人类可以尝试用很多种不同的方式来圈养野生原牛。如果发现自己的策略不起作用，还可以改变方法，根据之前了解的原牛行为和生活史来改进策略，并且立即付诸实施。在发现有效的策略以后，人类不需要等待演化慢慢地把这个策略传递给孩子，再传给孙子。相反，人类可以自己告诉孩子学到的知识，也可以告诉父母、邻居和朋友，然后他们共同改进策略，来修补原本忽视的问题。

我们的祖先在一万年前开始操纵环境和其他物种的时候，其实没想着要驯化任何东西。不过，他们的确有一个目标。他们尝试着使用不同的狩猎方式来维持畜群稳定，也尝试通过不同的繁殖策略提高作物产量，因为他们想要在未来拥有更稳定的资源，而且不用费太多力气就能得到这些资源。为了这个梦想的未来，他们越来越有意识地改变和操纵物种。他们建立篱笆以圈养猎物，建立灌溉系统以灌溉作物。同时，因为他们能够思考，及时地改变思路和策略，也能告诉朋友和家人，所以在人类与其他物种的权力关系中，人类占了上风。

第三种驯化途径

驯化并没有改变演化规则。和野生物种一样，衡量驯化物种适应性的指标是存活后代的数量，衡量后代是否成功的方式也是根据获取资源和配偶的能力来判断，而且环境的演化压力是决定哪些特性可以被最大化保留下来的关键。只不过在驯化动物这件事上，我们就是演化压力。

一旦我们的祖先意识到植物和动物是可以被操纵的，他们就会想得到更多：更多不同的植物，用来制作衣服、工具和建筑材料；更丰富的动物种类，用以食用、劳作和交通。凭借对植物种植和动物饲养的经验，人类发现了更为有效的策略，使驯化物种符合人类偏好，以及改善已被驯化的物种。从此驯化可以被视为一个机会。

通过互利共生和猎物途径被驯化的物种本身就具有某种特征，倾向于服从人类控制。通常，这些物种生活在具有统治阶级的大型社会群体中，个体可以在群体中充当某种角色。它们对配偶和食物的选择都很随意，这也就意味着人类可以替它们做选择。而且，它们在人类出现的时候并不会受到太多惊吓。但是，有些物种缺乏这些倾向，那么驯化这些动物需要第三种途径：定向途径。

第一个通过定向途径被驯化的物种是马。人类最早管理马匹的证据出现在中亚的博泰文化中。在那里，考古学家发现了5 500年前的马骨头，还有一些出现磨损的牙齿，这些牙齿证明马曾经被拴住或者套住。出土的陶罐上有一些乳蛋白残留物，这表明当时的人类在饮用或者加工马奶。人类挤野生马奶的可能性微乎其微，这些强有力的证据证明博泰马是被驯化的。

10多年来，法国里昂的古DNA学家卢多维克·奥兰多主要研究马的驯化。他领导了一个国际合作项目，主要研究马是在何时何地又是如何被驯化的，我也有幸参与其中。我们研究团队从博泰马中分离古DNA，与现代家马DNA比对，我们希望看到博泰马就是现代驯化马直系祖先的结果。但令我们惊讶的是，事实并非如此，反倒是现今的普氏野马部分起源于博泰马。普氏野马被广泛认为是目前唯一留存的野马，但博泰马的DNA已经从马基因池中消失了。考古记录清晰地说明博泰人驯化了马，但是被他们驯化的马没有存活下来。

2019年，为了确认现存家马的起源，我们比对了近300匹古代马和现代家马的DNA，这些古代马来自整个北半球。我们发现人类除了博泰马外，还至少驯化了两批马，都大约在4 000年前完成。其中一批在欧洲东南部被驯化，另一批在亚洲北部被驯化。然而，它们和博泰马一样没能存活下来。事实上，直到今天我们依然不清楚人类是何时何地驯化了现代家马的。

为什么这么多属于不同文化的人类都在驯化马呢？大家普遍认为，人类开始驯化马是为了帮助猎杀其他马。但是人类在控制了马以后，发现马比想象中更有用，不仅肉和皮毛可用，还可以像牛一样挤奶，而且马对草料质量的要求比牛低得多。不过最重要的是，人类发现马可以骑。

骑马有很多优势。和走路相比，骑在马上可以更有效地把动物赶进畜栏。骑在马上获得的身高优势也让统治其他人变得很简单。此外，马强壮有力，能够在崎岖的地形上长途跋涉。

首先，骑马改变了最初圈养马的亚洲草原文化，然后这种文化逐渐传播到各地人类社会中。例如，颜那亚文化的游牧民族，在大约5 000年前骑着马到达欧洲，他们一并带来了独特文化中的武器和工具，例如轮子和铜锤之类，也带来了语言——这种语言被认为是当今印欧语系的起源。他们在进入欧洲以后，遇到了当地的农民，这些人是4 000年前新月沃地向北扩张的人群。马用这种方式将两种文化连接起来，完成了欧洲从新石器时代到青铜时代的过渡。

现今人类依然在从野外获取物种，然后试图改变它们。虽然现在很多人满足于养狗和猫这样的宠物，但是有人不满足于此，还在寻找一些特别的宠物。中世纪，有一定地位的人开始厌倦了用普通的猫来控制啮齿动物，所以他们把视线投向了獛，这是一种非洲小型食肉动物，长得像是狐猴、猎豹、雪貂和猫的混合体。獛长得不是特别可爱，但足够标新立异，目前在美国和亚洲变得越来越受欢迎。水豚，一种原产于中南美的大型啮齿动物，目前也成为越来越受欢迎的宠物。虽然人工繁殖繁育了一些更适合和人类一起生活的水豚品种，但是它们依然需要游泳区域、泥浴和很多阳光，所以大多数的城市或郊区居民无法满足饲养条件。

定向驯化途径也产生了许多新类型的食物。水产养殖可能是发展速度最快的驯化产业，从20世纪以来，已经有将近500种海水和淡水物种被驯化。奇异的肉类加工业也在努力驯化（至少是人工繁殖）一些野生动物，从鳄鱼到鸵鸟，再到驯鹿，取得了不同程度的成功。其中一个例子是美洲野牛，现在在美国和其他地方的牧场里变得越来越普遍。牧场野牛是一个驯化成功的例子，相比于野生野牛，它们的攻击性下降，也不那么惧怕人类了。不过，这种被驯化的秉性大多来自野牛和家牛的杂交。在这个产业中，杂交是被接受的，甚至是被鼓励的，牧场野牛含有37.5%的家牛基因，但它们依然可以按照野牛的价格出售。为了保证牧场野牛的服从性和野牛血统的平衡，目前有基因检测技术可以用于计算特定公牛或者母牛的家牛DNA比例。

定向驯化途径对可食用植物来说也很重要。今天，数十种到数百种植物正在从能吃转变成值得种植（产量稳定）和营养丰富的品种。例如，北美土圞儿是一种有地下块茎的豆科植物，这意味着它不仅可食用，还可以固定土壤中的碳。土圞儿是北美原住民的食物，之前没有被驯化。不过，现在它是一个很棒的选项，因为它营养价值高，易于收获，能够在贫瘠的土壤中生长良好，并且能改善土壤。作为一种驯化作物，土圞儿可以在恶化的栖息地中种植，也可以在气候多变的区域种植。

已经被驯化但依然有提升空间的植物，也是定向驯化的目标。例如，新品种的向日葵种子更大，含油量更高。新品种的玉米能够生活在旱灾频繁的栖息地，有更好的抗病性。随着人口增长和全球气候变化，我们需要进一步改进野生和驯化植物，使它们成为更有效、更可靠的营养来源，这是我们满足全球人口粮食需求的最佳机会。

牛的力量

超过250万年前，原牛（*Bos taurus primigenius*）在现今印度地区演化，那时地球进入更新世冰期，气候变冷，曾经广泛分布的森林被草原取代。主要植物的变化创造了新的食草动物生态位，特别有利于那些能够摄取粗糙但营养丰富的草的动物。原牛是繁殖世代短的大型动物，在这种正在扩张的草原上，这种特性让它成为最成功的物种之一。人类在新月沃地种植小麦的时候，原牛已经遍布欧洲、亚洲和北非，在那里被人类猎杀和吃掉。

今叙利亚北部发现了距今1.05万年的贾德遗址，位于新月沃地幼发拉底河谷中部，此处的考古记录显示捕猎的原牛骨骼突然变小。发掘该遗址的考古学家对这种突然的变化给出了几种可能的解释。首先，人类可能调整了狩猎策略，主要的狩猎目标从雄性变成了雌性，而雌性个体比雄性个体小得多。但是从出土的骨骼来看，雌性和雄性的数量相仿，这个可能性被排除了。其次，主要狩猎目标改为非成年个体也可能导致这种现象，但是骨骼显示猎物包括全年龄层。再次，栖息地的恶化也可能导致成体变小，但是考古证据显示雄性个体变小的程度大于雌性，这意味着这个影响因素对一种性别的影响大于另一种性别。此外，其他物种也没有出现变小的现象，如果是共同的外部原因，那么其他物种也应该受到影响。因此，考古学家推断出这种原牛体型的减小是驯化导致的。贾德人正在从猎人慢慢转型为牧民，他们只允许攻击性最小和服从度最高的雄性繁育后代。由于牛的攻击性和体型往往直接相关，这种选择压力减小了两性之间的体型差，也使整个物种的体型减小了。因此，考古学家确认这个遗址留存了人类第一次管理原牛的证据。

在贾德遗址之后的几百年，距离250千米处的另一个遗址也发现了相似的变化。这是卡育努遗址，位于今土耳其东南部的底格里斯河上游河谷。在卡育努遗址，考古学家发现变化的不仅仅是骨骼的大小，其中碳和氮的稳定同位素含量也发生了变化，这意味着除了雄性个体变小以外，原牛的饮食也发生了变化。它们开始在像牧场这样的开放栖息地吃草，而不是在原始林地觅食。该遗址中同样出土了欧洲马鹿骨骼，但是考古学家并没有发现相似的同位素变化。欧洲马鹿和野生原牛原本是生活在相似栖息地且拥有相似食性的动物，这意味着饮食的改变不是由于当地气候发生了变化，而是发生在原牛身上的特定变化。考古学家由此得出结论，卡育努遗址的原牛采取了一种依赖（或者至少是容忍）人类的生活方式。这些原牛被认为是早期的家牛——普通牛（*Bos taurus taurus*）。

尽管新的考古数据肯定为欧洲牛驯化的故事添上了几笔，但是贾德和卡育努更可能是驯化中心。与周围的山区相比，这两个地点都处于相对平缓的地带，是适宜用于管理原牛的栖息地。这两个遗址也是该区域仅有的人类早在1.1万年前开始转变为定居生活模式的地方，这是原牛管理的先决条件。这两个遗址的地理位置相当靠近，方便定居点之间的思想交流，甚至是动物交流。

考古记录显示，家牛出现之后，立即开始了传播。牛的驯化比山羊和绵羊更晚，遗传证据也显示涉及的个体更少，这显示了它们或许非常难以驯服。原牛比绵羊和山羊体型更大，更具攻击性，也更难控制和圈养。但是，一旦牛被驯服，它们就掀起了人类的变革。牛不仅可以为人类提供食物和衣物，也可以为人类工作。牛的第一份工作和马的工作差不多——拉、拖和搬运重物，这让农场变得更有效率。原本难以靠近或者难以耕作的土地可以进行耕种了，人类也就可以从土地中获取更多的营养，养活更多的人。随着牛承担了耕地的繁重工作，简单的耕地变成了农场，人类也有机会去开拓村庄外的生活，一起被带走的还有他们的文化、工具和驯化的动植物，这些是定义了新石器时代的东西。

9 000年前，普通牛已经沿着地中海海岸线或者多瑙河传播到了欧洲。8 000年前，它们传播到了非洲。它们先扩散到非洲北部海岸线，然后通过伊比利亚半岛穿过直布罗陀海峡，再次进入欧洲。大约4 000年前，普通牛已经到达中国中部和北部。瘤牛是另一个被驯化的牛谱系，约9 000年前在今巴基斯坦的印度河谷被驯化，之后在4 000年前传播到东非，3 000年前传播到东南亚。随着两支分别驯化的牛扩散到不同地区，它们和野生原牛、已经建立的家牛种群还有其他近缘物种相遇，并且与之交配。有些杂交是偶然发生的，但是大多数是人类有意为之，新石器时代的牧民经常会把其他动物纳入他们的牛群。基因交换催生了适应当地条件的谱系，例如藏牛——它们可以生活在高海拔地区。幸运的是，这些藏牛继承了本地牦牛的突变，而不是其他家牛的突变。

家牛在适应新环境的同时，也适应了和人类一起生活。2015年古DNA研究员戴维·麦克休和丹·布拉德利领导的团队对一头曾经生活在今英国地区的原牛进行了全基因组测序。他们比对了这头原牛和现今家牛的基因组，寻找原牛被驯化后演化出的遗传差异。他们发现与大脑发育、免疫力和脂肪酸代谢有关的基因发生了突变，这些变异可能有利于家牛适应社群生活和更多样化的食谱。他们也发现了一些与生长和肌肉量相关的基因突变，这可能反映了肉类生产相关的适应性。他们还发现欧洲牛共享一个突变，突变的基因编码了二酰甘油酰基转移酶1（DGAT1），这个基因与高脂牛奶的产生有关。这个突变是人类做出的一个早期选择的证据，而且这个选择的产物至今还是全球食品系统中的重要组成部分——乳制品。

液体蛋白质

人类乳业的最早考古学证据可以追溯到8 500年前，即牛被驯化后的2 000年。今土耳其东部的安纳托利亚高原离原本的牛驯化中心非常远，考古学家在陶罐上提取到了乳脂残留物，说明人类通过加热来加工牛奶。也有类似研究分析了不同遗址陶器上的乳脂残留物，这记录了乳业在欧洲传播的过程，这个过程似乎与家牛传播同时发生。

人类驯化牛之后，马上发现乳业也不是什么令人惊讶的事情。毕竟牛奶是新生哺乳动物最初的营养来源，能够提供糖、脂肪、维生素和蛋白质，因此演化过程会明确地指向让它更有营养的方向。牧民不需要太多想象力就可以推断出来，牛奶对小牛身体那么好，应该也会对他们自己和家庭成员的身体有益。不过，唯一的挑战就是在没有乳糖酶持久性突变的情况下，如何消化吸收牛奶。

因为乳糖酶持久性能让人类摄取乳糖中的热量，所以乳糖酶持久性突变的扩散和乳业的传播有紧密联系，也是有道理的。如果乳糖酶持久性突变是在乳业刚刚出现时产生的，或者存在于拥有乳业技术的人群中，那么拥有突变的人将更有优势。这些拥有乳糖酶持久性突变的人可以从牛奶中获得额外的资源，也能更有效地把动物蛋白扩散给更多的人，然后突变的频率也会增加。但是奇怪的是，在早期奶农的古DNA中并没有发现乳糖酶持久性突变，而且这种突变现今在欧洲频率最低的地方反而是当初世界乳业起源的地区。第一批奶农看起来似乎并不直接喝牛奶，他们通过烹煮和发酵来加工牛奶，将之制作成奶酪或者酸奶，去除令人厌恶的无法消化的糖类。

如果人类在没有乳糖酶持久性突变的情况下依然可以食用乳制品，那一定有什么其他原因导致这个突变在当今世界如此普遍。乳糖酶持久性突变非常普遍，普遍到世界上1/3的人类都拥有这个突变，而且至少有5种不同类型的突变可以使人类拥有乳糖酶持久性，但是所有突变都发生在*MCM6*的第13个内含子上。每种突变类型都在所演化的人群中很高频地出现，这说明这个突变的确带来了巨大的演化优势。除了吃奶酪和酸奶之外，还能够喝牛奶，这是否能解释为什么这个突变如此重要呢?

最直接的假设是，乳糖酶持久性的优势就是与乳糖紧密联系在一起。牛奶中30%的热量都是乳糖带来的，只有能够消化乳糖的人才能获得这部分热量，在饥荒、干旱和疾病的状况下，这些热量很可能至关重要。在困难时期可能会缺乏清洁水源，牛奶或许也能提供重要的清洁水源。

另一个假设是，牛奶不仅提供了乳糖，还提供了钙和维生素D，后者可以帮助钙的吸收。这可能对缺乏阳光照射的特定人群有利，因为阳光中的紫外线是刺激身体产生维生素D所必需的。这个假设能解释突变高频出现在北欧人群中，但是无法解释为什么非洲和中东人明明有相对充足的阳光，但是人群中依然有很高的乳糖酶持久性突变频率。而且这两个假设都不能解释为什么中亚和蒙古这些有着上千年放牧、畜牧业和乳业历史的地区，有着如此低的乳糖酶持久性突变频率。目前，这还是一个悬而未决的问题，究竟为什么世界不同地区有如此之高的突变频率，但在很多乳业是经济和文化重要组成部分的地区，突变频率反而更低呢？

关于乳糖酶持久性突变在欧洲是何时何处产生并且传播的，古DNA数据给我们提供了一些线索。新石器时代之前，经济依赖于狩猎和采集，那个时期的考古遗址没有显示出任何乳糖酶持久性突变的证据。古欧洲人没有这个突变，他们是生活在欧洲中部和南部的一批早期农业人口，被认为是安纳托利亚农业人口西迁的后代。欧洲最早的突变证据来自4 350年前的中欧个体，大约在同一时间，瑞典发现了一个拥有突变的个体，西班牙北部也有两处遗址出现了突变。虽然这些数据非常稀少，但也说明了那时的欧洲正进行着一场重大的文化动荡：来自颜那亚文化的亚洲牧民到达了，他们不仅带来了马匹、轮子和新的语言，也带来了消化吸收牛奶的能力。

人类乳糖酶持久性的奥秘凸显了基因、环境和文化之间复杂的相互作用。无论是谁第一次拥有了这个突变，这个突变频率升高的起始，很可能是偶然间发生的。比如，颜那亚人第一次到达欧洲的时候带来了疾病，特别是瘟疫，这使欧洲本地人口数量下降。在种群规模很小的时候，无论是带来什么优势的基因突变，都可以很快达到更高的频率。如果在瘟疫导致种群崩溃之前，这个突变已经存在，那么这个突变频率最初的增长可能是潜移默化的。人口恢复后，乳业已经广泛传播，那些拥有突变的人可以立即受益。通过驯化牛和发展乳业技术，我们的祖先创造了一个改变自身演化过程的环境。

现在，我们继续在人类自己创造的生态位中生存和演化。2018年，全球共生产了8.3亿吨奶，其中82%都来自家牛。剩下的来自其他物种，这些物种是人类在过去一万年间陆陆续续驯化的一系列物种：绵羊和山羊，占全球乳制品供应量的3%，最初在欧洲被养殖是为了获取奶，开始的时间与牛乳业相似；水牛是在4 500年前的印度河谷被驯化的，现今是第二大奶生产者，贡献了全球乳制品供应量的14%；骆驼是在5 000年前的中亚被驯化的，占全球乳制品供应量的0.3%；人类也食用一些来自其他物种的奶，比如被驯化的马来自5 500年前的博泰文化，当时人类第一次开始食用马奶；牦牛，4 500年前在中国西藏被驯化；驴，6 000年前在阿拉伯或者东非被驯化；还有正在被驯化的驯鹿。这些都算常见的乳制品生产者，现在也可以买到一些来自新奇物种的乳制品，比如来自驼鹿、加拿大马鹿、欧洲马鹿、羊驼和大羊驼的。有传言说顶级厨师爱德华·李正在用猪奶制作欧芝挞奶酪（ricotta，一种由乳清制作的奶酪），应该有人想尝尝这种新食品。

集约化

人类和家牛之间的关系正在慢慢转变，我们的祖先施加于家牛的演化压力也在发生变化。最开始，人类只是想要牛可以服从人类控制，并且牛是活着的。这种偏好导致牛的体型下降，可能也包括攻击性下降，不过到了中世纪，这种局面发生了逆转。有些历史学家认为，这种逆转反映了繁荣时期吃饱已经不是人类优先考虑的了。既然不用担心下一顿饭在哪里，养牛人就开始尝试改善生存以外的特性。到了17世纪，养牛人根据不同栖息地和品味进行了优化，比如让它们适应寒冷气候，在山地稳健行走，还优化了一些毛色和角的形状这类美学上的性状。

但是，事情不只有美好的一面。随着家牛遍布欧洲，它们消耗了大陆资源。家牛占领了森林和草原，然后依赖这些野外栖息地的物种消失了。家牛的野生祖先原牛，也成了被家牛取代的物种，最后一批原牛于1627年在今波兰的一个皇家狩猎区死亡。家牛种群增长，家牛的栖息地和饲料质量恶化。畜群变得稠密，健康状况堪忧，牛瘟激增，导致整个人类社会陷入了混乱和饥荒。

人类开始拼命寻找解决办法，再次求助于育种技术。他们发现一些牛比其他牛更加抗病，因此试图把抗病性和其他的地域优势或者审美特征结合起来。这是一个赌注很高的冒险，所以他们开始留存官方育种记录，系统地记录了牛群是如何混合的，又会出现什么样的结果。这种精细的育种方法，最终导致了现今家牛性状、大小和品种的多样性。

优化家牛的工作，不是只有欧洲养牛人在做。克里斯托弗·哥伦布于1493年第二次去往新大陆，这次把家牛引入了美洲，在接下来约100年的时间里，家牛从西班牙、葡萄牙和北非被带到了加勒比地区和中南美洲。17世纪，全球家牛的传播还在继续，盎格鲁-撒克逊人将欧洲家牛带到了北美和澳大利亚。18世纪，原产于印度的瘤牛也被引入巴西。新兴的牛的栖息地给牛产生了新的选择压力，也让牛承担了新的角色。新大陆的育种者引入像美洲野牛这样的本地物种，将本地动物的特性和欧洲牛的特性结合起来，培育了耐寒且高产的牛，它们比欧洲“表亲”更加适应当地气候。

19世纪和20世纪之交，欧洲和新大陆的牧场都在努力跟上人类的需求，冷藏车发明后，肉类可以长途运输，市场需求进一步加剧。随着需求飙升，人类也在努力将每只动物的潜在利润最大化。繁育者根据之前的杂交记录改善畜群，有时也会从海外进口动物，将它们加入自己畜群的基因池。但是，特定公牛和母牛只能获得有限的后代，因此这个过程非常缓慢。不过到20世纪中叶，两种新技术出现了，分别是人工授精和胚胎移植。这两种技术解决了繁殖缓慢的问题，并且永远改变了家畜培育的格局。

人工授精是指采集雄性个体的精子，在发情期时放入雌性动物的生殖道，这样可以让繁育者精准控制是哪两个个体进行繁殖。更重要的是，采集的精子可以冷冻，进行长距离运输，也可以长期储存（数十年）并保持活性。这种方式大大延长了一头公牛原本的生育年龄，也就扩大了个体的遗传影响。

胚胎移植同样扩大了个体的遗传影响，只不过是雌性的。通常来说，一头雌性小牛在出生时拥有超过10万个卵，但是只有少数会受精。在它生育年龄里有10多个卵可以受精，胚胎移植的目的就是利用其他未被利用的卵。胚胎移植中，母牛将会接受激素处理，被诱导一次产生多个卵。然后，它可以通过交配或者人工授精产生多个胚胎，或者人们也可以采集这些卵后在体外授精，之后移植到代孕母牛体内。如果它完成了交配，繁育者将冲洗出子宫中的胚胎并收集起来，在确保胚胎健康的情况下，将它们移植到代孕母牛体内继续发育。

人工授精和胚胎移植加速了品种改良。20世纪60年代，比利时育种者利用人工授精技术优化了一个原本肌肉就很发达的牛的品种，这个品种被称为比利时蓝牛。遗传分析揭示了比利时蓝牛拥有极端肌肉组织的原因：有一个突变阻止了肌生成抑制蛋白的产生，这种抑制蛋白可以使动物达到成体大小后停止肌肉发育。拥有这种突变的动物即便达到了成体大小，也依然可以继续生长，屠宰时可以获得大量瘦牛肉。尽管在20世纪60年代造成这种现象的遗传机制并不清晰，但是育种者可以推测，一头肌肉发达的公牛与一头肌肉发达的母牛交配，获得的小牛的肌肉应该更发达。人工授精技术可以更好地控制交配过程，保持恒定的雄性遗传输入，以加快选育的步伐。

人工授精和胚胎移植在农业上也有巨大的潜力。通过胚胎移植，原本一头母牛每年只能产一头小牛，但现在可以每年产10头小牛，这大大提高了产量。在一些地区，频繁发生的干旱或者疾病可能会导致食物短缺，这种高产量能够拯救生命。这两种技术还可以在不同的种群和品种之间快速有效地转移所需性状。例如1983年，西非畜牧创新中心的育种人员将西非的非洲普通牛（N’dama）胚胎移植到代孕的肯尼亚博兰母牛体内。他们的目标是将非洲普通牛拥有的锥虫病（也称非洲昏睡病）抵抗力转移到博兰牛种群中。当非洲普通牛达到生育年龄后，与博兰牛一起繁殖，将非洲普通牛抗性基因传递到下一代。

毫无疑问，在种群中增加有益性状是有好处的，但是人工授精和胚胎移植这样的技术也产生了意想不到的后果。举一个极端的例子，如果存在一个特别珍贵的个体，成为下一代唯一的父系或者母系来源，那么这相当于密集的近亲繁殖，所有的后代都是同父异母或同母异父的兄弟姐妹。选育已经让大多数的驯化动物丧失了一定程度的多样性。例如马，在过去200年间集约化选育产生了现在更快、更敏捷的马，但代价是这个物种整体的遗传多样性减少了近15%。随着育种库的个体减少，原本罕见的遗传缺陷频率会升高。例如比利时蓝牛，它们的产道极其狭窄，同时它们的幼崽出生时体重奇高，所以90%的后代都是剖宫产出生的。比利时蓝牛很容易出现呼吸不畅和舌头肥大的问题，而且由于身体的脂肪比例很低，它们无法生活在寒冷的气候中。这些动物无法生活在非人类控制的环境中，但是它们能很好地适应它们出生的环境。

适应不良的现象在我们的驯化动物中很普遍，是一种选育的副作用。事实上，有些已经成为特定品种的特征，比如：1/3的纯种斗牛犬存在严重的呼吸不畅问题，德国牧羊犬很容易出现髋关节发育不良。这些遗传问题可以通过远系繁殖引入多样性来解决，这个过程被称为“遗传拯救”。但是这种方式也会去除一些品种特性，这让狗育种群体感到不安。事实上，早在20世纪中叶，这个群体就宣称这种遗传拯救是“不自然”的，尽管我注意到他们接受几个世纪以来通过近亲繁殖产生狗品种的行为，认为那是“自然”的。幸运的是，一场与大麦町犬有关的争议，让很多狗育种群体慢慢接受遗传拯救。

到了20世纪70年代，所有的纯种大麦町犬都存在高尿酸血症，这会导致肾脏和膀胱出现泌尿系统结石，易导致肾衰竭。1973年，医学遗传学家、大麦町犬饲养者罗伯特·沙伊布勒决定通过遗传拯救来治愈他的狗所患的高尿酸血症。他培育了一只大麦町犬和指标犬的杂交犬，然后为了保证适当的大麦町犬特征，将这种杂交犬与纯种大麦町犬繁殖了五代。7年后，他得到了一只含有97%大麦町犬血统的狗（第五代的32只祖先中有31只都是大麦町犬），这种狗没有高尿酸血症。他向美国养犬俱乐部（AKC）申请，将这种狗注册为大麦町犬。经过AKC几个月的考虑，他的申请通过了。时任AKC主席的威廉·施蒂费尔写道："如果有一种合理的、科学的方法能解决特定犬种的遗传健康问题，并且可以保持犬种特性，那么美国养犬俱乐部将义不容辞地起到带头作用。"

并不是所有大麦町犬育种群体都认同施蒂费尔的态度，其中一些人指出，这种方式并没有根本性地解决问题。毕竟狗可能是高尿酸血症基因的携带者，只是没有表现出疾病的迹象，但依然可以将该基因传递给后代。作为回应，AKC需要育种者证明这些大麦町犬的后代都没有疾病，也就是说在证明这个犬种没有携带高尿酸血症基因之后，才会认证这些狗。

2008年，一个更为简便的方法出现了。就确认是否携带高尿酸血症基因而言，加利福尼亚大学戴维斯分校的达妮卡·班纳什发现这种疾病是由*SLC2A9*基因突变导致的。根据这一发现，做一个简单的基因测试就可以确定小狗在出生时是否携带致病基因。2011年，AKC开始接受通过遗传检测的大麦町犬注册。还有其他的一些疾病是选育导致的，这次尝试为通过遗传手段解决这些疾病铺平了道路。

就像高尿酸血症案例中一样，基因检测已经开始改变选育的方式。全球DNA测序合作已经为熊、狗、牛、苹果、玉米、西红柿和其他数十个驯化物种创建了参考数据库。有了这些数据，科学家和育种者就能够判断是什么基因造成了何种性状，然后利用这些信息去提高品种的环境适应性；他们可以在不同品种间转移性状，也可以避免不良基因的传播。这些措施的效果非常显著，2019年与英国养犬协会有关联的托马斯·刘易斯、凯瑟琳·梅勒什在一份报告中调查了包括拉布拉多猎犬运动诱发性虚脱、斯塔福郡斗牛㹴早发性白内障，还有可卡犬的渐进性视网膜萎缩症在内的几种遗传疾病，在基因检测方法出现之后，养犬俱乐部注册的犬种已经几乎不存在这些疾病了。

现在驯化动物已无处不在，这是人类智慧和技术的壮举。根据“世界牛盘点”（这是由网站Beef2Live.com发布的真实内容，这个网站的口号是“吃牛肉，生活好！”）的数据，有10亿头牛生活在这个星球上。这意味着，每7个人就拥有一头牛，牛的多样性也非常可观。《牛品种百科全书》提到现今有超过1 000种牛，这是世界犬业组织认定犬种的3倍之多。现今，绝大多数的牛的品种都是在工业革命以来250年间出现的，这些品种的培育是为了满足特定的肉类或乳业生产，或者是为了适应不同气候和地区。这些动物对全球的影响很大。牛吃了很多东西，每头牛每天要消耗超过18千克的食物。牛也需要很多生存空间，20世纪人类为了满足放牧需求而开垦土地，这是人为景观变化的主要原因。牛还会产生污染，它们放屁和打嗝儿（主要是打嗝儿）所释放的甲烷占现今温室气体排放量的近1/7。

但是，我们想要的更多。我们想要牛可以产生更高质量的肉和奶，想要更多不一样的新奇宠物，想要更美味的新品种食物，想要助手、工人、向导和嗅探器。与此同时，某种程度上我们比祖先更清楚地知道，达到目的将会造成什么样的后果。我们意识到现在非驯化动物的灭绝率非常高，是化石记录中背景灭绝速率的数倍，所以我们希望畜牧业可以产生更多的蛋白质，但是同时可以减小对资源和空间的需求。我们知道农业产业化会导致空气和水资源污染，所以我们希望牲畜产生更少的碳排放，同时作物对疾病和害虫有天然的免疫力。我们也看到了一些由我们掌控的动物患有近亲繁殖引发的遗传疾病，所以希望在不牺牲我们改造的性状的前提下清除有害突变。我们依然希望通过优化驯养动物来提升我们的生活，例如设计不易引起过敏的猫，或者设计一种牛，让它可以产生无乳糖酶持久性突变的人也可以喝的牛奶。

这些21世纪的目标可以用21世纪的技术来实现。我们的祖先从新石器时代开始就发展了育种技术，并且进行了几千年的完善，但是这种技术依然受到演化规则的约束：随机的基因重组和受精，还有缓慢的世代传递。现在的DNA测序技术能够精准地定位实现特定表型所需的特定基因，但育种因不够精确而无法利用这些信息。有一个新的技术领域可以被概括为基因工程，还有一个新的研究领域利用了基因工程技术——合成生物学，这两者能够提升我们实验的准确度。利用基因工程技术，狗育种人员可以在不牺牲品种特性的情况下修复引发疾病的突变，牛育种人员可以在品种间转移抗病性而不带来不良性状。合成生物学也扩展了我们的视野，我们能将一个物种的特性转移到另一个物种中，这是自然交配永远不会产生的结果，我们甚至可以用完全由人类设计的特性来优化物种。

基因工程技术存在的时间几乎与人工授精和胚胎移植一样长，我将在本书的后半部分详细讨论。不过，首先让我们回到20世纪初期，当时我们的祖先成功地驯化了动植物，但过度砍伐、过度放牧和污染也正威胁着人类社会和全球栖息地。就在这场危机之中，一个新的想法诞生了。或许保护野外环境最好的方式，是让环境不那么“野外”。

第 5 章

消失的旅鸽和繁盛的野牛：从农夫到管理者

（H.R. 23261，美国第61届国会第二次会议）美国野生及驯养动物进口法案

由美利坚合众国国会参议院及众议院共同颁布，由美国农业部部长直接负责监督调查和引进野生或驯化动物，这些动物的栖息地需与政府保护区或者未利用土地相似，引进条件是：经判定，引进后可以存活并且繁殖；可以作为食物或者驮畜，具有极大经济价值。同时强调，财政部必须拨付至少25万美元用于该项目，或视需要确定数额。

1910年3月下旬，美国人民集体陷入了不安和失望。在过去的半个世纪里，美国人口翻了三倍，达到将近1亿。森林被砍伐，山脉被开采，裸露出可探测的边缘。野牛和旅鸽从数十亿锐减到近乎灭绝，而市场需求丝毫未减，人们需要更多的毛皮来制作大衣，需要更多的羽毛来制作帽子，也需要更多的牛肉。牧场主试图饲养更

多的牛，但是过度放牧破坏了牧场土地，整个产业濒临崩溃。每个季节进入市场供食用的牛的数量都会减少数百万。人们饥饿又焦虑，开始讨论食用狗肉。

美国东南部各州沼泽遍布，这种环境中生长的草料质量过差，难以用于养牛，而且另一种灾难正在悄悄靠近。1884年世界博览会于新奥尔良举办，日本代表团给主办城市带来了一种礼物——凤眼蓝（*Eichornia cassipes*，别名凤眼莲、水葫芦）。它们像薰衣草一样的小花朵和厚厚的绿叶吸引了人们，所以俄勒冈州人急切地把它们引入城市公园和池塘，也引入了后院溪流。随后，它们开始了疯狂扩张，数量每周几乎可以增加一倍。截至1910年，连绵不断的凤眼蓝形成了一层厚厚的垫子，阻塞了湖泊、河流和海湾，吸收了水中的氧气，从而杀死了水系中的鱼类，也影响了船只进入墨西哥湾的河运。为了除掉这些凤眼蓝，美国战争部无所不用其极，徒手清理、下药，甚至企图淹死它们，但是都没能奏效。简单又迷人的凤眼蓝，就这样埋下了环境和经济危机的种子。

路易斯安那州被称为“表兄鲍勃”的国会议员罗伯特·布鲁萨尔提出了一个一箭双雕的计划。他说服美国国会通过了众议院第23261号决议，该决议将提供25万美元（大约相当于现在的650万美元）用于进口河马，将它们引入路易斯安那州的河口沼泽。这些河马一方面可以吃掉凤眼蓝，清理水道，另一方面能够将这些恼人的植物转化成大量美味的河马肉。

将非洲动物引入美国的想法并非布鲁萨尔原创。4年前，美国童军运动重要推动者和冒险家弗雷德里克·罗素·伯纳姆少校向他的政治精英朋友建议，美国应当引进羚羊、长颈鹿和其他非洲动物，来填充美国西部新开发的土地。伯纳姆过去几十年里大多数时间都在非洲南部度过，这种经历让他确信把这些美好且可食用的动物带回美国是非常可行的。在他眼中，这些动物显然能够解决肉类危机，也能得到保护运动的支持，特别是狩猎运动爱好者的支持。这个想法就是第23261号法案的雏形。

为了促成该法案，布鲁萨尔和伯纳姆招募了两个听起来并不可能加入的盟友。美国农业部植物产业局威廉·牛顿·欧文明明负责发展美国果园产业，结果痴迷于解决肉类危机。欧文坚信向西扩张牧场的计划终将失败，无论是占领新的草原还是在原本的草原上过度放牧，都不能解决问题，只有寻找全新类型的土地用于生产肉类，才是根本的解决办法。当他听说河马计划的时候，他觉得这是一个完美的计划：河马原产于林沼地（撒哈拉以南的非洲），它们白天待在水里消磨时间（这意味着不碍事），晚上才出来吃草，而且每头河马一天可以吃掉40千克的草。欧文打赌，河马可以吃掉许许多多的凤眼蓝，然后喂饱很多忍饥挨饿的人。成交，他加入了队伍。

队伍的第四位成员是外号为“黑豹”的弗雷德里克·迪凯纳。他和伯纳姆一样，是一名优秀的侦察员，而且实际上第二次布尔战争期间，两人都被雇来暗杀彼此。不过，迪凯纳是一个骗术大师，扮演过皮条客、德国间谍、摄影师、植物学家、假冒的截瘫患者，还参加过巡回演出。此时，他正以“娴熟的传奇非洲猎人弗里茨·迪凯纳船长”这一身份进行单人脱口秀表演，布鲁萨尔发现了他。他的部分演出可能是真实的，他的故事足以吸引布鲁萨尔邀请迪凯纳加入专家小组。

布鲁萨尔团队收集了现有证据，以说服国会支持第23261号法案，不过委员会提出了一系列情理之中的问题：河马危险吗？它们会吃凤眼蓝吗？它们能被驯化吗？它们的种群增长速度有多快呢？它们可能反过来成为另一种危害吗？布鲁萨尔团队竭尽所能地回应这些质疑。欧文提出如果对河马不进行任何管控，它可能会造成危害。不过，迪凯纳并不认同这一论点，他（毫无根据地）声称河马天生温顺，可以用奶瓶喂奶，也喜欢被绳子牵着散步。三个人都描述了河马肉的口感（像牛肉和甜猪肉的混合体），而且解释了为什么至今河马肉还不是主要的肉类来源（因为没人告诉大家河马肉可以食用）。从提问的口气可以看出，几乎所有在场的人都相信，河马可以解决目前美国的肉类危机和凤眼蓝入侵问题。

报道这些陈述的新闻从华盛顿流出，全美国的报纸都在赞扬布鲁萨尔的创造性，而且宣布大力支持第23261号法案。《纽约时报》把这种河马称为“湖牛培根”，在1910年4月发表的社论当中洋洋洒洒地写道：“墨西哥湾沿岸地区超过640万英亩[①]原本无用的土地，现在可以每年产出100万吨优质的新鲜肉类，价值一亿美元。”一切都按照布鲁萨尔的计划成功地进行着。

然而，这个法案并没有在美国国会会议中进行投票。伯纳姆、欧文和迪凯纳提供证据的时间太晚，以至于国会来不及在1910年

---

① 1英亩≈0.004平方千米。——编者注

会议结束前采取行动。布鲁萨尔希望重新引入法案，所以他继续为法案努力。布鲁萨尔团队成立了新食品供应协会以提升知名度，同时伯纳姆计划去非洲考察。不过墨西哥革命爆发了，伯纳姆被调往墨西哥保护受到战争威胁的铜矿，因此不得不取消非洲之行。欧文去世后，新食品供应协会陷入混乱，而且迪凯纳陷入偏执，总觉得有人窃取他引进河马的想法。布鲁萨尔于1918年去世，这个法案就不了了之，也没有被重新提交国会讨论。

很难说这个计划是否会真的奏效。河马的确要每天摄取非常多的植物，但是它们有很强的领土意识，也非常危险。河马肉是可以食用的，但是并不能确定人类会选择食用河马，河马是否适应圈养生活也是存疑的。况且，如果河马的种群达到可以养活一个国家肉食者的程度，那它们必然会产生大量的废弃物，这些废弃物必须通过某些方式解决。

部分疑虑在一项位于哥伦比亚的试验中得到了回答。有一群河马生活在已故哥伦比亚毒枭巴勃罗·埃斯科瓦尔的庄园及附近。刚开始，埃斯科瓦尔在20世纪80年代购买了4头河马，饲养在自己的庄园里。在他去世以后，这些河马被认为非常棘手，难以转移，所以被留在了原地。现在，这里的河马种群数量已经超过50头，这证明河马是可以在非洲以外的地方自行生存和繁殖的。河马种群数量的快速增长引发了人类的担忧，担心它们可能会取代本地物种，这也反映了它们的入侵潜力。河马也是危险的，2009年三头逃跑的河马杀死了几头牛，最后，一头河马被杀，剩下的河马被围捕送回了埃斯科瓦尔的庄园。就它们的可驯服性和可口性而言，它们似乎也没有特别喜欢人类（迪凯纳的论点存疑），而且这些河马没有被当作食物猎杀。科学家在河马对环境的影响上各执一词。一方面，它们把营养物质从陆地转移到水中，而且创造了水流过湿地的沟渠，这样看来，它们填补了哥伦比亚本地巨型动物群灭绝后生态系统的缺口。另一方面，河马从未在哥伦比亚出现过，这种引入必然会导致本地物种演化路径的改变。不过，河马的确吸引了游客，这会带动当地的经济增长。

第23261号法案如此不切实际，但又受到热烈追捧，这反映了20世纪初人类欲望和现实之间存在冲突，我们想要获取更多的资源，让更多人类过上更为轻松的生活，但是我们也意识到自然资源不是用之不竭的。布鲁萨尔法案从表面上看是为了保护野生动物，但本质上其实是为了保护航线和人类的生活方式。任何能够提供这种服务的动物，即便它是可能带来危险的大型动物，甚至是大多数人从来没有听说过的动物，也可以被用来促进国家繁荣。没有人承认引入外来物种是为了纠正之前引入的非本地物种带来的危害，没有人考虑到引入河马会对河口沼泽带来怎样的生态影响，也没有人去考虑河马肉饲养、收获和分配的长期可持续性。对这个法案的支持只是来自非常原始的兴奋，因为看起来可以轻而易举地解决国家正面临的危机。

尽管这个法案有显而易见的缺陷，但是布鲁萨尔河马法案的意识形态和进步时代的环保主义者是一致的。因为厌恶野牛及其他大型动物的消亡，狩猎运动爱好者和土地所有者开始成立组织来反对过度狩猎和森林砍伐。他们想要给猎杀动物和砍伐植物施加限制，让动植物种群有恢复的时间，不过他们深知要实现这样的想法，需要大众都站到他们这一边。他们期望建立一些公共园区，人们可以逃离可怕的都市去那里度假，在这些园区里，狩猎和伐木都是被允许的，但是需要以可持续发展的速率进行。人们想看的野生动物居住在这些园区内，包括从其他大陆引进的物种和本地物种。美国“进步时代”的环保主义者意识到了野生动物的价值，但是对价值的衡量还局限在这些动物能够提供给人类多少益处。相比于现今更关注生态系统的观点，这种人类视角的观点可能稍显幼稚，但这也是启动土地保护和生物多样性保护所需要的。对于一些物种来说，这个转变发生得非常及时。

盛宴的尾声

15世纪欧洲人到达美洲的时候，猛犸象、乳齿象和巨型树懒早已消失。这些冰河时期的庞然大物曾经使植被陷入困境，现在轮到人类来管理这些植被了。人类利用火和其他技术，创造可居住的土地，提升可食用植物的生长状况。大量的野牛群分布在北美大草原上，野生火鸡、狼和郊狼也生活在那里。而在沿海地区，森林正被农场所取代，这些农场种植着驯化植物，像玉米、豆类、南瓜和向日葵。

那里还生活着鸽子。

旅鸽一直是北美生态系统的一部分。大约在1 000万年前的某个时间，旅鸽的祖先和它们现存近缘物种斑尾鸽的祖先分道扬镳。

在冰河时期起伏不定的气候中，旅鸽和斑尾鸽分别在落基山脉的两侧存活下来，东侧是旅鸽，西侧是斑尾鸽。它们以坚果类植物的种子为食：橡子、山毛榉、美洲栗和任何它们能找到的东西。这两种鸽子在生态上十分相似，除了一个显著的差别：旅鸽的种群数量巨大。

欧洲人到达北美时，遇到了数十亿只旅鸽。1534年，雅克·卡蒂亚成为第一个见到旅鸽的欧洲人。卡蒂亚当时正在探索加拿大东海岸，在现在的爱德华王子岛，他见到了“无数林鸽”。[1]经过的旅鸽群需要几天时间才能完全离开定居点，它们经过期间“遮云蔽日，光线像日偏食的黄昏时刻”，而且“粪便像融化的雪花一样落下”。[2]

旅鸽在生态系统中具有不可忽视的力量。它们从一片森林迁徙到另一片森林，一路上会吃光所有能看到的东西。一棵树上可能会有500个旅鸽巢穴，在筑巢季节结束后，它们会抛弃这些巢穴，在森林地面留下厚厚一层粪便，树木被它们侵蚀或者折断。遮天蔽日的旅鸽让森林难以呼吸，不得已重启新的生态循环，从而进行从原始林地向成熟森林的转化。

令人汗颜的是，我直到研究生阶段才了解旅鸽。我的第一个古DNA研究项目旨在说明，渡渡鸟是否像一些学者提出的那样是一种鸽子或者鸽子的近缘物种。要回答这个问题，我首先需要拿

---

① 这句话出自A. W. 豪格1955年宣言《旅鸽：历史和灭绝》——对于痴迷旅鸽的人来说这是必读书目。

② 约翰·J. 奥杜邦在1831—1939年《美洲鸟类》旅鸽条目中记录了他在俄亥俄州观察旅鸽的愉快回忆。

到渡渡鸟的DNA。牛津大学自然史博物馆拥有著名的渡渡鸟骨骼，我希望得到许可，切下一小块骨骼样本来进行DNA分析。动物馆藏负责人是玛高莎·诺瓦克坎普，她是一个身材娇小但充满激情的女人，对每一件藏品都十分自豪。她一方面希望标本可以用于科学研究，另一方面又对我要给标本钻孔，感到十分紧张。她还是愿意支持我的研究的，但是在允许我切渡渡鸟骨骼之前，我必须在一些不那么珍贵的死鸟身上证明我的技术。

玛高莎急切地想要向我们炫耀她的灭绝鸽类收藏，所以她把我和伊恩·巴恩斯（他似乎每次都参与了我的博物馆倒霉记）拖上了一段石阶，走进一间大储藏室的大厅。整个房间堆满了一排排从地面直到天花板的金属柜子，贴在柜门上的白色小卡片上写着里面标本的分类名称：鸡形目、雁形目、鹦形目……除了这些名字以外，这些柜子看起来一模一样。她让我们在门口等着，然后她就消失在房间里，去寻找鸠鸽科标本。接下来的几分钟里，不同声音此起彼伏，跺脚声、拖抽屉的声音、开关柜门的砰砰声，还夹杂着零星几句英语和波兰语混杂的咒骂声。伊恩和我坐立难安，不知道是应该去帮她，还是守在原地不动。终于，她得意扬扬地出现了，一手拿着一摞文件，一手拿着一个小型的展示架，是一只鲜艳的旅鸽站在细细的美洲栗枝条上。玛高莎穿过密密麻麻的柜子向我们走来，满眼都是母性的自豪与赞美。她激动得声音嘶哑，解释说这件展品原本放在展厅，但是因为展览升级，不得已被送回了储藏室。她说如果我想要，可以提取它的一小块脚趾垫，用于DNA研究。

接下来发生的事情，深深地烙印在我的记忆中。储藏室的石质地板坑坑洼洼而且坡度奇特，这对于一座19世纪50年代就投入使用的建筑来说再平常不过了。玛高莎走向我们的时候，全身心集中在鸽子身上，结果一不小心踩到了一块不稳定的石头上。她迅速反应过来，敏捷地跺了下脚，避免了痛苦的摔跤。但是，她踩到地板上的那一刻，展示架晃动了，我们三个人都屏住了呼吸。鸽子随之晃动，不过慢慢稳定下来。我们长舒了一口气，但是我们突然听到了“啪”地一声，细细的美洲栗枝条折断了。我们惊恐地看着这只鸽子一头栽了下去，撞到了展示架底座，脚朝天飞了出去。时间好像在那一刻变慢了，这只鸽子在空中完成了至少360度旋转，“砰”地一下仰面朝天摔在地上。伊恩和我死死地盯着这只刚刚掉到地上的鸽子，紧张得不敢抬头。不过故事还没有画上句号，落地一两秒后，鸽子的头就从身体上掉了下来，作为最后一击，它的头就骨碌碌地滚走了。它的喙在滚动的过程中，一次又一次地撞击石头地板，一排排柜子又形成了回声，整个房间回荡着微弱的咔嗒声。

作为一个刚刚入行的古DNA研究者，我当然还是拿了一小块脚趾垫来提取DNA。

第一次遗传分析并没有提供太多关于旅鸽的信息。我扩增了一些小片段DNA，并且跟其他鸽子的小片段DNA进行比对，包括牛津大学的渡渡鸟标本（目前已被证实是一种鸽子），是的，最终我还是拿到了提取渡渡鸟DNA的许可。这些小片段DNA把旅鸽和包括斑尾鸽在内的其他鸽子联系起来了，但是没能解释为什么旅鸽种群如此庞大。

数量如此庞大的旅鸽，又是怎样在几十年间，从几十亿锐减到灭绝的呢？非常不幸的是，旅鸽非常美味，而且易于捕捉和猎杀，甚至小孩子都可以轻易用棍子把它们从树上捅下来，或者用土豆把它们砸下来。但旅鸽的致命威胁不是正经的投掷武器，而是科技发展。19世纪上半叶，欧洲殖民者在整个美洲大陆铺设了广阔的铁路网。铁路网建立了高速的联系，把不同旅鸽群的每一个潜在的巢穴，与东海岸迫切的市场需求连接起来，这个速度比旅鸽的飞行速度快多了。1861年，州际电报的出现允许人们及时发送旅鸽群的位置。在接下来的20年里，数十亿只旅鸽被定位、追踪最后被猎杀。旅鸽被网捕、射杀或毒杀，人们还在布满巢穴的树下放置燃烧的硫黄罐，最终旅鸽窒息而亡。一个猎人每天可以猎杀多达5 000只旅鸽。1878年，在美国密歇根州佩托斯基附近（那里是最后一个已知的旅鸽大型筑巢区），差不多5个月的时间里，每天都有5万只鸟被杀死。到了1890年，整个野生种群仅剩几千只。1895年，环保主义者将仅剩的旅鸽巢穴和卵保护起来，试图建立人工种群。1902年，最后一只野生旅鸽在印第安纳州被猎人射杀，玛莎是为数不多的野生旅鸽之一，它被送到了辛辛那提动物园，和人工繁育的乔治生活在同一个笼子里。玛莎和乔治从未有过后代，乔治于1910年死亡，玛莎作为整个种群的最后一个个体，又独自生活了4年多。最后1914年9月1日玛莎也去世了，旅鸽这个物种随之消失。

不过，即便是旅鸽易于捕捉，铁路网和电报系统又让旅鸽的境地雪上加霜，旅鸽种群下降的速度也过快了。为什么旅鸽没有持续存在的小种群呢？有一个假设可以用来解释这种现象，就是大种群对于旅鸽的生存而言是必要的。这种现象被称为阿利效应，以生态学家沃德·克莱德·阿利命名。阿利在20世纪30年代发现，相比于独自生活，金鱼与其他金鱼一起生活在封闭鱼缸内时生长更为迅速。这个结果和预期相反：对有限资源的竞争本应该导致个体生长速度放缓，而不是加快。阿利提出，是合作导致了这种结果。如果个体之间合作寻找食物或者抵御捕食者，更多的个体就意味着更多的合作，个体的适应性也就增强了。应用在旅鸽上，阿利效应意味着旅鸽已经演化到依赖合作模式，也就是只有靠大种群才能存活下来。

演化出这种依赖大种群的生态策略，就需要旅鸽在很长的一段时间里存在庞大的种群。在对旅鸽进行研究的初期，大部分人认为旅鸽种群是在最近才变得如此庞大，或者在冰河时期后森林扩张的时候变大，或者是在第一批美国人开始大规模从事农业之后，因为农作物可以为增长的旅鸽种群提供源源不断的食物。

2000年，我从那只牛津无头旅鸽[①]身上提取到了线粒体DNA，那时的DNA测序技术还不足以拼凑出灭绝动物的全基因组。不过在20世纪初的第一个10年，这种局面发生了变化，新的DNA测序技术能够检测到极为微小的古DNA残余片段，然后把这些微小片段拼凑成全基因组。全基因组可以提供强有力的证据，来确定旅鸽种群是何时变大的，又为何如此迅速地灭绝。

在接下来的几年里，我们从上百只旅鸽的皮肤、羽毛和骨骼

---

① 实际上，这只旅鸽遭遇不测之后，玛高莎把它的头粘回去了，现在标本完好。

中提取DNA，寻找保存完好的标本以得到全基因组。终于，2010年时任加拿大皇家安大略博物馆馆长的阿兰·贝克允许我们提取馆藏72只旅鸽的DNA，其中包括最后被猎杀和保存的几只。我们发现这些样本中有三只保存得极其完好。利用这三个标本，我们得到了数十亿短DNA序列，小心翼翼地把它们拼凑成基因组。然后，我们相互比对了这些基因组，而且和斑尾鸽基因组进行比对。我们估计出旅鸽种群扩大的时间，而且试图寻找一些能够使它们更适应大种群生活的突变。

结果使人满意，但又不那么完美。我们发现，至少在5万年前，甚至可能是更久以前，旅鸽种群一直非常庞大。这意味着，在上个冰期最冷的时候，旅鸽种群依然庞大。结果显示它们出现了一些遗传变化，一方面改变了它们对压力的响应，另一方面帮助它们抵御疾病，这两种遗传变化更容易出现在庞大和密集的种群中。另一些遗传证据证实了旅鸽一点儿也不挑食，因为它们需要在如此不同的气候环境中存活下来。但是，我们没能发现任何足以揭示它们灭绝原因的遗传线索。

存在这样一种可能性：旅鸽在大种群中演化，然后它们失去了一些对独自生活来说很重要的能力，比如它们不需要非常擅长寻找食物或者配偶，因为四周有上百万只同伴可以与之合作。不过，这还只是一个猜测，没有任何遗传证据显示阿利效应是导致旅鸽灭绝的原因。现有的有限证据显示，人工繁育的鸟群仅有十几只，但是它们的繁殖速度很容易赶上拥有数亿个体的大种群。这些证据指出，旅鸽灭绝最可能的原因似乎是人类杀死了它们。我们的干预太少，也太迟了。

虽然旅鸽永远消失是不幸的，但是它们的消失警示了人类。旅鸽极速消亡，与此同时美洲野牛也陷入困境，人类意识到了问题的严重性，第一次为立法保护濒危物种做出努力。旅鸽的灭绝为现今许许多多的保护法律、协议和条令铺平了道路。

给后代的礼物

1842年，美国最高法院在马丁诉沃德尔承租人一案中裁定，资产所有人无权禁止其他人从其位于新泽西州拉里坦湾的资产沿岸泥滩捕捞牡蛎。这一裁决意味着，法院认为可通航水域下的土地属于公共财产，而不属于个人。这种公共信托原则——野生动物和原野属于每一个人，而且政府有责任保护它们，成为北美野生动物保护模式的基石。

在马丁诉沃德尔承租人一案宣判的时候，北美野生动物已经陷入了困境。欧洲移民清除了东海岸的森林，将树木制作成了船只，又把原本树木生长的地方变成了农田。每年这些船把数以万计的动物毛皮（河狸、鹿和野牛等）运到英国，创造了新的市场，又满足了市场需求。到17世纪中叶，河狸几乎从东海岸绝迹，鹿也变得非常稀少。那时在马萨诸塞湾殖民地，每杀死一只狼将得到一先令，这种规定暗示了当时人们认为鹿的减少是因为有太多的狼，而不是因为有太多的猎人。

环境破坏并不仅限于东海岸，北太平洋沿岸相似的情况也在上演。俄美皮毛公司专营海狮、大海牛、海獭和北海狗的皮毛，杀戮的规模令人印象深刻。几年前，我在白令海圣保罗岛上寻找猛犸象骨骼，偶然间发现了一些我认为是古代海啸的证据。前夜的风暴暴露出了海岸边的一堵沙墙，露出了过去几百年间积累的地层。距离顶部几米的地方，我看到几块小骨头从沙子中伸了出来，便开始了发掘。直到收集了10多个海狗头骨，而且每个头骨上都有一个圆形的、网球大小的凹坑，此时我才意识到我发现了什么。这里曾经是北海狗的栖息地，我看到的是数百年前大屠杀的现场。

有针对性的捕猎造成的结果不尽相同，类似海獭的一部分物种有幸逃过灭绝危机，但是另一些物种就没有这么幸运了，比如大海牛，它们永远地消失了。大海牛可达10吨重，9米长，是儒艮和海牛的近缘物种，主要生活在北太平洋和白令海水下海藻林中。人类捕猎大海牛是为了它们的肉和脂肪：在狩猎其他小型海洋哺乳动物的过程中，人类吃掉大海牛或者燃烧它的脂肪来取暖。它们在欧洲人第一次报道目击事件27年后灭绝了。生态学家吉姆·埃斯蒂斯主要研究巨型海藻生态系统，他认为即便人们觉得大海牛不好吃，它们也注定要灭绝。因为在人类对海獭赶尽杀绝的时候，大海牛的命运就注定了。没有海獭吃海胆，海胆种群就会激增。大量的海胆会消耗和摧毁海藻林，而海藻林是大海牛赖以生存的地方，给它们提供了食物和庇护所。如此赤裸又脆弱的温柔巨型动物没有得到活下来的机会。这个故事显示了生态群落微妙的平衡，每个物种都依赖着其他物种存活。当人类破坏这种平衡时，整个生态系统都会受到威胁。

东部的土地和动物变得越来越稀缺，殖民者把视线落在了西部扩张上。欧洲人带来的疾病早在几个世纪前就肆虐了整个大陆，美洲原住民人口急剧减少，同时他们对本地物种的捕食也减少了。殖民者开始向这片富饶的广阔土地扩张，他们觉得没有任何理由可以限制他们的掠夺，尤其是在欧洲和美国东海岸各城市愿意为毛皮和肉类埋单的情况下。他们捕获了能找到的所有海獭，当他们再也找不到海獭的时候，就转而捕猎野牛。到了19世纪初，美国西部出现了贸易区，鼓励美洲原住民捕获更多的动物，以售卖毛皮。因为马的重新引入，这些美洲原住民狩猎野牛的技能大大提升，能够捕获更多的动物。数以千计的野牛被屠杀，有时是为了皮毛，有时是为了喂饱修建铁路的工人，有时仅仅是为了满足口腹之欲，因为野牛肉被认为是美味食物。

美国西部的原住民和早期殖民者都没有选择的权利，根本无法阻止这场破坏。原住民逐渐被无情地赶出原有的土地，被逼进了禁伐区，只能为生存而战。而对那些早期殖民者而言，野生动物是他们唯一的收入和生计来源。然而在东部，一场变革正在酝酿。东部的人们开始变得富有，他们开始有空余时间来进行娱乐活动，其中狩猎运动是他们的最爱。为了进行狩猎运动，首先得有动物存在。那么，狩猎俱乐部在建立动物保护法上发挥了重要作用，也就不足为奇了。

其中最具影响力的俱乐部是纽约运动员俱乐部，该俱乐部成立于1884年，旨在执行最高法院几年前确立的公共信托原则。这个俱乐部起草了狩猎法，争取禁猎时段，雇用线人找出违反野生动物法和狩猎法案的人，并且利用会员提供的钱和法律支持来起诉违规者。

当纽约运动员俱乐部为狩猎动物被认定属于公共信托范畴而努力的时候，另一些俱乐部也为建立野生公共园区而努力。俱乐部的努力得到了回报。1864年，当时的美国总统亚伯拉罕·林肯签署了约塞米蒂拨款法案，将3.9万英亩约塞米蒂谷和马里波萨谷巨杉林划归加利福尼亚，以避免商业开发的影响。1872年，当时的美国总统尤里西斯·格兰特又签署了黄石国家公园保护法案，将黄石确立为第一个美国国家公园，保证它免受私人开发的影响。尽管之后军队用了10多年的时间才把擅自占地者和偷猎者彻底地拒之门外，但是这些国家公园的创建发挥了作用。例如，现存野牛的祖先大多数都可以追溯到当时被保护在黄石国家公园内的种群。

1878年，密歇根佩托斯基旅鸽大屠杀正是发生在这种社会背景之下，即便许多州颁布了法律旨在保护狩猎动物，这些法律也还是非常薄弱而且难以执行，狩猎文化依然受市场驱动。计划的屠杀日渐渐逼近，一小支队伍前往佩托斯基，尽其所能地阻止屠杀的发生。他们破坏了一些陷阱，并逼迫地方政府对屠杀行为罚款，但是和成千个杀鸟人相比，这一切只是杯水车薪。最后，生活在佩托斯基的近10亿旅鸽在两个月的时间里被赶尽杀绝，最后一个旅鸽聚集地也不复存在了。

密歇根州在1898年通过了一项法律，10年内禁止捕杀旅鸽，地方政府认为这段时间足以让旅鸽种群恢复。但这一切都太迟了，旅鸽在野外已经功能性灭绝了。与此同时，野牛也岌岌可危。格兰特总统否决了一项认定捕杀雌性野牛为非法行为的法案，也就错过了立法保护它们的机会。不过，也不全是坏消息。媒体广泛报道了这两种原本遍布美国的动物现在濒临消失的状况，人们开始为此感到悲痛。不仅仅是为了食用，还为了动物本身，为了种群巨大的鸽群和牛群，也包括这些鸽群和牛群所代表的殖民精神。旅鸽和美洲野牛的衰落吹响了保护运动的集结号。和其他美国总统相比，西奥多·罗斯福将保护列为第一顺位。老罗斯福在北达科他州的埃尔克霍恩牧场亲眼见证了野牛的衰落，他极度厌恶这种衰落。1901年他一上任，就进行了一系列彻底的变革，为今天的保护法奠定了基础。在生态环境保护主义者吉福德·平肖和环境保护主义者约翰·缪尔的指导下，他在任期内帮助建立了超过2.3亿英亩的公共园区。他成立了美国国家森林局和生物调查局，后者在几十年后与美国国家海洋渔业局合并，成为美国鱼类及野生动植物管理局。

很快，大众的关切也开始让立法和科学同步发展。艾奥瓦州的共和党议员约翰·F. 雷斯提出了一项野生动物保护法，现在被称为雷斯法案，该法案禁止州际运输非法猎杀的动物。雷斯法案还授权政府重建那些灭绝或者濒临灭绝的生物种群。1905年环保主义者成立了美洲野牛协会，老罗斯福担任名誉会长，启动了一项计划，最终成功使野牛免于灭绝。在20世纪的前20年，野生动物和森林管理科学开始转变方向，从集邮式的分类保护，向根据科学证据考虑让生物融入生态系统转变。随后美国生态学会和美国哺乳动物学会建立，这两个学会也都创办了学术期刊来促进数据和想法的交流。科学家着手研究新的种群普查方法，以了解植物演替，通过食物网了解群落间的相互联系。人们开始意识到，灭绝不仅仅会影响经济，更影响了生态系统。

到了1910年，每个州都有某种保护野生动物的委员会，但是没有几个委员会有足够的资金支付保护费用。这种资金缺乏的局面，在宾夕法尼亚颁布了一项法律之后就改变了，该州宣布只有购买许可证，猎人才能合法狩猎。其他州看到宾夕法尼亚州突然拥有资金能够支持狩猎执法和野生动物种群恢复后，纷纷效仿，也开始收取狩猎许可证费用。1937年，《皮特曼–罗伯逊联邦援助野生动物恢复法》对狩猎用品（比如武器和弹药这类物品）加收11%的特殊消费税，收入将分配给各州野生动物保护机构，用于保护和培训猎人。野生动物保护行动正在萌芽。

可以预想到，一定有一些人不愿意为狩猎活动付费。一些反对者认为，受限的狩猎运动不应该是合法的，因为野生动物自身在公共信托原则下是属于所有人的。1916年，老罗斯福在回应中写道："没错儿，是属于所有人的，但不仅仅属于现在活着的人，更属于未出生的人，'为最多的人提供最大的价值'，这里的'人'应该考虑到未来的人，相比之下，现在活着的人只是极其微小的一部分。"

肉类问题的答案

"表兄鲍勃"布鲁萨尔在1918年去世，那时正值第一次世界大战，肉类和凤眼蓝问题都从国家报纸的头版消失了。美国农业部也放弃了引入河马，开始鼓励路易斯安那州通过开垦土地，将沼泽转化为牧场，本质上是建立泥浆屏障，阻止水进入沼泽，那么沼泽会干涸，能够用来种植牛的食物。技术创新也使事半功倍成为可能，例如出现了更快速有效的收割机器，还有能够抑制害虫和提高土壤肥力的化学品。人们不需要再去寻找新的土地，或者提高菜单多样性，可以在已有的空间内养殖更多的牛。

不过，一些技术也带来了恼人的副作用。砷酸铜杀虫剂巴黎绿在19世纪60年代第一次被应用在马铃薯叶片上，来减少科罗拉多金花虫对马铃薯的破坏。到了19世纪与20世纪之交，农业上使用了大量的杀虫剂，以至于政府觉得有必要设立法规来控制农业上化学品的使用。新的机器也引发了一些问题，加利福尼亚霍尔特制造公司在1911年推出了自行式联合收割机，原本需要人工完成的工作，突然就不需要投入那么多的人力了。小型的、更为多样化的家族农场，被高效和单一的大型农场所取代。农场整合一直在进行，持续了整个20世纪20年代，经历了大萧条和20世纪中叶。在20世纪四五十年代，相比于几十年前，同样面积的土地能够养殖数量是原来许多倍的动物，这也是疾病的“温床”。在20世纪40年代，科学家发现在饲料中加入抗生素能够预防疾病，而且动物增重更快。今天依然存在这种对农场动物进行的预防性治疗，世界卫生组织2017年的报告中指出，在一些国家多达80%的可用抗生素被用于让健康的动物生长得更快。

农业的集约化和产业化让土地拥有者和野生动物之间出现了

新的冲突。尽管在20世纪上半叶美国公众对野生动物保护活动的支持有所增加，但是在繁荣的20世纪50年代，政府对保护野生动物的呼吁日渐减少。在汽车工业的鼓励下（“开着你的雪佛兰，看看美国！”），新富群体涌入国家保护区和公园度假。政府为了建设军队，开始在那些原本受保护的公共园区内发放放牧许可证，允许建筑材料用的伐木，也允许石油勘探。人口激增，农业再次难以满足需求。尽管人工授精一类的技术提高了工业生产的效率，但是作物和牲畜数量已经属于满负荷状态。最终，这些原本是原野的土地，一点儿一点儿地转变成商住房、厂房和农业用地。剩余的空间，一点儿一点儿地被道路、水坝和犁过的充满杀虫剂的农田，还有不断扩张的人类足迹所填满。

1962年6月，《纽约时报》杂志刊登了蕾切尔·卡森的新书《寂静的春天》节选。在这本书里，卡森描述了一个荒凉的未来。在那里，我们滥用杀虫剂，导致所有的鸟类死亡，美好的鸟鸣也彻底消失了。她描述的未来令人不寒而栗，而且她是有意为之的。她把杀虫剂比作核辐射，称这两种威胁都是无形的，而且是不可避免的，并且指责化学工业和政府勾结，散布关于杀虫剂危险性的虚假信息。化学工业联合反击，称卡森是一个共产主义者，一个业余且歇斯底里的人，并且在《寂静的春天》这本书出版之前就以诽谤诉讼威胁她的出版商。不过，当时的美国总统约翰·F. 肯尼迪成立了一个官方小组来调查她的说法，最终导致美国改变了对化学杀虫剂的监管方式。这还不是《寂静的春天》这本书留下来的唯一遗产。卡森的书引发了一场草根环保运动，并且最终引发全球范围内对双对氯苯基三氯乙烷（DDT）这种杀虫剂的禁用，协助了美国国家环境保护局（EPA）成立，而且持续鼓舞着世界各地的环保运动。

卓有成效的行动

1967年3月11日，随着《濒危物种法》(1966年）的生效，78个美国本土物种集体成为第一批受到官方保护的濒危物种。美国鱼类及野生动植物管理局宣布的濒危物种包括灰熊、白头海雕、美国短吻鳄、黑足鼬、阿帕奇鳟鱼、佛罗里达山狮、加州神鹫和美洲鹤。美洲鹤这种标志性的、高大的、浑身雪白、戴着一顶红色帽子的鸟，减少到仅剩43只，它们也推动了立法进程。这个濒危物种名单上的78个物种，每一个都被认为极度濒危。随着法案通过，人们正式接手了它们的未来，我们也完成了向保护者这个角色的转换。从那时起，人们决定了这78个物种是否幸存，又是如何幸存下来的。

《濒危物种法》指示联邦机构需要为每一个名单上的物种设立恢复计划，并且提供资金支持使其恢复成为可能。1967年，保护学家在马里兰州帕塔克森特野生动物研究中心建立了一个美洲鹤人工繁育群，其中三枚卵来自加拿大的森林野牛国家公园中的几个巢穴。8年后，他们将美洲鹤的卵放在位于爱达荷州格雷斯湖野生动物保护区内的沙丘鹤巢中。沙丘鹤把这些美洲鹤幼崽当作自己的幼崽抚养。50年过去了，北美人工饲养和野外记录超过700只美洲鹤。50年来，野生动物管理人员决定了哪些鸟可以繁殖，并喂养和保护了它们，还将它们放归理想的栖息地。通过操纵鸟类的演化轨迹，野生动物管理人员阻止了它们的灭绝。在人类的努力下，美洲鹤不是唯一被拯救的物种。2020年2月，夏威夷鸶成为1967级濒危物种名单中第7个正式被移除的物种，保护成功的物种还包括加拿大雁、美国短吻鳄、德玛瓦半岛狐松鼠、阿尔佩白鲑、墨西哥鸭和白头海雕。

在20世纪下半叶，濒危物种保护的范围和效力都在增长。1969年，美国国会禁止从其他国家进口或者售卖濒危物种。1973年，80个国家签署了濒危野生动植物物种国际贸易公约（CITES），加强了对濒危物种国际贸易的禁止。同年晚些时候，时任美国总统理查德·尼克松签署了一项法案，全面修订《濒危物种法》。这项法律在美国执行CITES规则，并且允许将无脊椎动物和植物加入受威胁或濒危物种名单。1993年，联合国环境规划署颁布了《生物多样性公约》，该公约承认生物多样性是全球繁荣不可或缺的一部分，国际合作对保护的成功至关重要，这个公约几乎得到了全球的支持。

美洲豹杂交

虽然《濒危物种法》提供了保护受威胁和濒危物种的法律框架，但是远非完美。名单上的每个物种都需要针对物种自身的恢复计划，而很多时候人们对物种本身的演化历史和栖息地要求知之甚少，却必须根据有限的了解制订计划。联邦机构必须保证，在公共土地上，任何能够威胁到名单上物种的行为不得发生。如果在私人土地上发现了名单上的物种，土地所有者不得狩猎、射击、伤害、诱捕、骚扰、夺取、危害或者追捕这些物种。不出所料，这些严格的规定每年都会引起上百起法律纠纷，法律和土地所有者之间产生利益冲突。因为持续不断的法律纠纷，野生动物管理者倾向于避免不必要的风险，所以还是坚持保护策略，限制可能对名单上的物种产生负面影响的人类活动。但是，现在我们越来越能意识到，这些被动措施并没能减缓多样性丧失的速度，我们作为保护者的责任应该是干预。

由于人类的干预，北美最为引人注目的濒危物种之一得到了拯救。佛罗里达美洲狮是美洲狮的一种生态型，这种大型猫科动物有很多名字，包括山狮、美洲金猫、美洲狮和银虎，还有“山地尖叫者”——这是因为雌性在寻找配偶时发出毛骨悚然的叫声。在欧洲人到达美洲的时候，美洲狮几乎从加拿大育空地区到智利南端都有分布。然而到了20世纪中叶，狩猎、森林砍伐和农业发展将它们逼进了很少的残遗种分布区。在1973年它们被加入濒危物种名单的时候，佛罗里达美洲狮仅存不到20头，生活在佛罗里达州南端。

把时间拨到1981年，当时佛罗里达州鱼类和野生动植物保护委员会的生物学家克里斯·贝尔登领导设计了佛罗里达美洲狮的恢复计划。为了使计划具有可执行性，贝尔登团队首先需要确定佛罗里达美洲狮和其他美洲狮的差别，以便管理者和公众能够识别它们。几年里，贝尔登团队在大柏树国家保护区诱捕了十几只佛罗里达美洲狮，记录了它们的健康和体格数据。研究团队发现这些美洲狮具有宽阔而平坦的前额，还有高高隆起的鼻骨，这些都是1899年古生物学家乌特勒姆·班斯将佛罗里达美洲狮定为一个独立的亚种时使用的特征。然而，贝尔登团队选择了另外两个特征来确定这种美洲狮：后颈冒出来的一撮毛和扭曲的尾巴。

这是两个很少见的性状，当然也可以用来定义物种。但是从演化的角度来看，这些性状是在健康的种群中会被自然选择淘汰的缺陷，而不是演化过程中出现的中性或者有益的新奇事物。当然，佛罗里达美洲狮的种群并不健康。经过10多年孤立的生活，它们的配偶别无选择，只能是自己的兄弟姐妹、表亲还有父母。几代近亲繁殖导致它们遗传多样性减少，像扭曲尾巴这样的不良形状发生概率大幅上升。这些美洲狮还有更为严重的遗传缺陷。到20世纪90年代初期，90%的生活在大柏树保护区的雄性都患有隐睾症，它们至少有一个睾丸无法下降到正常位置，雄性产生的精子超过90%都存在异常。它们还有相当高的心脏缺陷发生率，免疫系统也受到抑制，这削弱了它们抵抗疾病的能力。

用这两个稀少的性状来定义佛罗里达美洲狮，还引发了另一个问题。所有生活在大柏树国家保护区的美洲狮的确都具有这种特征，但是生活在大沼泽南部的美洲狮大部分没有这两个性状。如果这是佛罗里达美洲狮的决定性特征，那么生活在大沼泽的种群是不是要被定义为另一个物种呢?

我们可以想到，DNA能够解决这个分类学问题。演化生物学家史蒂夫·奥布赖恩和恢复小组的兽医梅洛迪·罗尔克将大沼泽美洲狮和其他美洲狮的DNA进行比对。他们的结果让佛罗里达美洲狮的恢复计划停滞不前。因为他们发现大沼泽美洲狮并不完全属于佛罗里达血统，在最近的某个时刻，大沼泽美洲狮与来自哥斯达黎加的美洲狮交换了基因。

经过一番调查，罗尔克和奥布赖恩发现，在几十年以前，大沼泽国家保护区的管理者曾经请求博尼塔温泉市一个路边动物园（小型盈利动物园）园长莱斯·派珀，将他们圈养的几只佛罗里达美洲狮放归到园区，以解决园区内种群减少的问题。但是，大沼泽国家保护区的工作人员不知道，派珀已经用来自哥斯达黎加的个体来增加他人工繁育的种群。他这么做是为了提高繁殖成功率，而且效果非常好。这也提醒了保护团队，远亲交配的大沼泽美洲狮种群比长期近亲繁殖的大柏树美洲狮要相对成功，这证明可以用引入其他种群变异的方法来拯救佛罗里达美洲狮。

不幸的是，美国鱼类及野生动植物管理局有一项不成文的规定，那就是禁止保护杂交种，而远亲交配的佛罗里达美洲狮就属于这种情况。他们担心保护杂交种会污染濒危物种的基因池，并且削弱定义它们的性状（即便这些性状是扭曲的尾巴和一撮毛）。恢复团队里的一部分成员非常担心这些杂交种的存在会动摇佛罗里达美洲狮的保护地位，因此他们要求奥布赖恩和罗尔克对研究结果守口如瓶。随着团队内的分歧越来越严重，佛罗里达的局面开始失控。有谣言传出，现在生活在佛罗里达南部的美洲狮并不是佛罗里达美洲狮，所以要被杀掉。一个涉及掠夺（和吃掉）美洲狮的案件因分类学问题被驳回，当时的辩护律师辩称，如果连专家都无法对什么是佛罗里达美洲狮达成统一意见，更不能要求公众区分。就这样，佛罗里达美洲狮的种群数量持续下降。

史蒂夫·奥布赖恩告诉我，在那个时候，他坚信能拯救佛罗里达美洲狮的唯一方法是改变美国鱼类及野生动植物管理局对杂交种的看法，他也做出了尝试。他与演化生物学家厄恩斯特·迈尔合作（这位科学家在1940年首次将生物物种的概念理论化），奥布赖恩希望这位科学家有足够的地位能够吸引监管机构的注意。他们联合撰写了一篇评论文章发表在《科学》期刊上，指出亚种之间发生杂交是非常自然的事情，不同亚种属于同一物种。他们提出杂交区的概念：杂交区是两个关系紧密的群体相互作用和产生杂交的重叠地带，这种杂交区是非常常见的，并不会使两个群体混合成同一群体。他们还提出了亚种的新定义：亚种具有独特的自然史，生活在特定的栖息地或区域内，有可遗传的且可被区分的分子层面或个体层面的性状。他们的核心观点是，即便亚种不时地和其他物种混合，它们也依然具有可以被野生动物管理者和公众识别的特征。

这个理论说服了美国鱼类及野生动植物管理局批准捕捉8只生活在得克萨斯的雌性美洲狮（这是地理上和演化上最为接近佛罗里达美洲狮的种群），引入大柏树沼泽。4年后，第一批杂交幼崽出生了，15只活了下来，6只被引进的得克萨斯美洲狮也活了下来。接下来的几年里，越来越多的杂交后代出生了，这些幼崽更为强壮和健康。先天性疾病和生理缺陷发生率降低了，佛罗里达美洲狮种群数量增加了超过50%。

在没有任何官方规则改变的情况下，放弃对杂交种的执着，这样对其他物种也有好处。在北美向西扩张的横斑林鸮有时会和受威胁物种北方斑点鸮杂交。2011年，北方斑点鸮恢复计划修订版指出，存在少见的与横斑林鸮杂交的情况，但这并不影响北方斑点鸮的恢复计划。同样地，在密西西比河下游和阿查法拉亚河中，受威胁的密苏里铲鲟和常见的扁吻铲鲟存在自然的杂交，但这种杂交并没有被认定威胁到密苏里铲鲟的保护。只要物种的特征不改变，《濒危物种法》就认定杂交种依然在保护范围内。

有问题的是，有的时候杂交会模糊物种特征。克拉克钩吻鳟分布在太平洋西北部，几十年来，大量虹鳟鱼苗被引入克拉克钩吻鳟的栖息地，数以万计的鱼苗被从飞机上倾倒进湖泊和溪流，供人垂钓。虹鳟鱼易于繁殖，而且两者的杂交种可以胜过纯种的克拉克钩吻鳟。几十年前，环保团体希望将克拉克钩吻鳟加入《濒危物种法》的保护范围。但当科学家评估种群规模的时候，他们发现无法区分杂交种和纯种克拉克钩吻鳟，也就无法提出保护建议。虽然这个问题至今无解，但是古DNA提供了一线希望。与美国国家海洋和大气管理局西南渔业科学中心的卡洛斯·加尔扎和德文·皮尔斯合作，我们实验室对20世纪初采集的克拉克钩吻鳟进行DNA测序——这时还没有发生飞机倾倒事件。我们希望在博物馆保存的标本中找到一些遗传标记，这些遗传标记能够区分本地物种和人工繁育物种，并且利用这些标记开发一种方法，能够让野生动物管理者识别需要保护的物种。如果我们成功了，或许类似的方法也可以应用在其他杂交物种上，有助于美国鱼类及野生动植物管理局找到解决挑战的方法。

目前还没有解决杂交种问题的官方政策，美国鱼类及野生动植物管理局的工作人员会根据具体情况做出决定。和DNA测序时代之前相比，现在遗传数据显示，杂交比生物学家认为的更普遍。杂交导致的演化结果各不相同，我们很难提出一个有效且全面的杂交种政策。杂交可能没有产生任何影响，例如北方斑点鸮和横斑林鸮。杂交也可能具有破坏性，像克拉克钩吻鳟一样，模糊物种特征，威胁到濒危物种的生存。还有一种可能，杂交具有建设性的意义，提供某种DNA助推器，像佛罗里达美洲狮那样，把物种从近亲繁殖的负面影响中拯救出来。

在美国鱼类及野生动植物管理局通过与得克萨斯美洲狮杂交拯救佛罗里达美洲狮25年后，佛罗里达美洲狮的种群比1995年的更健康，有更多的个体存活。但是，我们的工作还没有结束。

2019年，史蒂夫·奥布赖恩和我们研究团队合作，对他的团队在20世纪90年代捕获的三头佛罗里达山狮进行DNA测序。其中两头来自大柏树种群，另一头来自大沼泽种群。不幸的是，在得克萨斯美洲狮被引入的时候，大沼泽种群已经灭绝。我们比对了这三个个体和其他现存美洲豹的基因组。正如预期的那样，大柏树美洲狮基因组出现了明显的近亲繁殖迹象，而大沼泽美洲狮出现了最近杂交的迹象。部分大沼泽美洲狮的基因组和大柏树美洲狮非常相似，含有非常长跨度的DNA片段，这很明显和它们的父母亲缘关系很近有关；其他部分的基因组显示了由中南美洲祖先引入的变异。当我们扫描大沼泽美洲狮的染色体时，我们发现它们的变异率在大量变异（遗传拯救）与没有任何变异（近亲繁殖）之间摇摆。这两种状态显示了遗传拯救后会出现的情况。短短的几代之后，大沼泽美洲狮出现了大量的长跨度DNA，那些由远亲交配引入的变异已经丢失，杂交带来的好处被持续的近亲繁殖所取代。

我们没有检测得克萨斯美洲狮被引入时带来的变异，现在是否因为近亲繁殖而消失，不过我认为这种可能性很高。遗传拯救是有效的，但是它们的种群还是非常小且孤立，佛罗里达美洲狮还是除了近亲繁殖外别无选择。尽管现在它们的种群看起来很健康，但是2019年8月《纽约时报》的一份视频报道中显示，几头佛罗里达美洲狮存在神经性疾病，这使得它们很难控制自己的后腿。目前，野生动物管理者还不能确定，引发这种疾病的原因是新的基因突变还是可能的环境毒素。不过，显而易见的是，它们的未来是我们的责任。我们必须找到威胁它们生存的原因，并且找到解决办法。否则，佛罗里达美洲狮将灭绝，即便我们投入了数十年的努力来拯救它们也无济于事。

如果没有积极的干预，佛罗里达美洲狮的种群将不会恢复。人类破坏了它们的栖息地，不连续的栖息地让种群之间处于隔离状态。被动的干预还是会让它们处于隔离状态，不得已进行近亲繁殖，继续导致一系列的健康问题和繁殖问题。其他一些受威胁的美洲狮种群可能可以通过建立野生动物走廊，让个体可以自然地分散开。如果设置走廊不可行，野生动物管理者需要模拟这个过程，在不同种群之间移动个体。他们需要遵循自然规律来操作，否则干预将不会成功。

佛罗里达美洲狮是一个充满希望的例子，显示出在人类试图干预的时候能够达到什么样的保护效果，但是这个例子也提醒我们人类行为带来的后果。现在的佛罗里达美洲狮和原本的美洲狮并不相同，同时没有人类干预的话，它们也会是另一种状态。本质上来说，我们既拯救又创造了我们现在所知道的佛罗里达美洲狮。

凤眼蓝问题

现在物种的灭绝率很高，但是如果我们按照19世纪掠夺自然的方式继续前进，毫无疑问灭绝率会更高。在各个大陆上，各种私人或者公共项目建立了很多保护区，避免原野被开发。数百个民间或者政府资助的保护组织已经成立，职责范围涵盖保护特定物种或者生态系统，禁止偷猎或者捕鲸，以及对企业和社区进行教育，宣传生物多样性保护的好处。虽然人类的发展还未停止，人口也在持续增长，但是相比过去，公众更加了解生物多样性的重要性，这使得生物多样性保护行动更受欢迎，也更容易执行。当然，还有很多工作需要做。即便现存的一些保护方法很有效，也是远远不够的。实现当今保护目标，我们需要更好、更有效的技术和更大的干预意愿。我们需要另一场技术革命。

把视线重新拉回凤眼蓝。

自从“表兄鲍勃”于1910年提议河马法案以后，路易斯安那州的人们已经尝试了除河马以外的所有方法来去除凤眼蓝。他们试过人工拔除、放火烧、油浸还有喷洒杀虫剂。他们发现各种化学和物理方法都不管用，因此他们把目光投向其他物种。他们引入了中国草鱼，中国草鱼可以啃食一些入侵水生植物，但是它们嫌凤眼蓝难吃。他们又引入了三种昆虫——两种象鼻虫和一种蛾，它们都演化为专门对付凤眼蓝。这些昆虫的确造成了足够的伤害，让凤眼蓝易染病并且抑制其开花，但是凤眼蓝依然在蔓延。现在，凤眼蓝形成的绿色厚垫隔绝阳光、耗氧、杀死鱼类，堵塞了水道，给除了南极洲以外的所有大陆造成了巨大的经济和生态损失。我们需要新的解决办法。

物种入侵不是最近才出现的现象。物种在自然条件下也会扩散，有时也是长距离的。候鸟可以携带鱼卵和植物种子跨越大陆和海洋，风暴和洋流可以使植物和动物分散到漂浮的植被垫上。洛根·基斯特勒是一位专门研究驯化植物的古DNA学家，他几年前向我展示了，凤眼蓝可以跟随洋流，用几百天的时间从非洲到达美洲，然后不知怎么的，它们的种子依然有足够的活力，能够建立种群，后来被美洲原住民发现，并被驯化。

自从人类发明了长途旅行，人类就成为物种扩散的另一种载体，有时是有意的，有时不是。随着技术进步，人类介导的物种扩散变得更快了。欧洲殖民者带来了让他们能忆起家乡的物种。之后，人们又为了某些特定功能引进了一些物种。例如，葛根在19世纪末期被从亚洲引入美国，用来控制水土流失。葛根在美国的某些地区非常成功，有时被称为“吞噬南方的藤蔓”，它们以每天高达30厘米的速度生长，会缠绕到一路上遇到的所有东西上面，包括植被、电线、路标还有静止的车辆。

人类现在还在不同地方之间传播物种，这些物种可能看起来或者尝起来非常新奇，或者在某些方面有用，又或者我们根本不知道我们传播了物种。2016年，美国农业部的监察员在旧金山机场查获了一个内有金环胡蜂蜂巢的包裹，这种蜂也被称为“杀人黄蜂”，蜂巢内化蛹的蜂依然活跃。金环胡蜂有时被当作美味或者止疼药食用，所以工作人员认为这个包裹仅仅是一个礼物，而不是蓄意破坏生态的行为。虽然这些工作人员阻止了2016年的金环胡蜂入侵，但是2019年华盛顿州和不列颠哥伦比亚省都出现了成年金环胡蜂的踪迹，在本地蜜蜂群里掀起了轩然大波，本地蜜蜂的生存受到了极大的威胁。这些物种可没有观察地域边界和人类法律的能力，只会持续迁移到可以入侵的栖息地。如果这些栖息地的气候适宜，它们能找到足够的食物，也可以躲避捕食者，它们就很可能在这片栖息地建立种群。

目前保护工作主要关注那些引发生态和经济危害的外来物种。科学家毫不迟疑地插手干预，试图建立不适宜入侵物种生存的环境，来阻止入侵物种建立种群。科学家使用过化学除草剂和杀虫剂，但这经常只是短暂地清除了入侵物种，却换来了水质和土壤的污染。他们也曾经试图引入其他物种，用于吃掉入侵物种，或者比入侵物种更具竞争性。科学家甚至试图徒手清除入侵物种。

一些努力获得了令人瞩目的成功。1993年，科学家在南大西洋的圣赫勒拿岛上引入了一种瓢虫。这个岛两年前被南美蚧壳虫入侵，威胁到了当地特有胶树。瓢虫可以有效捕食蚧壳虫，1995年以后岛上再没出现蚧壳虫大规模爆发的报道，当地特有胶树也蓬勃发展。另外一边，在加利福尼亚海岸附近的圣克鲁斯岛上，美国国家公园管理局牵头的一项联合狩猎计划，从2005年开始，仅仅一年多就铲除了小岛上的野猪。没有了野猪，岛上的特有植物和动物（其中有8种被列为濒危）种群开始恢复。

现有的策略里面，手动清除看起来是最为稳妥的方法，造成长期生态危害的可能性最小，但是费尽九牛二虎之力实现入侵物种减少的局面，可能只会持续非常短的时间。2017—2019年，猎人受雇在佛罗里达大沼泽夜晚巡逻，寻找入侵的缅甸蟒。缅甸蟒在大沼泽演化得非常成功。它们伪装得非常好，而且什么都吃，从小型哺乳动物和鸟到白尾鹿，甚至短吻鳄都吃。不出所料，缅甸蟒对当地物种造成了灾难性的后果，鸟类尤其深受其害。在超过两年的战斗中，猎人们捕获了超过2 000条缅甸蟒，有的超过5米长。但是他们的努力没有对缅甸蟒种群造成丝毫影响，我们需要其他的解决方法。2019年年初，非营利组织“岛屿保护”宣布清除了马克萨斯群岛塔瓦塔区域的老鼠。这标志着“岛屿保护”组织根除了第64个老鼠入侵岛上的老鼠。每个岛的生态都恢复得非常好。没有老鼠吃本地海鸟的蛋，海鸟种群数量反弹；没有老鼠再吃本地植物的种子和幼苗，本地植物也恢复了。人类也从中获益，农作物产量提升，啮齿动物传播的疾病也消失了。但是，“岛屿保护”组织铲除老鼠的方法存在争议。他们的成功依赖于灭鼠剂，通过直升机和无人机投放鼠药覆盖整个岛。灭鼠剂是有效的，但是也有很多负面影响。灭鼠剂不能单独针对目标物种，可能间接伤害吃掉中毒啮齿类动物的鸟类。况且，任何化学品或者毒药都有可能污染土壤和水。目前，当地社区认为虽然灭鼠剂具有潜在的危险性，但是这一切是值得的。“岛屿保护”组织也认可这种观点，同时希望在未来可以依靠合成生物学，发现一种更为安全的解决方案。由科学家和一些非营利组织组成的国际团队，成立了入侵啮齿动物基因生物控制计划。该计划的目标是，在大鼠DNA中插入突变，使其无法繁殖。

作为一种清除入侵物种的手段，合成生物学方法会比手动清除更有效率，而且比毒杀更人道，对环境也更安全。不过，这样也促使我们更加深入地了解人类的新角色——其他物种演化未来的操纵者。当然，我们已经扮演过这一角色，但是现在的问题是，我们究竟可以走多远。我们应该允许自己直接改变一个物种的DNA来挽救它或者其他物种，使它们免于灭绝吗？和我们已经使用过的方法相比，这种方法又有何不同呢？

在思考这些问题和摆在我们面前的现有选择的时候，每年都有志愿者深入西南部沼泽地的池塘、湖泊和河流，进行计划中的清理活动。他们踏入齐腰深的水中，抓起一把把凤眼蓝丢进大塑料桶，为皮划艇运动员、游泳者和鱼类开辟空间。不过，每年凤眼蓝都会卷土重来。

第二部分

可行之道

第 *6* 章

无角：私欲还是福利？

2019年初秋的下午，在加利福尼亚戴维斯市中心，我上了艾莉森·范埃纳纳姆的本田CR-V汽车，和她实验室的成员一起前往加利福尼亚大学戴维斯分校的牛肉谷仓。这辆运动型多用途汽车（SUV）的车牌上写着“BIOBEEF”，仪表盘上有一只绿色鳄鱼，这显示着艾莉森的澳大利亚血统。“这就是牛肉车，”艾莉森实验室管理员和得力助手乔茜·特罗特在驾驶座上告诉我。“艾莉森告诉我不要让它出事故。”

第二天早上，我在戴维斯分校基因组学中心进行万圣节讲座，我答应这个工作是因为有机会见到艾莉森。艾莉森是利用生物技术推动畜牧业发展的领军科学家之一，她非常擅长沟通，是这个研究领域的大使。一方面，我想要了解她的研究工作；另一方面，公众目前还不能完全接受生物技术应用在农业上，我想要了解她和公众交流的方式。当然，在几个月前发生了一些事情，之后我更想见见她那头珍贵的牛——普琳西丝。不凑巧的是，艾莉森的日程和这个计划冲突了，她在澳大利亚参加一场动物育种和遗传学会议。不过，乔茜代替她向我介绍了研究组的成员，也带我去看了一些牛。

我们首先去吃午餐，在等待上菜的时候，乔茜及另外两个同行的成员乔伊·欧文和汤姆·毕晓普给我介绍了他们正在进行的研究项目。乔伊和汤姆正在探索不同的生物技术，目的是让牧民能够更好地控制牛犊的性别。比如，对奶农而言，他们更喜欢雌性牛犊，因为雄性个体长大后并不会产奶。一些限制雄性个体出生的遗传方法能够节省一些成本，比如将雄性个体作为食物出售或者在雄性出生后杀死它们的费用。

在听乔伊和汤姆介绍的时候，还有想到普琳西丝的时候，我意识到新的生物技术将把我们带到一个悬崖边，一旦跨出去我们与身边动植物的关系将发生重大转变。这些分子生物学工具能够关闭基因，改变DNA密码中的字母，从一个物种中提取基因并插入另一个物种的基因组。但是，从事合成生物学的研究人员不清楚，我们现在距离悬崖边到底有多远。现在，我们使用新技术的动机和我们祖先的别无二致：改善人类和驯养动物的生活，还有生活的环境。但是，新技术总让人感觉有点儿不一样，或许有那么一点儿不自然。更糟糕的是，生物技术的应用被不安的氛围所包裹，这种不安由一些资金充足的全球运动所诱发和加剧，充斥着虚假消息，故意模糊对生物技术能做什么和不能做什么的理解。这些运动的结果不可小觑，导致了现在舆论环境两极分化，仅仅是讨论使用这些技术的项目都会引发不信任、愤怒，甚至是暴力。

艾莉森的研究就是一个典型的例子，展示了在这个领域工作是多么艰难。她的目标是改善动物福利，减少动物的痛苦，同时也能提高养牛业的经济价值。艾莉森在整个职业生涯中都在宣传这些技术，但是她对未来感到沮丧。

在听乔伊和汤姆介绍工作的时候，我也能感受到他们的兴奋感被现实打击，这个团队在过去几个月遭遇挫折，但他们还是尽最大努力保持乐观，一如既往开展工作。但是，在处理完公众对普琳西丝事件的反应后，他们很难想象未来的工作，不知道能否产生他们想要的影响。

吃完午饭我们回到了车上，下一站是牛肉谷仓，还有（我期待的）普琳西丝。在路上，在我们讨论了科学和生物技术方面的就业问题，探讨可能的就业方向。即将完成博士学业的乔伊在留在学校研究和去公司工作之间左右为难，这个决定并不好做。虽然在大学工作可能有更高的独立性，可以做更多创造性的研究，但是艾莉森实验室几乎没有研究这类项目的经费，主要也是因为农业生物技术方面的监管方式不明确。由于没有一个清晰的监管模式，像艾莉森、乔茜、乔伊和汤姆这样的科学家，他们花费了数年时间在一个研究项目上，但是在最后一刻监管部门可能改变了主意，更新了规则，然后他们不得不去跨越一个新的障碍。像加利福尼亚大学戴维斯分校这样的公共机构根本没有足够的财力来支持他们，而现今不停变化的监管环境要求做一系列无止境的新实验。对于乔伊而言，如果希望继续现在的研究工作，他除了去公司，别无选择。

到达谷仓的时候，我们陷入了沉默。我想着普琳西丝在现有监管环境中的挣扎。至少在我眼里，普琳西丝是一头普通的奶牛。它也是一个实验的产物，不过我从媒体报道中得知，这个实验并没有完全按照计划进行。我知道它的兄弟已经被焚毁，只有它幸免于难。在我看到它的时候，我能一眼发现它是经过基因改造的吗？

我们下了车，穿过谷仓到达了牧场的核心区域。这里到处都是牛，远处一群牛正在吃上个季节的草料，近处数十个畜栏像迷宫一样，将牛按年龄和品种（也可能是不同实验项目）区分开来。当我经过一个畜栏时，看见畜栏里有两头牛和它们的小牛犊，一头小牛努力地吃奶，但收效甚微，它没能从任何一头牛身上成功地喝到奶。转过弯，我又经过一个畜栏，那里生活着大约20头正在反刍的小母牛，它们正在茫然地望向远方；另一个畜栏里是相同数量的小公牛，也是一样平静。终于，我们看到了普琳西丝，生活在那排的第三个也是最后一个畜栏里。那个畜栏和其他畜栏一样大，但它只和另一头健壮的公牛共享空间。当我们走上前去停在它们眼前的时候，它俩都盯着我们看。

“那是普琳西丝的丈夫。”乔茜指着那头公牛，开玩笑地说。然后她补充道：“它的工作就是让普琳西丝怀孕。”乔茜把手伸进食槽里翻找，从燕麦草干草中翻出一丛苜蓿，款待普琳西丝。

我一脸疑惑。“我以为实验已经结束了？”我小心翼翼地问道。

“我们必须测试它的奶，”乔茜解释道。“FDA（美国食品药品监督管理局）要求的。”

“为什么要测试它的奶？”我困惑地大声问道。

乔茜转向我，又沮丧又困惑。“是呀，为什么呢？”她说，而汤姆嘟囔着转身离开了。

什么是转基因生物?

毫不夸张地说，基因工程在农业领域一直是一个有争议的话题。有些人坚决反对利用合成生物学改造作物和牲畜，因为这种“不自然的”手段可能会带来不可预测的风险。另一种观点则是，基因工程只是操纵物种的一种快速且精确的方法，就和农业起源以来我们一直在操纵它们一样。而真相就在这两种观点中间的某个地方。

基因工程育种和传统选择育种方法希望达到的目的相同：创造更美味或者更有利用价值的动植物。但是，达到这个目标的方式是不同的。在传统育种方法中，我们让两个个体繁殖，希望它们的后代产生我们期望的性状。而在基因工程育种中，生物的DNA被直接编辑，可以保证下一代一定会获得期望的表型。这使得基因工程育种比传统选择育种更快，有时可以将育种过程缩短几十年。鉴于现在地球上的人口越来越多，他们都需要吃饭，那么用一种更为快速且高效的方式来优化我们的农作物和驯化动物，有何不可呢？

大多数情况下，基因工程育种最终的效果与传统选择育种相同，但是并不总是如此。基因工程可以创造出真正的转基因动植物，即包含不同物种特征的有机体。转基因生物听起来像是科幻小说中会发生的事情，实际上并非如此。现在，转基因作物可以表达微生物基因，使它们具有抗虫的能力。转基因的山羊和奶牛表达了人类基因，它们的乳汁成分发生了改变，因而增强了抗菌性或者能让对非人乳过敏的人喝。转基因夏威夷木瓜表达了病毒基因，能够对木瓜轮点病毒免疫。这只是真正转基因生物的几个例子。

在合成生物学发展初期，大多数基因工程生物都含有一些转基因，即便它们是可以通过传统育种方式产生的。这是因为它们通常都整合了细菌DNA片段，通过细菌DNA可以检测是否发生了预期的编辑（稍后会详细讨论）。这让基因工程食物被描述为“科学怪食”（frankenfoods），这个难以动摇的绰号是1992年波士顿学院的英语教授保罗·刘易斯在写给《纽约时报》的一封信中提出的，信中表达了他对基因改造番茄的反对。

但是，最近的基因工程手段不会在基因组中留下编辑痕迹。因此，新的基因工程育种生物不那么“转基因”了，被称为“顺基因”，它们并没有包含任何其他物种的DNA。为了区分它们，这些没有编辑痕迹的产品被称为“基因编辑”（gene-edited）产物而不是“基因工程”（genetically engineered）产物。相比于基因工程转基因物种，基因编辑顺基因产品的上市更为简单，所以很多公司已经从创造新的物种组合（转基因）转变到增强或者删除已有性状。

那么，基因编辑生物体其实和传统育种方法得到的产品完全相同，但是人们依然把所有遗传物质经过修饰的物种混为一谈，将它们共同称为基因改造生物，或者叫转基因生物。很多听起来很恶心的转基因生物，像刘易斯设想的将鱼的基因转入番茄，当时不存在，现在也不存在。人类下意识地觉得转基因恶心，这让关于转基因生物的混乱和虚假信息激增。食物生产商和销售商希望从顾客的不适感中获利，就在产品上贴上亮绿色的标签，标明是“非转基因”，可这些物种甚至压根儿就没有基因改造产品。顾客去超市购买时，可以看到柑橘类水果、番茄、腰豆、橄榄还有一长串的产品都贴有非转基因标签，但其实这些产品目前根本没有基因改造版本可供选择。人们甚至可能会在盐上发现非转基因标签，但盐只是矿物质，并没有可以改良的基因。所以，非转基因标签究竟有什么意义？事实证明，毫无意义。

定义转基因生物，其实非常困难。我和其他一些人都认为，实际上我们吃的所有东西都是遗传改良过的。从某种意义上说，这是有道理的，经过几千年的选育，我们创造了现在的驯化动植物。但是，这也不是转基因生物这个名词想要定义的范围，因为这样会导致误解，模糊了基因工程方法和传统育种方式之间的根本性差异。

转基因生物的定义要稍微窄一些，仅仅包括那些人类利用传统育种方法以外的方式开发的生物。但是这个定义太宽泛了。很多食物，像蜜脆苹果、脐橙、无籽西瓜还有榛子，就不是通过传统育种方法得到的，但它们也不是经过基因改造的。事实上，它们是通过嫁接产生的，就是指人类选择不同物种或者谱系的植物，将它们接在一起。嫁接是非常重要的生产方式，创造了很多我们最喜欢的带有非转基因标签的产品。例如，酿酒葡萄很容易受到蚜虫袭击，因而患上根瘤蚜病。人们在19世纪意外地将蚜虫从美洲引入欧洲，蚜虫迅速地摧毁了葡萄藤，让欧洲的葡萄酒产业近乎停摆。不过，当欧洲葡萄藤嫁接到抗根瘤蚜的美国葡萄根上时，欧洲葡萄藤活了下来，而且酿成的葡萄酒依然很美味。现在，几乎全世界的葡萄都被嫁接到美国砧木上，但是没几个人会觉得这些葡萄应该被贴上转基因标签。

因为嫁接不会影响每个植物细胞内的DNA，所以嫁接生物应该被排除在转基因生物之外，定义范围可以进一步缩小，明确指DNA被改变的物种。考虑到这一点，欧盟将转基因生物定义为"无法通过交配或自然重组得到的DNA改良生物"。不过有趣的是，这个定义排除了20世纪通过诱变育种得到的很多水果、蔬菜和谷物。诱变育种是指故意让幼苗暴露在引发变异的辐射和化学品之下，以产生新品种。

诱变育种导致DNA发生了大量变化，而且在基因组中随机分布，这导致植物性状发生了改变。糙米、很受欢迎的抗病霍诺（Renan）小麦，还有红宝石葡萄柚都是诱变育种的产品。但是，我放在冰箱里的红宝石葡萄柚汁瓶子上贴着亮绿色标签，不被认为是转基因生物。为什么它们不是呢？欧盟认为，诱变育种的确产生了大量突变，但是在自然条件下，只要有足够长的时间，暴露在像紫外线这类的自然诱变剂下，任何有用的突变都能自行产生。既然它们可以自然产生，那就不包含在欧盟对转基因生物的定义里。

需要明确的是，我并不是说这些诱变育种得到的产品需要被划归转基因生物。和传统育种方式相比，我也不认为利用这种方式得到的产品需要额外监管。突变本身并不危险，因为细胞每次分裂，就会多产生一个基因组拷贝，在拷贝过程中常常会出现一些错误。就像每个孩子的基因组中都会出现约40个的新突变，这些并不存在于他们父母的基因组中，而且对孩子没有任何影响。我并没有主张增强对诱变育种产品的监管，而是想要指出，有意忽略了诱变育种产生的大量无意义随机突变，却禁止一些被精确引入少量突变的产品进入市场，宣称这些突变可能会引发难以预测的危险，这样是非常虚伪且矛盾的。

欧盟对转基因生物的定义更侧重于改造生物的过程，美国选择监管最终的产品。然而，这并不意味着所有的基因改造生物都受到了平等对待。在美国，有三个机构共同管理基因改造生物，并签署协调框架。美国农业部管理植物；美国食品药品监督管理局管理动物和动物饲料；美国国家环境保护局管理杀虫剂和微生物。每个机构都采取了略有不同的监管方式。例如美国食品药品监督管理局将基因改造动物和动物食品当作药物管理，要求进行和新的抗癌药物一样的安全性和有效性评估。而美国农业部在无法区分最终产品和传统育种产品的情况下，选择不监管基因改造植物。虽然美国农业部的政策在美国创造了一个相对而言限制更少的环境，但从长远来看，这种缺乏全球统一协调框架的政策是站不住脚的。那么，这些在美国开发的基因编辑植物被种植在欧洲的农场里会引发什么呢？是不是突然就变成了转基因生物？而且，因为难以区分最终产品是转基因生物还是传统育种产物，谁能知道是不是转基因生物呢？更重要的是，这种区分真的重要吗？

无角荷斯坦牛

普琳西丝的爸爸布里于2015年出生在明尼苏达州的一个牧场。它是那年春天通过体细胞核移植诞生的几头小牛之一（更通俗的说法是克隆）。克隆涉及创造一个完整的生物体，但不是从卵子受精形成的细胞开始，而是从体细胞（从身体的其他组织提取到的细胞）开始的。简单来说，克隆是这样发生的：采集一个未受精的卵细胞，去除细胞核（DNA存在的地方），引入体细胞的细胞核。然后在一个被称为重编程的步骤中，卵细胞中的蛋白质会欺骗体细胞的基因组，让它忘记自己原来是什么细胞（可能是皮肤细胞或者乳腺细胞），并恢复成受精卵的状态，在这种状态下细胞能够分裂分化成各种类型的细胞，从而形成完整生物体。克隆在养牛业中已经司空见惯，2015年健康的克隆牛诞生，它们受到了欢迎，但是这并不是什么惊天动地的消息。不过，布里不仅是克隆牛，还是经过基因编辑的克隆牛。

布里的基因组是由来自一家名叫Recombinetics的生物科技公司的科学家编辑的。他们的目的是在胚胎早期删掉牛1号染色体上的一小串DNA字母，替换成另一个稍微长一点儿的DNA字母串。个体的基因组通常具有同一个基因稍微不同的版本，这些版本被称为等位基因。如果这个公司成功地将一个等位基因更换成另一个等位基因，最终动物就不会长角。

数千年来，无角这个性状已经在驯化的家牛中出现过。最古老的无角牛证据来自古埃及艺术作品，描绘了一个儿童正在挤无角牛的奶，这表明无角在以前就和温顺联系在一起。数十个可以追溯到4 000年前的欧洲考古遗址出土了无角牛头骨，这表明不同文化的牧民都倾向于选择无角牛而不是其他有角的后代。Recombinetics公司研究的等位基因大约在1 000年前演化出来，它是在现今牛品种中发现的几个无角突变之一。

很容易理解为什么历史上牧民和农民都喜欢无角牛。无角的动物更容易放牧、迁移和挤奶。牛角很锋利，它很可能伤害其他牛和碰巧挡路的人。无角牛可以生活在更高密度的群体中，牧场主的净收入取决于牧场上生活的牛的数量，如果牛没有角，有限的土地上就可以饲养更多的牛。现在，无角牛非常受重视，很多牧民选择（或是法律上强制）手术去除牛角。

在美国，每年有1 500万头小牛需要通过手术去除牛角，这个过程恼人又昂贵，并且非常痛苦，不出所料这引发了关于农场动物福利的问题。这也正是Recombinetics公司旨在消除或者减少的，通过操纵布里的基因组，他们试图将安格斯牛的无角等位基因交换到荷斯坦牛中（安格斯牛是恰好演化出无角性状的肉牛品种，而荷斯坦牛是主导乳制品产业的奶牛品种）。他们希望创造出无角的荷斯坦公牛，然后和荷斯坦母牛繁殖，以增加这个重要农业物种的无角频率。

可是，安格斯牛已经存在无角这个性状了。事实上，很多牛的品种也有一定比例的天然无角个体，包括一些奶牛品种。而且这些牛都可以与荷斯坦牛杂交，为什么我们不用正常的方式来进行这种操作呢？

因为那很可能引发一场环境和经济灾难。

无论是传统育种还是人工授精，都能将安格斯牛的无角等位基因传递给荷斯坦牛。如果一头荷斯坦母牛受精时使用安格斯牛的精子，那么生下来的小母牛必然可以从它父亲那里接受无角的等位基因，而且仅仅需要一个基因拷贝就可以获得无角的性状，因此小母牛必然是无角的。但是问题来了，幼崽并不是仅仅继承了无角的等位基因，它还得继承来自父亲的其他基因。事实上，它的基因组有一半来自它的父亲，这意味着每个基因都有一份拷贝是针对肉牛优化的版本。这对奶农来说将是非常可怕的。现在和10年前相比，荷斯坦母牛的产奶量提高了25%，而且只需要更少的食物、水和空间。因为它们吃掉的饲料更多地用于生产牛奶，产生的粪便和甲烷也更少。当荷斯坦牛和安格斯牛杂交的时候，这些优势将全部消失，牛犊的基因组将是荷斯坦牛和安格斯牛随机混合的产物，它可能既不是高产奶牛，又不是优良的肉牛。这种无角却品质较低的荷斯坦牛可以通过数代与高质量荷斯坦牛回交，重新恢复与乳制品相关的高质量性状，但是这个过程可能要消耗数十年，其间奶农将承受巨大的经济损失。

相比于随机混合两个基因组，然后期待出现好的结果，基因编辑是精确、有针对性的选择育种。我们准确地了解如何改变基因能够产生我们想要的性状，例如无角，而且我们知道如何精确地改变基因。通过基因编辑，我们可以自然地将无角性状从安格斯牛转移到荷斯坦牛，而且只需要一代，就可以既提高动物福利，又不会破坏荷斯坦牛优良的产奶特性。基因编辑的无角荷斯坦牛不是转基因的，因为这个性状是牛自然演化出来的。无角等位基因也已经在家牛身上存在了数百代，我们非常清楚这个基因会导致什么样的表型：健康的、可育的无角牛，它们的肉和奶将与数千年来一样，可以被安全地食用。

听起来非常棒，对吧？荷斯坦牛是新生物技术的应用典例，听过它的介绍之后，大家都会疑惑：人们到底为什么会大惊小怪？但这不是基因工程技术开始时的样子，也不是反对这种技术的思潮开端。让我们把时间倒回50年前。

现在我们可以重组任何DNA了

赫伯特·伯耶于1973年在一个学术会议上泄漏了一个秘密，或许是不小心泄漏的。伯耶受邀介绍他们实验的新发现“EcoRI”，属于一类新发现的分子，被称为“限制性核酸内切酶”，能够允许科学家在前所未有的微观层面操作DNA。EcoRI是伯耶研究故事的核心，但有一些不该被泄漏的细节引起了观众的注意，这引发了一系列连锁事件，至今我们仍在试图解决。

伯耶是加利福尼亚大学旧金山分校的生物化学家，他的实验室是最早分离和描述限制性核酸内切酶的实验室之一。限制性核酸内切酶可以被看作分子剪刀，演化出寻找并且剪切特定DNA序列的功能。像20世纪70年代常见的那样，伯耶发现了EcoRI后，与很多实验室共享这个发现，让其他实验室尝试在他们的研究中使用这种酶。与我们的故事相关的是，他也把EcoRI送给了斯坦福大学的生物化学家保罗·贝格。贝格的实验室正在开发研究基因功能的工具。其中一种方式就是将一个基因引入一个细胞的基因组中，然后测量细胞是否发生变化，比如产生了更多的某种蛋白质或是生长速率发生改变——这些变化可能是引入的外来基因导致的，从而推测基因的功能。贝格可以在实验室的培养皿中培养细胞（让它们长成集落），但是他需要一种媒介来将他想要研究的基因插入细胞基因组。这就是EcoRI和其切割DNA的能力发挥作用的地方。贝格设想，EcoRI能够切开基因组，以便插入其他DNA。然后，他可以用新发现的另一种分子——连接酶，将DNA重新粘在一起。

贝格计划将两种病毒的基因组连接在一起，一种是被研究得很透彻的小病毒SV40，能够感染猴子；另一种是λ噬菌体，能够感染细菌。其中λ噬菌体是关键，因为SV40这样的病毒通过劫持寄主的DNA复制组件来复制自己，但是λ噬菌体把自己的DNA直接插入寄主的基因组，从而达成复制自己的目的。如果贝格成功地把两种病毒剪切到一起，那么λ噬菌体将会把与之结合在一起的病毒基因一并插入寄主细胞中。如果实验成功，他就能开发出一个全新的系统，将DNA插入基因组，这将会是一个用于研究基因功能的完美系统。

1972年，贝格实验室切开了SV40和λ噬菌体的环状基因组，并且把它们连接在一起。这创造了世界上第一个“重组DNA”，这个基因组经过改造，将两个不同物种的DNA结合（或者用遗传学的话来说是重组）在一起。他们打算将这个重组DNA插入大肠杆菌，因为λ噬菌体能够自然感染大肠杆菌。然而，在按计划进行实验之前，贝格实验室的核心成员、研究生珍妮特·默茨把这个计划透露给了冷泉港实验室的科学家，当时她正在那里学习一门课程。冷泉港科学家的反应非常激烈，他们警告道，大肠杆菌很容易在人类的肠道中繁殖，SV40又是已知的能引起小型哺乳动物患癌症的病毒。他们担心在进行实验的时候，贝格团队会把他们自己乃至整个世界一起置于不必要的风险之中。默茨把这些想法转达给贝格，贝格也询问了其他研究人员，发现许多人有类似的想法，因此他中止了实验。虽然这是一项非常重要的研究工作，但安全是首要的。

贝格、默茨和其他人一起拼接病毒的时候，另一位斯坦福大学的科学家斯坦利·科恩也收到了伯耶的EcoRI，他正在探索EcoRI是否能将细菌质粒拼接在一起。质粒是细菌含有的一种小型环状DNA，细菌之间可以交换质粒，这是一种交换基因的方式。令科恩满意的是，EcoRI的确可以切割一些细菌质粒。利用这一发现，伯耶和科恩重组了来自两个细菌的质粒DNA，并且进行了下一步研究，即把这个重组质粒注入大肠杆菌。他们选择了能够使大肠杆菌对抗生素形成耐药性的质粒，实际上每个质粒都含有对不同抗生素的耐药性基因。这意味着，他们可以利用抗生素处理细菌，以此检测他们重组质粒的实验是否成功。如果菌落能够存活，就证明这两个质粒都进入了细菌基因组。

当伯耶和科恩用抗生素处理细菌的时候，菌落活了下来。他们的实验成功了。尽管他们当时还没有使用现在备受诟病的术语，但是他们的确创造了第一个能够实现自我复制的基因改造生物。

这个实验成功地将两个质粒结合在一起并且插入大肠杆菌基

因组，伯耶在1973年的会议上不小心透露了这个实验。据说房间后面有人喊道："我们可以结合任何DNA。"但是，和默茨在冷泉港实验室介绍病毒剪切试验的时候一样，科学家不仅感到兴奋，而且参会的科学家都很紧张。DNA能够被拼接在一起，这当然非常酷。但这只是最初的实验，科学家已经可以操纵可能致癌的病毒，也能制造对多种抗生素产生耐药性的细菌。这显然是一种强大的技术，但是究竟有多强大呢？科学家想要了解更多，但是也想保证每个人的安全。

会议结束时，与会人员已经给美国国家科学院和美国国家医学院寄了一封信，要求他们成立一个委员会来考虑重组DNA研究的危害。这封信强调了重组DNA实验在推进科学研究和提升人类健康方面具有很大的潜力，但是也让他们担心实验室重组DNA可能会引发未知的后果。科学家想要更好地了解，应该在实验中采取怎样的控制或者遏制协议来保护实验室工作人员和广大公众。他们想要积极主动地研究，而不是被动地做出反应。

进一步措施被立即采用，委员会也成立了，宣布暂停创造重组生物的研究，并且召开国际会议以商讨重组DNA研究的未来。虽然采取这些措施是为了缓解公众的担忧，但不幸的是，适得其反。公众意识到了科学家所设想的最糟状况，甚至在重组DNA技术被评估之前，已经开始反对这项技术，并进行抗议活动。杰里米·里夫金因发起反转基因生物运动而受到赞誉，他恐吓公众说人类将被克隆（事实上DNA重组并不是克隆），借此筹集资金。关心这件事的公众游说他们的政府代表叫停这项研究。到会议召开的时候，欢迎DNA重组技术的人和希望禁止此技术的人已经分成两派。

决定重组DNA技术未来的会议于1975年加利福尼亚帕西菲克格罗夫的阿西洛马会务酒店举行，与会者包括科学家、伦理学家和法律学者。大多数人支持继续重组DNA的研究，但也并非毫无疑虑。他们担心如果将植物和动物基因插入细菌会造成什么后果，新基因会让细菌对动植物产生毒性吗？如果动物吃了重组细菌，那么新的基因会插入寄主的基因组，然后伤害新寄主吗？最后，与会人员一致同意，这项研究潜力巨大，应当继续进行。但是，对于潜在的生物危害，他们坚持采取严格的保护措施和遏制协议。与会者离开会场的时候，觉得自己已经为安全的DNA重组研究铺平了道路。

学术和大众媒体都报道了阿西洛马会议的结果。参会的科学家对会议的结果非常满意，觉得公众也会一样满意。但结果并不是这样。和以前一样，反对生物技术的活动家继续宣称这个会议的结果是规避风险，进一步破坏了公众信任。有谣言传出，DNA重组技术将很快用于制作超级细菌或者是超级人类。支持者和反对者之间的分歧进一步加深了。

在阿西洛马会议之后，重组DNA研究在严格的审查下重新开始。在马萨诸塞州剑桥市，当地政界人士坚持要求研究者使用为遏制通过空气传播的疾病而设计的设备，尽管实际上大肠杆菌根本不会通过空气传播，即便有大肠杆菌逃脱，实验室使用的菌株也根本无法在人类肠道中存活。科学家别无选择，只能遵守这些限制，尽管这样加强了公众对这些研究的误解，让他们认为这些研究是高风险的。不过，即便存在这些挑战，DNA重组技术的实际力量也是板上钉钉的。细菌可以被诱导做一些新的事情，比如表达人类期望表达的基因。科学家也可以利用DNA重组技术研究基因功能，从而加速解码基因组；还可以让细菌转变成蛋白质工厂，这样能减少我们对动物制造的生物产品的依赖。

阿西洛马会议后三年内，伯耶成立了一家生物技术公司，名叫基因泰克（Genentech），被认为是生物技术产业的开端。这家公司利用工程菌表达了人类胰岛素。胰岛素用于调节人类血糖，1型糖尿病患者无法自行产生胰岛素，必须注射胰岛素才能维持生命。在重组胰岛素技术实现之前，胰岛素是从猪和牛的胰腺中提取的，每年因此被屠宰的动物超过5 000万头。市售胰岛素大多来自礼来公司，该公司立刻看到了重组胰岛素的价值。礼来公司从基因泰克那里购买了技术，然后扩大了生产规模，很快重组胰岛素生产规模超过了动物提取胰岛素。重组胰岛素的临床试验始于1980年，并且取得了巨大的成功。重组胰岛素按照预期发挥作用，而且一些对动物胰岛素反应不佳的患者在更换成人类重组胰岛素后，情况有所改善。合成生物学时代已经拉开了帷幕。

重组植物

尽管医疗行业因为商业潜力巨大而首先开始使用DNA重组技术，农业也不甘落后。但是应用在农业上，首先科学家需要找到一种方式将DNA插入植物的基因组。幸运的是，有一类细菌演化出了这种能力。

农杆菌是生活在土壤中的细菌，它们通过侵入植物根、茎和叶上的伤口来感染植物。一旦它们进入植物细胞，它们就会把自己的一小部分DNA（质粒）插入植物基因组，就像λ噬菌体和细菌质粒插入细菌基因组一样。被感染的植物会表达新插入的农杆菌质粒上的基因，就好像表达植物自身基因一样。但是，农杆菌是入侵者。农杆菌基因会导致植物产生像肿瘤一样的瘿，细菌将在那里生存和增殖。它们也会产生一种物质——冠瘿碱，刺激植物合成植物激素，抑制植物的抗病能力，这样有利于细菌增殖。农杆菌主要有两类，一类是这种产生瘿的根癌农杆菌，另一类则是促进生根的发根农杆菌，只要不是为了植物生根，使用根癌农杆菌是一个非常巧妙的技巧，这也正是操纵重组植物的技巧。

现在，科学家知道农杆菌质粒哪个部分对于插入植物基因组来说是必要的，也知道哪个部分是致病的。多亏了DNA重组技术，科学家切掉了致病部分（因为科学家并不想植物生病），并且把这部分替换成其他DNA。然后，他们可以利用农杆菌天然感染受伤植物的能力，将修改后的质粒插入植物基因组中。

在1983年召开的生物化学学术会议上，其中一项日程被称为迈阿密冬季研讨会，在这个研讨会上，三个互相竞争了很多年的研究组相继进行了口头报告，宣布他们都成功地利用农杆菌操纵了植物基因组。这三个研究组都去除了农杆菌质粒的致病片段，并且插入了使植物产生抗生素耐药性的基因。这个耐药性基因起到了“标记”的作用，使他们知道植物细胞是否被感染，基因组是否被改变。在接下来的一年里，每个实验室都发表了论文，描述了他们操纵植物细胞的方法。

在1983年迈阿密冬季研讨会后的几年里，人们在开发应用于农业的DNA重组技术上进行了巨额投资。学术和商业实验室都致力于发现是什么基因导致了什么植物性状（比如，哪些基因导致马铃薯褐变），试图改变基因而影响基因功能（怎样才能关闭导致马铃薯褐变的基因），以及提高农杆菌把DNA转移到植物上的效率（怎样才能把修改过的基因导入马铃薯基因组）。1987年基因枪技术的出现是加速创新的关键。基因枪技术出现之前，科学家依赖农杆菌自身天然和偶尔的感染性，将修饰过的质粒导入植物细胞，但是被感染的植物细胞非常少。基因枪将包裹着质粒DNA的粒子直接射入植物组织，提高了质粒的整合效率。不过，事实上使用基因枪通常会使目的DNA多次整合到植物基因组上。

很快，利用农杆菌系统优化过的作物开始在农场中种植，而不是在温室中。第一个被优化的性状是有利于种植者的。1986年，在法国和美国的农场，同时测试了一种经过生物技术改造、具有抗除草剂特性的烟草。种植这些改造烟草的种植者能够换掉那些效率低下而且难以在环境中降解的除草剂，转而使用高效且易降解的除草剂。一年后，第一批Bt基因作物也被种了下去，这种作物经过生物技术改造，从而能表达苏云金杆菌（*Bacillus thuringiensis*）基因。Bt基因作物能够产生一种对昆虫有毒的蛋白质，这可以让种植者减少杀虫剂的使用。不久之后，中国成为第一个允许转基因作物商业化的国家，获得批准的是一种烟草，经过改造，烟草获得了对烟草花叶病毒的免疫力（这种病毒会导致受感染的植物叶子起皱和变色，从而阻碍了植物生长，也减少了利润）。

由于早期植物改造实验的目的是提高作物产量，而不是质量，因此最终消费这些产品的公众反而很大程度上被排除在科学讨论之外。普通人很难直接了解为什么基因工程有用，又能从这些技术发展中得到什么。没有人为公众进行详细解释，就像多年来的研究证明Bt基因作用仅仅对某些昆虫有毒，而对人类和其他哺乳动物无毒。很少有人知道，为了避免转基因物种造成生态上的影响，科学界采取了很多限制措施。与此同时，针对这些技术的错误信息宣传活动却愈演愈烈。诽谤这些新作物的虚假消息大行其道，但是纠正这些错误看法的努力又很有限，虚假消息广泛传播。所以，迫切需要一个针对消费者而不是为了生产者创造的转基因产品，用一个高调的例子让公众了解科学，同时了解转基因植物的安全性。基因工程行业需要一个能够压制反转基因活动家的故事。这个故事是关于番茄的：即便在寒冷的深冬，我们依然能够在货架上找到一种美味、饱满而紧实的番茄。

更美味的番茄

我很喜欢番茄，尤其是那种小而甜的番茄。当然也会遇到大个儿的，或奇形怪状、还泛着青色的番茄。不过我会不时吃到看着非常美味，鲜红色、有紧致光滑的外皮，非常饱满，但是吃下去的时候令人失望的番茄，不是口感软没味道就是不新鲜。幸好现在很难吃到令人失望的番茄了。但是在20世纪八九十年代，货架上的番茄几乎都令人失望，尤其是在淡季。每个人都想在一年四季吃到好吃的番茄，这就是为什么番茄是进行基因工程改良的理想候选者。

需要克服的首要问题就是番茄那出了名的短保质期。新鲜采摘下来的成熟番茄只能保持短短几天美好的口味，然后果肉变软，甚至腐烂。其中一个解决方案是在世界温暖地区大量种植番茄，然后在它们还是绿色的且像石头一样硬的时候就采摘下来，这种未成熟的绿色番茄易于堆放，也便于进行长距离运输。运输完成后，在销售之前，把果实置于乙烯环境中（乙烯气体是自然条件下促进成熟的信号），这就让果实变成诱人的红色，也开始变软。但是，外表是骗人的。不像在番茄秧上成熟的那样，经乙烯处理成熟的番茄尝起来是令人失望的绿番茄味道。

1988年8月，加利福尼亚戴维斯市的一家小型生物技术公司卡尔京（Calgene）宣布，他们利用基因工程技术解决了番茄无味的问题。卡尔京和其他地方的科学家在温室中发现，一种被称为多半乳糖醛酸酶（PG）的蛋白质会随着番茄成熟而增多。他们还观察到，番茄突变体中成熟但是未变软的果肉中仅含有少量PG，因此他们假设是PG导致了果实变软。卡尔京公司遂着手寻找一种在果实成熟过程中使PG停止表达的方法，他们的目标是创造一种能够变红但是不会腐烂的番茄。

卡尔京将PG基因翻转过来的副本插入了番茄基因组，这样翻转过来的副本被称为“反义”，可以阻止原始拷贝产生PG。这导致番茄在成熟过程中无法积累PG，更重要的是，可以比传统番茄在采摘后多保存几周的时间。卡尔京推测新番茄能够在秧上成熟，然后再进行长距离运输。再见吧，乙烯处理的绿番茄。

随后，卡尔京向全世界介绍其耐储存番茄（之后被命名为佳味番茄），但是这种番茄离最终被制成番茄酱和沙拉还非常漫长。卡尔京只是一间小公司，在将转基因食品推向市场方面没有先例可循。有竞争对手与其竞争，其中至少有一个也开发了反义PG技术。但是有董事会成员对充满希望的财务预测非常满意，有律师对精心的实验记录感到安心，也有技术来支撑番茄的种植与运输。这些为此种番茄的商业化铺平了道路，这是全世界第一种供人类食用的基因工程食品。

卡尔京当然知道反转基因运动，也知道这些运动导致了大众对基因工程的不信任。然而，这种番茄和其他GMO不一样的是，它终究会被公众认可。这种番茄不会产生细菌毒素或者蛋白质，也不能抵抗除草剂。它只是解决了一个大家共感的问题：糟糕的乙烯处理绿番茄。或许卡尔京的番茄能够成为冲破反转基因那堵墙的产品。

卡尔京认为让公众接受佳味番茄的方法是监管，或者具体来说是放松管制：负责保护公众的监管部门宣布这种产品非常安全，而且和传统品种非常相似，不需要额外的监管。鉴于反转基因运动的浪潮，卡尔京也知道公众可能会怀疑这种产品和生产这种产品的意图。他们选择正面解决这个问题，将交给监管部门的所有文件公开，包括请愿书、数据和实验描述。卡尔京想要谨慎行事，因为这不仅是一种番茄，而且是整个行业的未来。

这种番茄最具争议性的问题是抗生素耐药性基因，卡尔京踏上了证明这种番茄安全性的漫漫长路，目标是换取放松管制。和当初大部分的基因工程一样，卡尔京在其农杆菌质粒中插入了抗生素耐药性基因，以便快速测试实验是否成功，如果能产生耐药性，就说明反义PG基因被成功插入番茄基因组了。但是，这就意味着反义PG基因和抗生素耐药性基因一起，在所有的番茄细胞中表达。为了让FDA相信食用含有抗生素耐药性基因的番茄不会增加风险，卡尔京必须设想到耐药性基因对人类有害的所有方式，并且一一测试，明确这些可能性都不存在。

食用抗生素耐药性基因有什么风险呢？第一个假设就是，人类或者动物如果吃了耐药性基因，会对抗生素产生耐药性。导致这种可怕结果的方式不是通过耐药性基因整合到我们DNA上（我们吃的所有食物都含有DNA，但我们不会担心吃过汉堡之后我们会变成牛）发生的，而是在经历消化之后，DNA依然存在，而且能够整合到我们的肠道细菌基因组上。这可能吗？或者作为消化的一部分，DNA能被彻底降解吗？卡尔京必须找到这个问题的答案。

为了测量我们消化DNA的速度，卡尔京科学团队的成员贝琳达·马蒂诺将DNA置于模拟消化液中。经过10分钟模拟胃液和10分钟模拟肠液处理后（这个时间比食物通常通过我们消化道的时间短得多），她测量了残余DNA。没有耐药性基因的DNA片段留下来，只有完整基因才能发挥功能，因此她的结果证明耐药性基因在经过消化之后依然完整且能整合到肠道微生物基因组上的概率，非常、非常、非常低。但是到底有多低呢？为了得到一个估计数字，马蒂诺统计了残余DNA片段长度分布，并且保守地猜测，每1 000个食用佳味番茄的人中，只有一个会让完整的抗生素耐药性基因进入他们的肠道——这给整合到肠道微生物基因组上提供了可能性。但是，我们有数十亿肠道微生物，有很多本身就具有抗生素耐药性，所以马蒂诺认为（而且FDA最终同意了）这个实验证明食用佳味番茄不会增加肠道微生物的耐药性。

解决了耐药性的障碍之后，卡尔京转向了佳味番茄本身。这种番茄必须被FDA（宣布可以被安全食用）还有USDA（美国农业部有机认证，宣布不是一种植物害虫）同时认证才行。卡尔京的科学家开始阐述佳味番茄与传统番茄的区别。例如，相比于传统番茄，佳味番茄含有额外的反义PG基因拷贝和更低的PG表达量，这两点都可以被直接测量。不同之处还有，果实硬度更高、耐储存、收获后疾病易感性降低，还有所有抑制PG导致的结果，这些都很容易被测量。不过更具挑战性的是，卡尔京需要识别、发现和报告任何因反义PG基因插入番茄基因组导致的意外后果。这些可能包括营养成分减少或者是生物碱糖苷增多（一种茄科植物含有的常见毒素，比如马铃薯绿色外皮中积累的毒素）。另一方面，反义PG基因意外地和其他基因作用，又或者农杆菌质粒插入的时候（如果使用基因枪，很可能导致多个拷贝被插入基因组）破坏了其他基因的功能，这些都可能造成意想不到的效果。

当对基因组进行更改的时候，越少的更改产生意外影响的可能性越小，因此卡尔京希望找到插入单拷贝反义PG基因的品系，从而使其商业化。现在基因组测序技术可以很简单地解决这个问题，但当时没有这样的条件。马蒂诺开发了一种分子分析技术，用来计算每个佳味番茄品系中插入的拷贝数。她的研究表明，有960株番茄成功插入了反义PG基因（只有不到5%的种子成功地被插入了基因），只有8株是单拷贝插入。正是从这8株番茄开始，卡尔京发展出了赌上未来的番茄谱系。

卡尔京利用这8个谱系，种植了数吨番茄（是的，有这么多）。卡尔京的科学家把这些番茄送到独立实验室，测量营养成分和生物碱糖苷浓度。一个实验室给大鼠喂食过量的番茄泥，并且观察大鼠是否有任何可疑的迹象。卡尔京进行了味觉测试，不过不允许测试者吞下番茄或者品尝心室（这是种子还有糖、酸和其他大多数味道所在的腔），因为担心未消化的种子会进入环境。卡尔京的科学家还进行了硬度测试，将重物放在番茄上，检测果实的压缩程度，而且用尖锐的棍子戳番茄，测量多大的压力才会破坏表皮。他们也测量了番茄秧成熟的比例和速度，还有收获后腐烂的速度。结果非常明确：佳味番茄和传统番茄没有什么不同，除了收获后腐烂速度较缓。卡尔京向FDA提交了请愿书。

FDA花了4年的时间考虑佳味番茄和耐药性基因的安全性。在接受审核的这段时间里，卡尔京公司满足了FDA和USDA的多项要求。但是，审核的每一天里卡尔京都在花钱但不赚钱，种植但不售卖番茄。

还有一个关键问题没有解决：成熟的佳味番茄能否保持足够的硬度以承受堆放和运输？卡尔京公司的硬度测试让人充满希望，不过决定成败的还是运输检测。为了进行最后的关键测试，卡尔京在墨西哥的田间扩大了佳味番茄的产量。番茄成熟后就被采摘下来，堆放在大箱子里。然后，这些大箱子被装进卡车，经过3 200多千米的旅程运输到伊利诺伊州芝加哥附近的卡尔京公司总部。几天后，卡车开进了芝加哥停车场，番茄酱从卡车后门流了出来。结果就是：成熟的佳味番茄和普通番茄成熟后的硬度一样，像大多数人知道的一样，需要小心包装，不然就会变成番茄酱。佳味番茄并不像绿番茄一样硬。

运输实验惨败之后，卡尔京的状况依然没有真正改善。延迟腐烂的番茄依然有价值，卡尔京还在继续争取放松监管，偶尔会很顺利，但大多数事情都没按照卡尔京预测的方向发展。由于缺乏进入市场的途径，番茄种植者撤回了与卡尔京的合同，转向其他能够真正销售番茄的公司。每次卡尔京觉得终于到了放松监管的时候，监管部门就会要求提供更多的数据，而获得这些数据就得种植更多的番茄，进行更多的实验，以及浪费更多无法销售番茄的时间。

1994年5月18日，FDA终于宣布批准佳味番茄及其耐药性基因的使用，决定把耐药性基因当作食品添加剂来管理。消息传遍了全国，大多数媒体称赞了这种耐储存的番茄，只有一家媒体错误地报道它含有鱼的DNA。佳味番茄甚至得到了美国环保协会（EDF）的支持，这个组织一贯反对生物技术，但是这次这个组织认为卡尔京公司主动接受番茄审查，这为产品安全性提供了信心。杰里米·里夫金的组织继续表示反对，主要是反对番茄插入了耐药性基因，不过，即便他组织了纠察队、示威还有粉碎番茄活动，也都未能磨灭公众对世界上第一种转基因食品的热情。事实上，佳味番茄的需求量超过了供应量，以至于市场不得不限制每位顾客每天的购买数量。

佳味番茄得到如此积极的公众反应，是因为卡尔京在早期做了两个关键决策。首先是自愿接受FDA和USDA的审查，实际上番茄不需要批准也可以上市，而且审查过程将耗费很多时间和金钱。这个决定让公众有机会评估基因工程改造番茄的风险。其次，卡尔京没有隐瞒番茄是基因工程产品。无论佳味番茄在哪里销售，消费者都能看到卡尔京公司充满自豪感的标签，显示这个产品是基因工程育种得到的。标签上还有育种过程的概述和一个免费电话号码，想要了解更多信息可以拨打电话。消费者不会觉得自己是被诱骗购买了自己不想要的产品。这次不仅仅是种植者，消费者也有权对佳味番茄做出明智的选择。

但遗憾的是，强劲的佳味番茄销售风潮没能挽救卡尔京的颓势。作为优质番茄，佳味番茄几乎是市面上最贵的番茄，每磅约2美元。但是因为种植和运输效率的低下，卡尔京把1磅[①]番茄送上货架就需要花费10美元。尽管存在这些挑战，但是卡尔京还在继续优化番茄，新品种更好吃，也更方便运输。不过，由于生长季条件不佳，田间管理不善，卡尔京难以将番茄运输到商店。1995年6月，在开始销售佳味番茄一年后，卡尔京同意将公司的一半股份卖给孟山都，孟山都对佳味番茄不感兴趣，但是对卡尔京的植物基因工程专利感兴趣。卡尔京试图利用孟山都的这笔投资撑下去，但是

---

① 1磅≈0.45千克。——编者注

这笔钱太少了，也来得太晚了。1997年1月，孟山都收购了卡尔京剩下的股票，卡尔京公司不复存在。

佳味番茄之所以失败，并非因为它是基因工程育种的产物。它的失败原因在于一系列错误的商业决策，卡尔京对新鲜蔬菜市场知之甚少，而且它毕竟只是一家小公司（相对于植物基因工程行业巨头而言），却花费了大量的时间和金钱为生物技术食品的未来铺平道路。很大程度上应该感谢卡尔京仔细设计、进行和报告实验，反义PG技术和抗生素耐药性基因才被美国和英国的农业、渔业和食品部认定为安全。在为新行业奠定基础方面，卡尔京无疑是成功的。

精准基因编辑

从佳味番茄的例子中可以清楚地看出，农杆菌介导的基因工程面临的关键挑战是无法将DNA插入基因组的预定位置。而且质粒可能在任何地方出问题，比如离目标基因太远而无法发挥作用，或者插入一个重要基因的中间，破坏了重要功能。感谢新技术的出现，这个问题已经得到了解决。事实上，现在有三种技术能够实现精准的目标基因组编辑。这些技术被称为可编程核酸酶。实验室可以合成这些酶，而且这些酶能被引导到基因组的指定位置，在那里与DNA结合并切开DNA。

可编程核酸酶的作用方式类似于限制性核酸内切酶。像EcoRI这样的限制性核酸内切酶识别一小段DNA序列，然后切开DNA。

这样就让科学家可以剪切来自两个生物的DNA，并且把两个片段连接起来插入基因组，或者进行其他类型的DNA编辑。限制性核酸内切酶的问题在于，它识别的DNA序列太短了，通常仅有几个字母长。一个限制性核酸内切酶进入细胞后会在所有能被识别的位点切割，基因组会被切成几千个片段。这可不是一个很好的结果。精准基因编辑中，DNA切割器需要仅在一个指定位点进行切割。幸运的是，DNA切割器识别序列可以被设计得更长，设计得越长，特异性越高。如果识别序列大约在20个DNA字母长度，或者更长，就足以匹配到基因组的唯一位置。

第一个能实现这种序列特异性的DNA剪切工具在1996年面世，即锌指核酸酶（ZFN），由两部分构成：一部分是锌指蛋白，能够识别三个DNA字母长度的序列；另一部分是被称为Fok1的限制性核酸内切酶，用来切割DNA，它没有序列特异性，可以切割任何位点。锌指蛋白是在非洲爪蟾体内发现的，不过大多数真核生物基因组中都含有，包括人类也有，它们通过结合DNA影响附近基因的表达。一旦了解了锌指蛋白识别和结合DNA的机制，科学家就立即开始在实验室制造新的锌指蛋白，调整它们以结合特定的DNA三联体。很快，科学家开发了一套合成锌指蛋白的字母表，可以把它们串联起来识别长DNA序列。和Fok1一起，ZFN可以按照设计识别、结合并且精准切割DNA。

ZFN是近15年来最先进的、可定制的基因组编辑工具，但是它并不完美。它非常昂贵，而且设计起来很麻烦，需要大多数实验室没有的特殊设备。它的特异性可以说好，也可以说不好。大多数

ZFN被设计成识别18个DNA字母，在切割位点的两侧各9个字母。这可能足以匹配基因组中的一个或者几个位置，但是锌指蛋白最终的识别位置还是会有一点儿摆动空间，这意味着很难预测是否会发生二次切割，会的话发生多少次。此外，并不是所有的DNA三联体都有对应的锌指蛋白，这也就造成基因组的某些位点无法编辑。尽管如此，ZFN还是基因工程史上一次巨大的飞跃，为下一代工具奠定了基础。

2010年，转录激活因子样效应物核酸酶（TALEN）也被添加到可编程DNA切割器的列表中。和ZFN一样，TALEN包含识别特定DNA字母的分子结构，还有负责切割的Fok1；也一样是在发现它们的生物中起到结合DNA并且调控附近基因表达的作用。不过，和ZFN不一样的是，TALEN识别单独的DNA字母，而不是三联体，这让TALEN更容易设计。但TALEN分子量巨大，很难被运输到细胞核内。科学家正在致力于解决这个问题的时候，第三种可编程核酸酶进入了大家的视野，并且造成了翻天覆地的变化。

2012年，加利福尼亚大学伯克利分校的珍妮弗·道德纳和现任柏林马普病原学研究所所长的埃马纽埃尔·沙尔庞捷领导团队，最后把整个基因编辑系统整合起来，有人称这是民主化基因工程。这个故事在20多年前就开始了，当时大阪大学的石野良纯和他的同事们发现细菌基因组中有不寻常的重复序列。现在，这些重复序列被称为规律间隔成簇短回文重复序列（CRISPR），是细菌演化出来帮助它们逃避病毒攻击的系统的一部分。道德纳和沙尔庞捷探明了如何利用这个系统来编辑基因组，并因此获得2020年诺贝尔化学奖。

在CRISPR系统中，从回文重复序列中能够分离出短DNA片段，这些片段能够匹配到曾经感染过细菌的病毒基因组上。这些短DNA和细菌基因组编码的其他分子（CRISPR相关蛋白，也称为Cas蛋白）共同构成了适应性很强的细菌免疫系统。就像一队准备就绪的士兵，每个人都举了一面旗子，上面写明了目标。Cas蛋白就是士兵，旗子就是重复序列之间的短片段，能够和病毒序列匹配。如果有新的病毒入侵，恰好序列也与旗子上的标志非常匹配，旗子上的片段就会与病毒结合，Cas蛋白这个士兵就会去把病毒切碎，使其失活。

道德纳和沙尔庞捷描述了如何使用任何序列作为标记，将Cas蛋白引导到基因组的目标位置。她们使用的Cas蛋白是Cas9，是从链球菌中演化出来的。例如，我想破坏番茄基因组中的PG基因，可以基于我知道的PG基因序列设计一段向导序列（旗子）。然后我把向导序列和Cas9一同导入细胞，Cas9就能够带着向导序列到达PG基因。向导序列能够和PG基因结合，然后Cas9可以切割DNA，就像ZFN和TALEN系统中的Fok1切割DNA一样。但是，和ZFN和TALEN系统不一样的是，CRISPR的向导序列廉价又易于设计，因为向导序列是由RNA字母构成的，而不是人工蛋白质复合物。向导序列很小，更容易被导入细胞，而且它们很灵活。这个系统开发出来以后，其他Cas蛋白也被发现拥有不同的功能，比如仅切割DNA的一条链，或者可以结合DNA但不切割，以抑制基因表达。使用了CRISPR的基因编辑工具，人人都可以被称为基因工程师。

可编程DNA切割技术改变了基因工程的格局。现在，我们不仅可以把DNA插入基因组的指定位置，也可以替换单个DNA字母，使目的基因被破坏和关闭。精准基因编辑最大程度上减少了多次切割基因组的情况，也就减少了基因工程导致的意外影响。不过，值得注意的是，可编程核酸酶只能找到并且切割DNA。DNA因切割被打开之后，基因工程师还是得依赖其他技术，确保他们所做的编辑奏效。这并不是总能按照计划进行。

意外的转基因

生物技术公司Recombinetics着手设计无角荷斯坦牛，他们希望对基因组进行一处改动，就是把这个基因的一个版本替换成另外一个版本。他们并没有想要创造新的基因，因为无角的等位基因在家牛中演化了几个世纪，甚至可能是几千年。这间公司清楚通过传统方法也可以获得无角等位基因，但是这会导致荷斯坦牛作为牛奶生产者的品质下降，而且需要经过非常多代才能恢复。利用可编程核酸酶的精准基因工程无疑是完美的解决方案，因为等位基因和其所带来的表型已经非常清晰，而且已经成为食物链的一部分。FDA大概率会同意将基因编辑荷斯坦牛认证为GRAS（美国食品药物主管机构给予的检验标记，即安全可靠）。

他们在最后一步冒险了。2015年进行实验的时候，FDA和USDA仍在考虑如何处理这种新型工程生物：它们被称为基因编辑生物，但其基因组发生的变化也是可以依靠传统育种完成的。根据定义，这类生物仅仅包括顺基因物种，因为任何物种间的DNA

移动（产生转基因物种）是不会发生在实验室设定之外的。如果Recombinetics公司的实验按照预期进行，那么无角荷斯坦牛将属于这一类别。这种牛是否被农业界接受，将取决于这两个机构最终的决定。

Recombinetics公司的科学家设计了一个TALEN系统，能够结合1号染色体指定区域，这个区域包含他们想要替换的等位基因。他们构建了一个细菌质粒作为载体，含有能够编码TALEN和安格斯牛拥有的无角性状的等位基因，并且把这个载体导入牛细胞系。他们希望每个细胞系中接下来会发生这些事情：首先，细胞复制大量TALEN和无角等位基因；其次，TALEN在细胞中发现1号染色体的两个拷贝，并且与之结合；再次，TALEN含有的Fok1部分将切割两条1号染色体，使其产生断裂。这种DNA损伤会激活细胞的修复响应，有两种修复方式：一种是非同源性末端连接，即断裂的链被简单地粘回去，通常会丢失一个或更多片段；另一种是同源重组，即将染色体的另一个拷贝当作模板来修复DNA。科学家需要细胞选择同源重组方式，他们希望细胞不是利用另一条1号染色体（他们希望它已经被TALEN所破坏）为模板来修复，而是把他们利用TALEN导入细胞的安格斯牛等位基因当作模板。如果一切顺利，两个1号染色体都会按照这种精准设计的方式被修复，并不会发生其他事情。

实验完成后，科学家筛选了他们进行操作的所有细胞系，共计226个，并检查编辑的结果。有5个细胞系至少含有一个无角等位基因，3个细胞系中有两条1号染色体上有无角等位基因。他们克隆了被成功编辑的细胞系，创造了胚胎，期待它们能够发育成无角牛。很多个月以后，两头健康的小牛犊布里和斯波蒂吉出生了。

然后，科学家继续检查工作的结果。无角等位基因是否在实验中发生了变化？TALEN是否结合了1号染色体的其他部分而非目标位点，还把无角等位基因插入了那个错误的位点？科学家利用基因组测序技术，对产生布里和斯波蒂吉的细胞系进行了全基因组测序，发现在这两个细胞系中，无角等位基因的确取代了两条1号染色体上原本的等位基因。他们也检测了基因组中与TALEN匹配位点相似的所有位点，共计61 751个位点，并没有发现无角等位基因被插入这些片段。此外，布里和斯波蒂吉都没有长角。

最后，布里和斯波蒂吉从Recombinetics农场被转移到了明尼苏达州加利福尼亚大学戴维斯分校，在那里，艾莉森·范埃纳纳姆和她的团队将继续监控它们的发育。2016年，科学家牺牲了斯波蒂吉以便分析它们的肉，布里的精液也被冷冻保存。艾莉森利用布里的精液对有角牛进行人工授精，以检测无角的表型能否被稳定地传递到下一代。2017年1月，确认有6头母牛怀孕了。然后，他们遭遇了第一次重大打击。FDA发布了规定，所有基因编辑的动物，无论编辑的部分是否能够通过传统育种方式获得，都将被认定为新动物药物。由于这个规定，如果没有新动物药物的许可令，布里和它的任何后代都不能进入食物链，而这个审批过程漫长又昂贵，艾莉森团队和Recombinetics公司都不愿继续下去。这是非常出人意料的结果，因为几个月以前，USDA判定这类编辑只是一种加速的正常育种方式，FDA大概率会效仿。艾莉森非常失望，但仍然存有一线希望，期待用完全健康的小牛数据来打动FDA，让FDA重新考虑这一规定。

9月，一头雌性牛犊普琳西丝和其他五头雄性牛犊出生了。这些牛犊都非常健康，而且没有角，但是它们一旦被FDA认定为新动物药物，就注定要被焚毁。艾莉森团队进行了生理检查，采集和分析了它们的血液，并且对每头小牛进行了DNA测序。小牛刚刚过一岁的时候，艾莉森将这些数据作为申请的一部分递交给了FDA，希望这些动物被允许进入食物链，尽管它们被归类为新动物药物。每个迹象都表明，不出意料，小牛完全正常。艾莉森团队记录了实验结果，强调刚刚完成的实验非常成功。

然后第二次打击来临了。2019年3月，FDA联系艾莉森，通知了坏消息。FDA的科学家重新检查了布里的基因组测序数据（这些数据从2016年开始就对公众开放），他们在寻找无角等位基因（被发现出现在了它应该出现的地方），但由于Recombinetics公司利用细菌质粒将片段导入细胞，他们也检查了任何可能的细菌质粒片段。出人意料的是，细菌质粒被发现就在无角等位基因的旁边。据推测，细菌DNA可能在编辑过程中意外地与无角基因结合。Recombinetics公司和艾莉森团队都没有发现在布里基因组中的细菌DNA，因为他们没有去寻找过。但是结果非常清晰：布里的基因组含有牛基因和细菌DNA，根据规定它就是转基因产品，因此要受到监管。

现在，艾莉森知道要检查细菌DNA了，她重新检查了6头小牛的基因组数据，看看它们是否也是转基因动物。她发现其中4头小牛无角等位基因的旁边存在细菌DNA。而另外2头小牛不是这样的，尽管它们的父亲是转基因产物，但它们并没有细菌DNA，也就是说它们是非转基因的。这意味着这个错误只发生在布里的一条染色体上，有2头顺基因小牛遗传了正确的染色体。两年半后，我在万圣节拜访加利福尼亚大学戴维斯分校，见到了普琳西丝，它遗传了含有质粒的染色体。普琳西丝是意外的转基因产物。

艾莉森修改了准备发表的论文，这篇论文论述了这些小牛，讨论了它们的健康状况，还有成功把无角性状传递给下一代，并且没有造成任何不良影响。但与此同时，FDA将自己发现细菌DNA的结果发表到了预印本上（这个线上平台允许发表没有经过审稿过程的科学论文）。媒体闻风而动，耸人听闻的头条贬低了艾莉森和Recombinetics公司的工作。“基因编辑牛的DNA出现重大错误。”安东尼奥·雷加拉多在《麻省理工科技评论》写道。罗比·伯曼在Big Think网站的一篇文章中指出“基因编辑的知名奶牛有严重问题”。这些文章还暴露了另一个问题，即布里基因组含有的细菌基因组包括两个抗生素耐药性基因。这两个基因都无法在牛的体内表达，因为能够使它们表达的细菌基因组并没有整合到牛的基因组中。但是，这个如此重要的细节没有被报道。

FDA的论文发表后，媒体的文章耸人听闻，误导大众，并引发了破坏性结果。在巴西，监管机构本来已经决定和Recombinetics公司合作，建立自己的无角奶牛群，它们像USDA一样，认为这类基因编辑无须特别监管。它们的计划是评估布里的后代，如果一切顺利，按照预期发展，就准备建立更多的无角奶牛群。当布里基因组中含有细菌基因的消息传出时，巴西监管机构取消了这个计划。Recombinetics公司已经停止使用细菌载体，开始利用另外的方式将片段导入细胞，新方式不存在意外整合到寄主基因组的可能。即使艾莉森的结果已经证明，细菌DNA不影响动物的健康，或者细菌DNA在下一代可以被消除，也无法改变这一结果，没有人在乎数据。

更多的数据，更好的实验

评估新技术时，把事实和观点分开看是非常重要的。“转基因生物是安全的”是一种观点，就像“转基因生物是不安全的”一样。而“佳味番茄和传统番茄相比，维生素C含量在统计上没有显示出不同”是事实，事实来自区分两种对立假设的实验。如果我给实验室大鼠喂食基因工程食品，相比于那些喂食非基因工程食品的大鼠来说，它们或者有更高的癌症发病率，或者有相同的癌症发病率。如果实验正确进行，结果就会提供一个新的事实，可以用来提出观点。

遗憾的是，实验有时候是有缺陷的。2012年，法国卡昂大学的吉勒·埃里克·塞拉利尼教授发表了和上文描述相似的大鼠研究结果。他报告说，喂食抗除草剂基因工程玉米的大鼠比喂食非基因工程玉米的大鼠更易患癌症。许多媒体都对这个结果感到震惊，呼吁立即停止转基因食品的生产和销售。然而，这些媒体的发声可能是由塞拉利尼发起的。通常在报道新结果之前，记者会与无关联的科学家交换意见。但是，塞拉利尼打破了这个惯例，他让记者提前获知结果，前提是记者需要承诺，在他召开新闻发布会之前不与其他科学家分享这些结果。消息传出后，科学界的很多人大声疾呼，其中也包括支持标记转基因食品的科学家。他们指出塞拉利尼实验使用的大鼠总是会在两年内患上癌症，恰好是研究进行的时间，而且他使用的大鼠数量太少，使结果没有统计学意义。塞拉利尼拒绝向要求看到原始数据的科学家和政府组织提供数据，声称他“受到了冒称科学界的游说团体极其不诚实的攻击”。[①]

最近，欧盟资助的一组科学家重复了塞拉利尼的大鼠实验。正如塞拉利尼的研究显示的和预期的，许多易感癌症的大鼠都患上了癌症，但是这些科学家使用了较之前5倍数量的大鼠来重复实验，这项研究的结果在统计学上是非常可靠的：无论大鼠摄入什么食物，患上癌症的可能性都是一样的。迄今为止，塞拉利尼的研究是众多长期和多代研究中唯一一项实验组和对照组大鼠出现差异的研究。塞拉利尼的研究遭到全世界科学家和监管机构的谴责，最终论文被撤回。但是，这已经造成了大家的转基因恐慌，尽管这项研究已经被证伪，但是它的负面影响至今依然存在。

有些实验是进行得太晚，为时已晚。1999年，第一次Bt棉花田间试验10多年后，纽约康奈尔大学的研究团队在《自然》杂志上发表研究报告称，Bt玉米的花粉可以被风传播，威胁到君主斑蝶的生存，这种蝴蝶是北美最受欢迎的蝴蝶之一。Bt是细菌演化

---

① 这句话还有塞拉利尼已经被撤回的研究中包括的其他细节，来自德克兰·巴特勒于2012年10月10日发表在《自然》上的报告。

出来杀死君王斑蝶相关昆虫的，所以斑蝶幼虫吃了撒有Bt花粉的叶子，从而表现不佳，也就不足为奇了。这一研究仍被反转基因活动家认为是基因工程作物破坏环境的确凿证据。但是，两年后，6项更大规模的田间试验都证明Bt玉米的花粉对君主斑蝶的威胁很小，不是因为Bt玉米的花粉对蝴蝶没有毒性（是有的），而是因为在花粉中表达的Bt蛋白含量微乎其微，不足以致毒，而且Bt玉米种植面积很小。不过，这些新的研究发现其中一种Bt玉米的确能增加另一种北美蝴蝶——珀凤蝶的死亡率，此后这种Bt玉米退出了市场。如果在批准这些Bt植物之前进行毒性测试，就可以避免这样的错误，避免珀凤蝶的死亡。然而，在反对基因工程植物，支持传统杀虫剂之前，请记住，相比于转基因Bt作物，Bt喷雾更广泛应用于农业，可它一样对帝王斑蝶和珀凤蝶有毒。

因为有时实验设计不当，或者执行不力（甚至根本没有付诸行动），我们可能无法得到足够多的事实来指导我们做出决策。但是我们必须做出决策，在决策的过程中，我们也明确接受了一定程度的风险。我们能够接受多大程度的风险，这取决于个人和环境。就像我最小的儿子总是祈求我让他去家附近荡秋千，那个秋千挂在一棵非常高的橡树上。为了荡秋千，他需要爬上一个陡峭的山坡，然后攀到齐肩高的木板上，最后他可以跳到下面的小路上。这个秋千又高又可怕。我不知道是谁制作了这个秋千，也不知道它究竟有多坚固。我最初觉得这太冒险了。但是，我的儿子现在已经长大了，是个喜欢运动、有相对规避风险能力的7岁男孩了，而且我看到很多比他还要高大、体重更重的孩子都去荡那个秋千，所以我决定让他去试试看。虽然我并不后悔我的决定（我们现在每周都要去玩几次），但是我意识到大家可能会根据相同的事实做出不一样的决定。我们面对新技术时也是一样：我们愿意承担的风险程度不同，但提供更多的新信息，我们能够改变主意。

每个人愿意承担的风险是视情况而定的。比如，糖尿病患者可能对转基因生物胰岛素毫无顾虑，癌症患者可能很愿意尝试一种实验性转基因生物药物，但是这些人可能不愿意把平常吃的传统苹果换成基因工程苹果。因为风险回报率不同。对病人来说，转基因药物带来的潜在回报比可知的风险高得多。一个健康的人在为水果沙拉选苹果的时候，大概率不会觉得一份好看的沙拉带来的价值比吃基因工程食品带来的风险更大。要使基因工程食品像转基因健康产品一样被广泛接受，生物技术食品工业就需要让消费者了解这些产品是安全的，同时这些产品也为消费者提供真正的新颖价值。

那么需要何种程度的价值呢？对一些人来说，基因工程食品能够填补全球食品短缺，增加营养物质含量，减少农业中使用的化学杀虫剂，这些就足以抵消带来的风险。其他人可能需要更多满足个人利益的价值，比如产品价格更低，可能是由于减少了食品腐坏、增加了产量还有降低了农业成本实现的。改进美学和风味特征也很重要，我们希望能够买到可以保持饱满几周的番茄，也想吃到看起来和尝起来都很新鲜的水果沙拉，即便它们放到第二天口感也很好。也就是说，只要它们和那些会软化、会褐变的同类产品一样安全可食用，我就会喜欢这些产品。当然，对这些食品进行检测以后，消费者需要通过某种方式得到这些数据，并且消化这些信息。

但在今天，这非常难。

出于人道主义开发的转基因食品中，最著名的例子可能是黄金大米。黄金大米含有两个转基因，一个来自水仙花，另一个来自土壤微生物，这让谷物能够表达β胡萝卜素（这种物质是维生素A的前体）。如果黄金大米被广泛应用，它可以每年帮助超过25万由于缺乏维生素A而导致失明的儿童——其中1/2的孩子会在失明后的一年内死亡。尽管黄金大米有挽救生命的潜力，但是反转基因团体依然能够说出各种理由来劝阻人们相信它的效用。绿色和平组织最初声称黄金大米没有产生足够的β胡萝卜素，无法达到效果。当株系提高了20倍β胡萝卜素含量的时候，另一个反转基因团体“科学与社会研究所”（The Institute for Science and Society）仍坚持认为这不足以解决营养不良的问题，而且存在毒性风险。另一些团体认为β胡萝卜素有毒（其实不是的，我们的身体在合成足够的维生素A后会排出多余的β胡萝卜素），因此呼吁大家拒绝黄金大米，但同时鼓励大家吃其他富含β胡萝卜素的植物。一些活动家持续唱衰，他们觉得黄金大米会失败，因为人们不会吃黄色的大米（事实上全世界的人在吃各种颜色的米），他们觉得黄金大米应该失败，因为这是西方大企业进行的赚钱计划（这个项目的领导者来自学术界、政府还有非营利组织，而且打算免费赠送这些种子）；他们还认为如果黄金大米成功，可能会被伪造，那么有些人可能觉得自己吃到了黄金大米（也就是维生素A），但是其实并没有吃到真正的黄金大米，这种情况可能会对这些人构成危险。事实是，没有太牵强或者不切合实际的论点，也没有太荒谬的阴谋论，但似乎没有任何使人信服的实验能改变某些人的想法，即便是为了挽救儿童的生命。

2008年，中国科学家给24名儿童提供少量黄金大米，比较维生素A分别从黄金大米和从其他富含β胡萝卜素蔬菜中的摄取量。他们发现，每份黄金大米能够为儿童提供的维生素A含量为每日推荐量的60%，这比从一份菠菜中得到的维生素A的含量多。这些实验和数据由几个独立的委员会审查，他们都认可了结果的可靠性。2013年，即使这些结果早已公布，绿色和平组织人士也还是摧毁了菲律宾的一块黄金大米田，但那里的孩子有20%都承受着维生素A缺乏症。

黄金大米还是有一线希望的。2018年，加拿大、美国、澳大利亚和新西兰的监管机构批准了黄金大米的种植，而且允许人类和动物食用。2019年，菲律宾也批准了黄金大米的食用。

尽管大多使用合成生物学技术改造的生物并不是出于人道主义制造的，但许多生物都有产生巨大影响的潜力。2017年年底，乌干达批准种植了一种转基因香蕉，富含维生素A的同时也抗青枯病（这种细菌性疾病几乎摧毁了当地粮食作物），有望解决该国的粮食危机。南非开普敦大学的科学家正在试图改造一种当地谷物苔麸，他们试图将有复苏能力的休眠植物折扇叶（*Myroflammus flabellifolius*）中的干旱诱导休眠性状引入苔麸，以产生耐旱苔麸。在夏威夷，彩虹木瓜这种转基因木瓜表达了环斑病毒外壳蛋白的一部分。这种木瓜已经获得了监管部门的批准，能够拯救当地木瓜产业，或许在这个过程中也改变了一些对转基因生物持怀疑态度的人的看法。

顺基因的遗传修饰生物，也就是那些可以通过传统育种方式得到的基因工程产品，目前已经进入美国市场。到了2021年，美国的消费者可以买到不会褐变的双孢蘑菇和北极苹果，这两个产品的褐变基因都被抑制了表达。USDA对这两种产品解除了管制，他们认为，相比于传统育种，这些蘑菇或者苹果并不会产生更高的环境风险。虽然不褐变只是一种外表上的改变，但是实际上美国1/2的食物都因此被丢弃，而且通常没什么特别的理由，只是因为它们看起来令人反胃。联合国预计，到2050年，世界粮食产量将比现在多出70%，这项阻止我们浪费现有资源的技术看起来很成功。

虽然创造对消费者有利的产品无疑会提高基因工程食品的声誉，但是消费者必须拥有评估风险的能力。这意味着能够区分关于基因工程食品的信息是事实，还是谎言或者半真半假、被歪曲的事实。没有证据表明基因工程食品会导致癌症，也没有人能够确定引发这种情况的机制。当然，市面上也没有含有鱼类基因的蔬菜。亮绿色的非转基因标签，不能代表这种食品不含在育种过程中带来的未知新突变。

基因工程确实改变了遗传密码，这也正是这项技术的重点。但是，把所有基因工程产品和非转基因产品列为两类供消费者选择，这是不对的。虽然有人努力消除这种错误分类对基因改造产品造成的误解，但在很大程度上被狂热的反生物技术宣传淹没了。

有迹象表明，大家的态度在发生改变。在非洲和南亚，反转基因法律正在被削弱，有时候甚至被推翻，美国也出现了清晰的监管批准途径，一些转基因作物已经在欧盟获得了批准，这些变化都预示着目前的僵局不会永远持续下去。让公众更广泛地接受合成生物学，不仅限于农业领域，因为相似的技术也开始被用于改善生态系统，拯救物种免于灭绝。

即便有一天大众终于接受了转基因生物，对于普琳西丝和它的幼崽来说，也太迟了，因为事实证明牛犊没有继承布里的无角等位基因。普琳西丝在2020年8月的最后一天生产。艾莉森和乔茜采集了它的乳汁，寻找普琳西丝的无角等位基因是否造成了其他影响。正如预期的那样，她们什么都没发现，因为无角等位基因没有理由在牛奶中表达。她们把新的数据添加到长长的列表中，这些数据是完全正常的，而且是荷斯坦牛希望拥有的特征，即便这些数据来自一头意外转基因的无角荷斯坦牛。

第7章 复活猛犸象：心存善意，手握利器

我曾经在做讲座的时候问道：“如果复活猛犸象，世界会发生什么样的变化呢？”

大家都踊跃举手。

“那肯定很奇怪！”

“哇，我们能看到真的猛犸象，还能把它们当作宠物，它们真是又大又毛茸茸的！”

“没准儿我会在家里养一只猛犸象，不过它可能会把家里搞得一团糟，还是养在动物园里比较好，或者我们可以骑着它们！”

“它们可以生活在西伯利亚，和那里的驯鹿做朋友，然后当地人可以吃它们的肉，也能拿它们的毛皮做衣服！”

我应该提一下，这场讲座的听众是我儿子的二年级同学。他们的老师乔纳斯夫人邀请我来谈谈我的职业，不过我觉得她应该很后悔邀请我。我一直展示自己在西伯利亚寻找化石的探险照片和视频，企图让他们相信科学家并不全是穿着白大褂的老爷爷，甚至还

带了几块猛犸象牙和骨头在教室里走来走去。

庞大的猛犸象化石从一张坐满孩子的桌子传递到另一张桌子，这个时候我感觉到教室里的气氛发生了变化。更多人举手了，但这次孩子们犹豫了，没有之前的叫喊声。

“或许大象会嫉妒，因为猛犸象夺走了大家的关注？”

几个人点头同意。

“猛犸象可能想在野外生活，但那里没有足够的人来照顾它们。”

很明显，他们的热情好像被泼了盆冷水。

“它们可能会数量很多，会撞倒所有的树！”一个孩子非常担心，强调上百只猛犸象的威力，他握紧拳头，猛击桌子中央的胶棒塔，推倒了塔。

有个女孩恰好坐在胶棒塔的对面，当塔倒塌，一根胶棒滚向她的时候，她畏缩了一下。她骄傲地盯着那个男孩，反驳道：“不会发生的，因为西伯利亚没有树。”

这让我印象深刻，因为她没有冲她精力过剩的同学扔胶棒，还记住了我讲座内容的细节：有一张在没有树的北极冻原的露营地照片。

“好吧，但是它们会有足够的食物吗？”推倒胶棒塔的小男孩反驳道。

另一张桌子上的学生打断了他，试图改变这种剑拔弩张的状况。“或许，它们很快就会觉得无聊或者饥饿，然后再次灭绝。”

更多人点头了。

一阵尴尬的沉默后，另一个学生开口了，不过她没有举手。

“或许没法让它们过上很好的生活，我们就不该带它们回来。”

我和这些二年级学生都安静了下来，思考着刚刚几分钟内讨论的问题，这种标志性史前巨兽的命运会是怎么样的：第二次崛起（这次是人为的），之后还是会再次减少？灭绝动物复活，再灭绝。因为现在的世界或许已经没有猛犸象生存的位置了，复活它们的想法也只有乍看起来令人兴奋而已。

下课铃响起，休息时间到了。孩子们从教室里鱼贯而出，看着他们冲进阳光中，我站在门边看着，心里感谢他们认真倾听了我的演讲，并且尽量把我带来的猛犸象化石碎片收集起来。他们从教室里挤了出去，有些人注意到了我，有些人没有，毕竟现在我不是重点，对于他们来说，现在更为紧迫的任务是占领训练架或者去占据操场的绝佳位置。

最后一个孩子离开教室的时候，她停下来抬头看着我。“如果猛犸象是因为我们杀死它们才灭绝，你认为我们要给它们一次复活的机会吗？”

我慢慢地吸了一口气，想给出一个深思熟虑后的结果。“我不知道，”我最后还是这样说了。“如果它们原本生活的环境已经消失，那再复活它们，这样公平吗？”

她迟疑了，耸了耸肩低头看着脚尖。“只是觉得这样让人难过。”她在门边低语。“是的，”我也同意，在她跑向操场的时候我在她身后喊道，“但是，我们还有大象，不是吗？”

灭绝是无法回头的

包括我在内的大多数从事古DNA领域研究的人，都习惯于提出关于去灭绝领域的问题，去灭绝这个术语来源于利用生物技术复活灭绝物种的想法。我们做到了吗？如果没有，离科学家实现它还有多远？去灭绝到底是怎么进行的？我的答案总是一样的：不，我们还没做到，而且很可能不会很快发生。现在复活与之前一模一样的灭绝生物还是不可能的，而且可能永远无法实现。但有朝一日，生物技术或许能让我们复活灭绝物种的一部分，比如还原一些已灭绝的性状。例如，科学家可以编辑大象的DNA，把猛犸象的一些基因加进大象基因组，让大象拥有长毛和厚脂肪层，然后就能在北极的冬天生存。有些人可能会修改斑尾鸽的基因，让它们的羽毛颜色和尾巴形状更像旅鸽。但是，这些被编辑过的大象和斑尾鸽还是原本意义上的猛犸象和旅鸽吗？我不这么认为。

为什么我们无法复活灭绝物种？有很多原因导致很久以前灭绝的物种难以复活，从需要攻克的技术难题，到操纵物种的伦理问题，再到将去灭绝物种放归到合适的地方——它们的栖息地可能已经在数万年前消失了。一些技术问题有可能被解决，比如编辑鸟类的生殖细胞系，或者将大象胚胎移植给圈养母体。但是另一些问题不太可能被解决，像是重建披毛犀的肠道微生物群落，或者找到大海牛的代孕母亲。

首先，我们来看看猛犸象。据我所知，目前有三个研究组在致力于复活猛犸象。其中两个组希望利用克隆的方法复活猛犸象，这两个组分别由韩国秀岩生物科技研究基金会的黄禹锡和日本近畿大学的入谷明领导。克隆技术最著名的结果就是多利羊的诞生。因为克隆需要活细胞，黄禹锡希望可以从冰冻猛犸象木乃伊中找到活着的细胞，（多亏了全球变暖）这些木乃伊正从西伯利亚永久冻土中融化出来。他向人们收取10万美元来帮忙克隆他们的宠物犬，以此支持自己的猛犸象项目，把这些钱付给俄罗斯黑手党，以获得最新发掘的猛犸象组织标本。这个方法的问题是，没有任何活细胞被保存在冰冻木乃伊中，因为细胞在个体死亡后立即开始衰败。入谷明的团队知道发现活的猛犸象细胞不太可能，所以他们转而求助分子生物学技术来复活猛犸象细胞，或者至少让细胞状态接近可以被克隆的程度。入谷明计划利用小鼠卵细胞中演化出来用于修复破损DNA的蛋白质，去重建猛犸象细胞中的DNA。2019年入谷明团队发表了一篇学术论文，在论文中描述了他们试图用保存完好的猛犸象木乃伊Yuka的细胞进行这种尝试。尽管大众媒体宣称这篇论文标志着猛犸象将被复活，但实际上文章的数据指向了完全相反的结果。相比于其他猛犸象木乃伊的细胞，Yuka细胞处于一种非常好的状态，但是小鼠蛋白质未能很好地修复细胞DNA。猛犸象还是不能被克隆，因为猛犸象细胞都死亡了。

第三个参与猛犸象复活的研究组是由乔治·丘奇领导的哈佛大学韦斯研究所团队，鉴于最后的猛犸象已于3 000多年前死亡，找到活的猛犸象细胞是不可能的。但丘奇并不认为这是阻止复活猛犸象的原因。他指出，和猛犸象近乎一样的细胞现在可以无限供应，就是亚洲象细胞，目前可以在实验室中培养，而且利用合成生物学技术可以把类似猛犸象的细胞转变为真正的猛犸象细胞。为此，丘奇启动了一个项目，利用CRISPR技术一点儿一点儿地改变亚洲象细胞的基因组，直到细胞基因组能够与猛犸象基因组相匹配。

把大象基因组转变为猛犸象基因组，这项任务非常艰巨，因为亚洲象和猛犸象的遗传谱系早在500万年前就分道扬镳了。有一些保存完好的猛犸象遗骸被发掘出来，古DNA科学家有机会从这些保存完好的化石中拼凑出猛犸象的全基因组。比对猛犸象和亚洲象的基因组，结果显示这两种基因组的区别约为100万个遗传变异。现在，还没有任何一种基因编辑技术能够同时进行100万次编辑。而且，同时进行大量编辑，也意味着同时对基因组的很多位点进行物理破坏，这很可能会造成灾难性的后果，让细胞无法恢复。此外，每处编辑或者每组编辑都需要个性化的编辑方式，如果一次性把所有的编辑工具导入细胞，很显然结果会乱七八糟。目前，丘奇团队一次仅进行一处或者有限的几处编辑，确保这些编辑结果正确后，再进行下一轮编辑。此前，丘奇告诉我，团队已经大约进行了50处编辑，在这些位点把大象的基因替换成猛犸象的基因，大象细胞正在一点点儿地向猛犸象细胞靠近。如今丘奇团队拥有一些活细胞，如果克隆这些细胞，那么它们将包含一些产生猛犸象性状的基因。不过这不是猛犸象，只是某种程度上的类猛犸象。

丘奇的类猛犸象细胞能够被克隆吗？自2003年多利羊被首次克隆以来，克隆技术得到了长足的发展，尤其是用在家养动物上，例如羊和牛。但是对于其他物种而言，还需要更长的时间来弄清楚一些必要的细节，比如：何时、如何收集卵子，怎样构建一个适合早期胚胎发育的环境，何时能够把胚胎移植到代孕母体内。不过最大的壁垒还是重编程步骤，在这个过程中，体细胞需要忘记自己原本是什么细胞，变成能够分化成任何细胞的类型，然后才能发育成一个完整的动物体。即使是科学家经常克隆的物种，这一步骤的成功率也很低，很少超过20%。

大象从来没有被克隆过，一个原因是并没有克隆大象的市场需求。克隆家养动物的市场正在增长。生物技术公司博雅基因正在天津建设牛克隆工厂，声称每年将生产100万头和牛，能够满足日益增长的中国牛肉市场需求。黄禹锡的秀岩生物科技可以克隆宠物狗[①]，还有位于得克萨斯州斯德伯克的动物克隆公司ViaGen Pets，也可以克隆宠物狗和宠物猫，甚至是宠物马[②]。甚至有些人正急着克隆自己的宠物大象。

然而，实际上我们可能无法克隆大象。大象是大型动物，有着和它体型相配的大型生殖系统。这让克隆的关键部分变得复杂，

---

① 黄禹锡还声称克隆了猪、牛和郊狼，甚至2004年在《科学》期刊上发表论文声称克隆了人类胚胎，但这篇文章被证实造假，已被撤回。此外，黄禹锡被韩国首尔中央地方法院起诉，涉嫌数据造假，侵吞科研经费，并且逼迫研究组内成员捐赠卵子用于研究。

② 事实上，2020年8月6日，ViaGen Equine项目的科学家宣布克隆普氏野马出生，这匹野马克隆自冷冻保存40年的细胞。这些细胞是圣迭戈冷冻动物园的馆藏，该项目由ViaGen公司、冷冻动物园还有Revive & Restore合作进行，Revive & Restore是一个倡导使用生物技术的非营利野生动物保护组织。普氏野马原产于亚洲草原，但目前受到严重威胁。现在，所有幸存的普氏野马都生活在人工圈养环境中，而且都来自最初的12个个体。这匹小马驹为现有人工种群的基因池增添了可喜的多样性。

比如采集用于核移植的卵子和把发育中的胚胎移植到代孕母体中，因为大象在孕期会重新长出“处女膜”（这层膜上有很小的开口，能够允许大象精子通过，但对大象胚胎来说可能是重要的甚至是决定性的屏障）。同时，亚洲象也濒临灭绝，这意味着如果科学技术有朝一日能够达到这个目的，可能更理想的用途是培育更多的大象。

即便有一天，克隆猛犸象在技术上（和道德上）都是可行的，但是象妈妈能否诞下足月的猛犸象幼崽也不得而知。500万年是一段漫长的演化时间，100万个变异也是DNA之间存在的巨大差异。事实上，猛犸象与亚洲象的演化距离，与人类和黑猩猩之间的差异相当。很难想象黑猩猩妈妈可以把人类婴儿怀到足月，猛犸象和亚洲象的情况也是如此。

一些跨物种的代孕已经成功地实现了，这样演化距离可能也不再是游戏终结者。家犬可以诞下克隆狼幼崽，家猫可以诞下健康的克隆亚非野猫幼崽，家牛也可以诞下克隆印度野牛幼崽。这项研究证实了大家长久以来的想法：跨物种克隆涉及的两个物种亲缘关系越远，克隆各个步骤的成功率也就越低。迄今为止，跨物种克隆涉及的亲缘关系最远的两个物种是单峰驼和双峰驼，两者在400万年前分道扬镳。尽管两者经历了漫长的独自演化时间，但2017年一头家养单峰驼诞下了一头克隆双峰驼幼崽。这对于双峰驼来说是一个好消息，因为它们是现今最为濒危的大型哺乳动物之一。而且这对整个生物保护领域来说也是一个好消息，让人们意识到克隆技术是一种可行的手段，能够更大范围地恢复濒危物种。

迄今为止唯一成功的去灭绝物种，也是利用了跨物种克隆。2003年，一只庇里牛斯山羊（也被称为布卡多羊）的幼崽出生了，当时这个物种已灭绝三年了。这种羊是西班牙羱羊的一个亚种。四年前，西班牙阿拉贡政府狩猎、渔业和湿地管理部门负责人阿尔贝托·费尔南德斯-阿里亚斯领导团队收集了最后一只布卡多羊塞莉娅的细胞，并且快速冷冻保存，以避免DNA损伤。费尔南德斯-阿里亚斯和他的团队在接下来的几年里制定了一套方案来复活布卡多羊。首先，他们试图得到一些野生西班牙羱羊的卵子用于克隆塞莉娅的细胞，但是野生羱羊对人类非常警惕，而且擅长逃跑，因此实验失败了。不过幸运的是，他们还是从家山羊身上获得了卵子。他们把卵子中山羊的DNA替换成塞莉娅冷冻体细胞DNA，然后将57个经过替换的卵子移植到代孕母体中，这些代孕母体是家山羊和西班牙羱羊的杂交后代。有7只代孕母羊成功受孕，但是只有一只布卡多羊幼崽成功地出生了。不幸的是，克隆布卡多羊幼崽存在肺部畸形，可能是复杂的克隆过程导致的，它仅仅存活了几分钟。虽然现在利用塞莉娅细胞复活布卡多羊的计划暂时搁置，但还留着一些塞莉娅的冻存细胞。

即使有朝一日科学家克服了这些技术障碍，将大象基因组编辑成猛犸象基因组，然后利用大象作为代孕母体，但胚胎在代孕母体中的发育过程本身，就可能是复活猛犸象的技术壁垒。克隆猛犸象从大象母亲那里出生（或者从人造子宫出生，这是乔治·丘奇解决克隆大象的首选方案），它们看起来可能像猛犸象。所有人都知道同卵双胞胎，我们也都知道DNA在决定外貌这件事上举足轻重。

但是，双胞胎的两个人是不可互换的。不同的经历、压力、饮食和环境塑造了两个完全不一样的人。克隆猛犸象幼崽将暴露在大象的产前发育环境中，被大象抚养，被饲喂大象食物，拥有大象的肠道微生物群，它们会像猛犸象还是大象呢？

当然，如果最终的目标是创造一头具有猛犸象特征的大象，那么这一切都不重要了，或许我们想要的仅仅是这样。但是，如果我们想要创造一头真正意义上的猛犸象，就需要创造猛犸象从受孕到死亡的所有环境。很遗憾，这些环境消失了。

相同的技术，不同的目标

为什么我们还是想要复活猛犸象？如果是我的儿子和他的二年级同学，他们应该只是想看看猛犸象真实的样子。当然，也有一些人想要研究、驯化，或者捕获它们。谢尔盖·齐莫夫和他的儿子尼基塔负责管理西伯利亚东北部的更新世公园，他们希望猛犸象能够改善西伯利亚生态系统，延缓全球变暖。

现在，更新世公园是引入的美洲野牛、麝牛、马和驯鹿的家园。齐莫夫的研究表明有大型动物生活的话，曾经繁盛的草原将会恢复，并且能减缓永久冻土的融化速度。这看起来违反直觉，但是请考虑这些动物的行为。它们取食、闲逛还有排便。它们翻动了表层土壤，粪便丰富了土壤的营养，而且传播了种子。冬季，动物寻找食物，清除了一部分积雪，将土壤暴露于寒冷的北极空气中；在另外一些地方它们踩实了积雪，从而在土壤表面形成了一层致密的冰。谢尔盖·齐莫夫的报告显示，有动物生存的园区，冬季土壤温度比没有动物生存的地方低15~20摄氏度，这意味着动物能够降低永久冻土融化的速度。因为现在有超过14亿吨碳被固定在北极冻土之中（这几乎是当今地球大气碳含量的两倍），因此减少永久冻土的融化意味着减少了温室气体的排放。

大象是生态系统工程师，它们每天产生100千克的肥料，象群经过时推倒灌木（像那个推倒胶棒的小男孩说的一样），改变了景观。齐莫夫推测，猛犸象也会像大象那样，成为生态系统的工程师。因为目前更新世公园里没有动物承担这个责任，小齐莫夫开着旧苏联军用坦克四处奔走，压平积雪，推倒小树。齐莫夫父子希望乔治·丘奇团队有一天可以成功克隆猛犸象，更新世公园可以成为它们的家，为困住冻土中的碳尽一分力量。

虽然我无法证实猛犸象是否真的能减缓永久冻土的融化，但是齐莫夫的理由非常具有说服力，创造可持续且多样化的野生动物种群，来填补缺失的生态位，从而保护生态系统，这对我来说是复活猛犸象最有力的理由。但是我依然考虑到，我们是否需要真正的猛犸象，或者说编辑亚洲象的基因，使它们能够生活在西伯利亚，这是不是已经达到我们的目的？换句话说，可不可以利用去灭绝技术来达到保护栖息地的目的，而不是复活灭绝物种呢？

用于遗传拯救的生物技术

1981年9月26日黎明，约翰·霍格和露西尔·霍格的狗打了一架。这只是一场短暂的争执，狗打架也不稀奇，所以霍格夫妇懒得起床去看看发生了什么。他们早晨起床后，约翰·霍格发现了这场战斗的结果：一只小动物死在了他们家的门廊上。他从来没有见过这样的动物。它的身体异常的长，四只脚是黑色的但点缀着白色的斑块，尾尖呈黑色，耳朵又大又尖，里面长着黑色的毛。它还有一个黑亮的小鼻子，眼睛上有一条黑色的毛，看起来像戴了面具一样。霍格把它捡了起来，端详了一会儿，然后把它丢进了灌丛中，回身进屋。

那天上午的晚些时候，霍格向妻子和孩子们描述了这只新奇的动物，像面具一样的脸庞和黑色的四肢给他留下深刻印象。他认为这只动物可能是某种貂，但也可能不是。露西尔·霍格很感兴趣，所以他们决定找回这只动物，送到怀俄明州米蒂齐附近的动物标本剥制师那里，把它制成标本。标本剥制师或许能告诉他们这是什么动物。

他们做了正确的决定。这只动物被带到了当地标本剥制师拉里·拉弗伦奇那里，他一看到黑色的脚，就基本猜出了它是什么。拉弗伦奇一脸关切，带着小狗的战利品边打电话边向后屋走去。霍格记得，不一会儿拉弗伦奇带着明显被惊到的表情，激动地脱口而出："天呐，你有一只黑足鼬。"[①]霍格从来没有听说过黑足鼬这种动物，但是他从拉弗伦奇的举止中猜到，他应该拿不回这个标本

---

① 怀俄明狩猎和渔业部门制作了一系列免费视频，展示了黑足鼬的重新发现和后续保护，其中包括对约翰·霍格和他当时只有10岁的小女儿朱莉·萨克斯，还有许多参与保护项目的科学家的采访。这些视频、黑足鼬的历史，还有黑足鼬保护项目，都可以在blackfootedferret.org网站上找到。

了。他猜对了，拉弗伦奇被告知需要上交标本，尽快送至美国鱼类及野生动植物管理局。

黑足鼬是1967年濒危动物名单上的成员之一，是第一批受濒危物种法案保护的物种。通过《濒危物种法案》，黑足鼬在野外和人工环境下的拯救计划开始实施了，但是收效甚微。在此之前，人们已经有7年多没有在野外看到过黑足鼬了。

黑足鼬也被称为草原犬鼠猎人，狩猎草原犬鼠就是它们的工作。黑足鼬曾经广泛分布于从加拿大到墨西哥的范围内，在任何草原犬鼠生活的地方繁衍生息。但随着草原犬鼠数量减少，黑足鼬的数量也减少了。

两者的减少都是人类的错。草原犬鼠生活在草原犬鼠“城镇”中，这些“城镇”是由大量被松散沉积物覆盖的洞穴组成的，洞穴群覆盖的面积可能比人类的小城镇大得多。随着欧洲殖民者和他们的后代在20世纪早期向西扩张，草原犬鼠的“城镇”影响了农业，而且阻碍了支撑农场的道路和城镇的建设。此外，在19世纪与20世纪之交，可能有数十亿只草原犬鼠生活在草原上，这意味着它们争夺牛的食物。为了打赢这场战斗，恰逢一种新的欧洲疾病——森林鼠疫在“城镇”间肆虐，定居者发起了大规模的灭鼠行动。现在，灭鼠行动已经结束了，但是鼠疫依然在草原犬鼠间传播，并杀死它们。草原犬鼠的种群数量只约为20世纪之交的2%，不过它们现在分布还比较广泛，也保持着遗传多样性。一些草原犬鼠种群甚至出现了对鼠疫的抗性，这对这个物种的最终恢复和长期生存来说是一个好消息。

黑足鼬的前景就没有这么美好了。草原犬鼠消除行动中，黑足鼬也受到了严重影响，它们捕食被鼠疫感染的草原犬鼠，从而自己也感染了鼠疫。在20世纪50年代末，生物学家估计黑足鼬已经灭绝了。1964年，在南达科他州怀特里弗小镇附近发现了一小群黑足鼬。生物学家仔细研究了这个小种群，希望了解到底哪种恢复计划能够奏效。然而，当他们跟踪观察这些黑足鼬的时候发现，它们当中好多都生病了。意识到它们的时间可能并不多了，科学家捕捉了9只黑足鼬并圈养起来。不幸的是，虽然有几只雌性怀孕并且分娩，但是没有一只幼崽存活下来。南达科他州种群中野外个体于1974年最后一次被观察到，最后一只圈养个体于1979年死亡。

1981年在怀俄明州米蒂齐发现的这只黑足鼬，为了解人工饲养环境中缺乏的要素和再次拯救它们提供了宝贵的机会。经过数月的追踪和诱捕，据怀俄明狩猎和渔业部门及美国鱼类及野生动植物管理局估计，米蒂齐种群大约存在120只黑足鼬个体，其中包括许多年轻的黑足鼬，他们认为这是一个好兆头。但是，情况发生了变化。科学家开始不停地发现生病或者死亡的黑足鼬，而不是健康的个体。截至1985年，很显然这个种群正走向灭绝。科学家做出了一个紧急决定：尽量多地捕获黑足鼬，并将它们圈养起来。

尽管科学家做出了最大的努力，但是他们从怀俄明种群中仅仅得到了18只个体。为了使这18只个体扩大到一个稳定的种群，来自美国国家野生动物联合会、州和联邦野生动物管理组织，还有世界自然保护联盟的人工繁育专家齐聚一堂，制订保护计划。很不幸，他们对黑足鼬的人工繁育条件知之甚少。经过几个月的努力，并没有得到太多喜人的结果。之后，科学家捕获了一只被叫作刀疤脸的个体，它应该是最后一个加入人工繁育种群的个体。令科学家惊讶又欣慰的是，刀疤脸立刻与几只雌性交配，得到了第一批存活下来的幼崽。

在刀疤脸之后，黑足鼬的未来才再一次光明了起来。繁育者弄明白了哪些手段有效，哪些手段无效，如何准备出生幼崽工具包，又如何为它们的野化放归做准备。现在，黑足鼬的保育计划遍布整个美国，大部分的繁殖种群都来自5个合作动物园。为了尽可能地减少近亲繁殖，如何繁育是根据黑足鼬的谱系信息决定的。为了确保尽可能少地丢失种群遗传多样性，一些雌性通过人工授精繁育下一代，精子来自几十年前冷冻保存的初代人工种群个体的精子。在联邦和州政府、原住民和原住民部落，还有私人土地拥有者的合作下，每年大约有200只黑足鼬被放归野外。据估计，现在野外存在约500只黑足鼬，18个重新引入地中至少有3个能够自我维持。

黑足鼬的故事，很大程度上是一个成功的故事。它们的成功显示，当专家齐心协力来解决难题时，能赢得什么样的结果。共同努力寻找、研究和促进濒危物种的恢复，能够把濒危物种从危险的灭绝边缘拯救回来。这个故事证明了一些保护手段的有效性，例如人工繁育、人工授精还有异地保护。不过问题是，尽管黑足鼬的保护行动取得了如此多的成功，但是它们依然没有摆脱困境。虽然繁育策略尽量保持了黑足鼬人工种群刚建立时的遗传多样性，但现在所有存活的个体都来自当初的7只黑足鼬，因此遗传多样性偏低。一旦野化放归，小种群的孤立性质会导致更多的近亲繁殖，进而减少遗传多样性。而且，野外的黑足鼬还是会暴露在森林鼠疫和犬瘟热中。尽管个体可以通过接种疫苗预防这些疾病，但是这种捕获个体接种疫苗的计划是不可持续的。黑足鼬已经被从灭绝的边缘拯救回来，但是要想把它们彻底地从濒危物种名单上删掉，我们还需要新的技术。

幸好，这些新技术可能触手可及。

直接借鉴去灭绝的想法，能够将新的遗传多样性注入现有的黑足鼬种群。作为圣迭戈动物园保护研究所的一部分，冷冻动物园从20世纪70年代以来，一直在收集和保存受威胁和濒危物种的组织。冷冻动物园将收集来的细胞保存在零下200摄氏度以下的环境下，包括卵子、精子、胚胎，还有能够在解冻后恢复生命力并再次生长的冻存细胞培养体系。这些活细胞保存了过去的遗传多样性，也是用于克隆的合适材料。冷冻动物园保存了雌雄各一只黑足鼬的细胞，是冷冻动物园的生物学家在20世纪80年代收集的。现存的黑足鼬都不是它们的后代。

然而，仅仅利用克隆增加新的遗传多样性远远不够，只要它们还在野外感染森林鼠疫，它们就在灭绝的边缘徘徊。幸好，还有另一种解决方法，也是借鉴了去灭绝的想法。就像科学家想要给亚洲象加上猛犸象特征，让亚洲象也能在寒冷地区生活一样，对森林鼠疫的抵抗力也可以添加到黑足鼬身上，这样就能帮助它们生活在鼠疫猖獗的地方。在这种情况下，我们不需要从已经灭绝的物种中寻找抗病基因。其实，我们可以在它们的演化表亲身上寻找，例如家养雪貂，家养雪貂完全可以抵抗鼠疫。或者我们也可以寻找亲缘关系稍微远一点儿但具有抗病性的物种，比如小鼠。一旦我们确定了抗病性的遗传机制，我们就能够编辑黑足鼬的基因组，使其具有抗病性。

编辑黑足鼬基因组的技术是存在的，这些技术和编辑作物，以及驯化动物获得抗病性、除草剂耐受性和无角性状的技术是相同的。挑战性在于，究竟需要编辑哪一部分的基因组。这个过程很复杂，但是思路很好理解。对家养雪貂、小鼠和黑足鼬基因组进行测序，比对它们的基因组找到不同之处。重点关注与免疫系统有关的基因，因为它们很可能参与了抗病性的形成。与此同时，科学家利用实验室细胞培养体系（不是活体动物），研究感染鼠疫后免疫细胞和鼠疫杆菌的相互作用。遗传分析和实验室研究能够缩小候选基因的范围，以找到可能导致鼠疫免疫力的基因。然后，科学家会一个个地研究候选列表上的基因，利用合成生物学技术，把候选基因替换到基因组上，测试每次编辑的有效性，直到发现发挥作用的关键基因。最后，将创造一种基因工程编辑过的黑足鼬，与现今人工圈养黑足鼬各方面是完全一样的，只是具有鼠疫免疫力。

这项工作已经开始了。2018年，利用生物技术进行保护的非营利组织Revive & Restore已经得到了美国鱼类及野生动植物管理局的批准，可以开发合成生物学技术用于拯救黑足鼬，使其免于灭绝。Revive & Restore联合圣迭戈动物园、ViaGen公司，还有几个学术合作伙伴评估圣迭戈动物园冻存的细胞系是否可以用于克隆，而且开始进行实验来寻找哪些遗传变化能够提供鼠疫的抵抗力。2020年12月，一只黑足鼬幼崽出生了，克隆自薇拉于1983年被保存的细胞。薇拉的克隆体被称为伊丽莎白·安，将人工种群的起始数量增加到8只，这为种群注入了鼓舞人心且重要的遗传多样性。虽然这无疑只是漫长科学探索、实验和审查过程的第一步，但是对于黑足鼬和遗传拯救来说已经是一个巨大的胜利了。这也是获得具有鼠疫抗病性的黑足鼬稳定种群的第一步，最终目标是让黑足鼬重回美洲中部大陆，寻觅隐藏的草原犬鼠。

对黑足鼬进行遗传编辑，想要达到的目的非常清晰：使它们拥有免疫力，不再受到疾病的生命威胁，从而免于灭绝。但是，会有什么意外后果呢？比如，如果编辑过程或者编辑本身导致了基因表达和发育问题，应该怎么办呢？确实，如果基因编辑导致一个基因被破坏或者给黑足鼬造成了其他不利影响，这些不良的个体就会被自然选择从种群中剔除出去。不过，鼠疫现在已经把黑足鼬逼到了消失的边缘，情况并不会比现在更糟了。

编辑过的基因逃逸到环境中，该怎么办？在任何将基因编辑生物释放到野外的项目中，这个问题非常重要，逃逸的风险取决于生物的繁殖策略。例如，一些谱系可能会和与其亲缘关系较近的谱系共同生活在一起，它们存在杂交的可能性，这就为受编辑基因进入预期之外的物种提供了渠道。与黑足鼬亲缘关系最近的物种是艾鼬，它们之间可以杂交，但是这不可能发生，因为它们生活的环境被白令海分隔开。家养雪貂与黑足鼬的亲缘关系也很近，（至少据我们所知）黑足鼬不与家养雪貂交配，但是这不意味着它们不能交配。如果一只家养雪貂逃离了安全的家，安居在草原犬鼠“城镇”，它就有机会与黑足鼬交配。但是，即便是这种不太可能发生的情况，也不是基因逃逸的有效途径。家养雪貂可能含有一套与温顺有关的基因，所以它们或者它们的杂交种在野外生存能力不佳。事实上，这也是精准基因编辑优于传统育种的原因：基因编辑仅仅转移了抗病性基因，而传统育种转移了所有东西，包括演化出来作为宠物喜欢被摸脑袋和肚子的特征。

这个问题解决了，但是又出现了一个新的问题，该怎么办？例如，黑足鼬脱离了灭绝危机，结果数量激增，吃掉了所有的草原犬鼠，破坏了它们之间的生态系统平衡，这该怎么办？我并不觉得这会是一个问题，因为黑足鼬原本就存在于生态系统中，并占据了严格的生态位。由于黑足鼬几乎只捕食草原犬鼠，所以黑足鼬的种群自然扩张受限于草原犬鼠的种群规模。这两个种群还受其他物种的控制，比如隼、鹰、猫头鹰、獾、郊狼、短尾猫和响尾蛇，它们会愉快地吃掉黑足鼬和草原犬鼠。

在我看来，一旦这种具有抗病性的黑足鼬出现，把它们释放到原本的栖息地中几乎没有危险。那是什么阻碍了我们？事实证明，缺乏基本的遗传信息是现在进展迟缓的原因。濒危物种可利用的基因组数据远比家养动物少，包括用于鉴定近亲繁殖的参考基因组数据，还有能够将特定基因或者基因组合和表型联系起来的基因图谱。这让识别濒危物种潜在的抗病性基因或者编码特定性状的DNA变得非常困难。

我预测，随着濒危物种基因组数据越来越丰富，合成生物学将在生物保护方面越来越重要。我们当然不缺乏需要解决的问题。合成生物学能否把欧洲蝙蝠身上的白鼻综合征抗性转移到美洲蝙蝠的身上？能否让世界上的珊瑚适应变暖的海洋？能否解决掉威胁多型铁心木生命的东西？现在，这些问题的答案还是否定的。但是使这些方案可行的技术是存在的，分子生物学家和保护生物学家联合公众，正在播下下一次生物保护技术革命的种子，在我看来，这种技术革命是极受欢迎的。

拒绝死亡的树

尽管合成生物学在生物保护方面应用得比农业上慢，但是保护学家还是讲述了一个非凡的成功故事。这个故事不仅是将转基因生物释放到原生栖息地，而且是一个去灭绝的故事。是的，差不多属于去灭绝，因为这个物种处于功能性灭绝的状态，仅仅以僵尸状态存活了将近一个世纪：拥有地下根，还有稀少且转瞬即逝的小芽。事实证明，这些“僵尸树”是开始技术革命的绝佳材料。

20世纪之交，美国东部的阿巴拉契亚林以高大、宽阔、速生而且高产的美洲栗（*Castanea dentata*）为主。数十万年来，美洲栗一直是这片土地重要的组成部分，它们庞大的身躯和季节性的种子，给森林中的松鼠、松鸦、野生火鸡、白尾鹿、黑熊、旅鸽还有包括人类在内的数十种动物提供了空间和食物。然后，突然间，树木开始死亡。树皮上出现了焦橙色的小斑点，这些斑点会转变成溃疡，肿胀、皲裂或者凹陷，就像树从内部开始腐烂一样。这些溃疡越来越大，直到连成一片，就像一条带子紧紧地勒住了树木的咽喉，切断了水和养分的运输。很快，溃疡处以上的叶子枯萎且变成褐色，树枝和树干干枯折断。第一个斑点出现后的几个月内，整棵树便会死亡。

树木开始死亡后不久，纽约植物园院长威廉·默里尔就确定了这些树死亡的原因：一种被称为栗疫病菌的真菌是罪魁祸首。纽约植物园内的美洲栗约在1904年出现这种疾病的迹象，但科学家认为这种真菌早在几年前就进入了美国，"搭乘"当时流行的日本栗而来，只不过日本栗具有栗疫病抗性。这种疾病一旦在纽约出现，便迅速蔓延开来。每次下雨，染病的树都会长出细小的黄色卷须，释放出数百万能够感染临近树木的真菌孢子。在第一棵树因病死亡后的50年内，本地40亿棵美洲栗全都死于这种真菌感染。

虽然到20世纪中叶，美国中部繁盛的美洲栗林消失了，但是70年后，还有一些树木并没有完全死亡。在地下真菌无法触及的地方，一些树的新芽不时地从根上冒出来，不过能存活的时间非常短，很难撑到开花的时候，就屈服于栗疫病。小群的美洲栗还生活在美洲中西部和西北部，它们是19世纪和20世纪早期定居者种植在那里的。很不幸，即便是这些孤立的群体也受到了威胁。威斯康星州西塞勒姆附近有一片将近100岁的美洲栗丛，这是最大的幸存群体，但也在1987年出现了真菌感染的迹象。美洲栗在其填补生态位的意义上，已经灭绝了。但是，这些僵尸芽和孤立小种群提供给每个去灭绝科学家迫切需要的东西：活细胞。

填补美洲栗生态位缺失的努力，从20世纪20年代就开始了。引进的抗真菌中国栗没能在美国栖息地上茁壮成长，植物育种学家又尝试让中国栗和幸存的美洲栗杂交，这是非常传统的植物育种技术。他们希望美洲栗和中国栗的杂交后代能够抵抗栗疫病，又能在美洲森林里具有竞争力。结果不尽如人意，尽管杂交后代具有抗病性，但是生长状况不佳，可能是由于这些后代的很大一部分基因组是在其他地方演化的。

1983年美洲栗基金会（TACF）成立，踏上了长达数十年寻找栗疫病治疗方法之路。TACF是由具有保护意识的外行人与科学家合作建立的，其中很多人都来自纽约州立大学环境科学与林业学院。他们的第一个项目是增加杂交后代基因组中美洲栗基因的比例，以改善杂交种。TACF科学家开展了一项超过30年的回交计划，让杂交种一代代地与纯种美洲栗杂交，每一代都能够增加杂交种基因组中美洲栗DNA的比例。现在，经过三代，这些树有85%的美洲栗基因和15%的中国栗基因。但是，和具有更多中国栗基因的树相比，这些树对真菌的抵抗力也下降了，这说明这种抗性是由不同基因协作达到的，而不是由单一基因控制。虽然这些杂交种并不完美，但是科学家正在帮助美洲栗重回舞台。目前，TACF建立了40个由杂交树组成的恢复林，横跨美洲栗的原生栖息地。

美洲栗基金会的杂交树固然好，但是并不是纯种美洲栗完美的复制品，问题在于杂交不精准而且速度缓慢。杂交很难控制基因组的哪一部分被后代继承，而且难以快速判断这一代杂交是否成功，只能等植物足够成熟到可以显示出真菌是否感染的迹象。基因组学能够指导选择育种，但是这需要育种者精确地了解基因组的哪部分导致抗性，很显然美洲栗不符合这种条件。当然，如果知道耐药性基因，也就不需要采取杂交和选择育种方式，可以避免其带来混乱基因组，人们也就可以转向基因工程，这也是威廉·鲍威尔和查尔斯·梅纳德自1990年以来一直在做的事情。

纽约大学环境科学与林业学院的两位教授威廉·鲍威尔和查克·梅纳德联合了TACF，还有一支日益多样化的专家和外行组成的团队。他们试图利用生物学技术创造抗栗疫病的转基因美洲栗，持续努力并且最终做到了。现在，他们的转基因美洲栗正在接受美国国家环境保护局的评估，以便将它们引入野外环境。如果获得批准，这将是第一种为了森林恢复而开发和应用的基因工程植物。

为了遏制栗疫病，鲍威尔和梅纳德需要阻止真菌在树木体内蔓延。随着溃疡的生长，羽毛状的菌丝在植物组织中扩散，并且产生有毒的化合物——草酸。这种酸能够将植物细胞灼烧出空洞，形成供真菌移动的通路。鲍威尔和梅纳德相信，如果他们能通过某种手段中和这种酸，真菌就不能在植物体内扩散，树也就不会死亡了。

栗树并不是唯一需要对抗产酸真菌的植物。从花生、香蕉和草莓到苔藓和草，很多植物甚至是有些真菌都存在这个问题，它们中有很多都演化出了对付这种威胁的机制。鲍威尔和梅纳德开始研究这些植物是怎样解决产酸真菌的问题的。他们将几个中和真菌酸的基因转入美洲栗基因组中，发现有一个小麦基因可以产生草酸氧化酶，成功地让栗树获得了对栗疫病的抵抗力。草酸氧化酶降解草酸，让植物组织的pH（氢离子浓度指标）恢复到无毒的水平。这种方式并不会杀死真菌，也不会给真菌造成额外的演化压力，从而避免真菌逃脱控制。因此，真菌能够与美洲栗共存，就像与中国栗和日本栗相处时那样。这个特殊的基因还有其他优点。这个基因来自我们日常食用的植物——小麦，众多重要农作物也产生这种基因所编码的酶，因此我们已经吃了很多这种酶了。如果有人想尝试烤转基因美洲栗（我真的很想尽快尝到），那么他们饮食中的草酸氧化酶比例几乎不会发生变化。研究团队对转基因美洲栗的初步评估提供了更多的好消息：仅遗传一个小麦中的草酸氧化酶基因拷贝就可以拥有抗病性。这意味着树木只需要一个转基因拷贝，转基因树木可以与野生型树木杂交，无论是在实验室有意识地杂交还是在野外天然地杂交，杂交后代中有一半都具有抗病性。“僵尸树”和残余种群中所有遗传多样性和当地适应性，都会很容易地转移到转基因种群中。那么，原本功能性灭绝的美洲栗种群，现在能保持所有遗传多样性，在不稀释原本基因组的情况下重建，除了添加了一个小小的小麦基因。

但是，抗栗疫病美洲栗的审批过程很复杂。因为这是第一个申请被释放到野外环境而不是用于生产药物或者种植于农场的转基因生物，所以没有可以遵循的监管先例。这些树是转基因植物，这也就意味着USDA的动植物卫生检验局有权将它们视为潜在的植物害虫。事实上，到目前为止，所有实验都是在受控环境中进行的（带有果实或者花的枝条会套上塑料袋，以确保这些转基因材料只会出现在试验田内），这些实验都在USDA批准的情况下完成。同时，FDA也可以选择监管这些树木，因为栗子可以被人或者家畜食用，而FDA的责任就是保证我们的食品安全。虽然FDA决定不领导抗病栗树的监管审批，但是他们正在审查研究团队提交的文件和实验数据。EPA还通过《联邦杀虫剂、杀菌剂和灭鼠剂法案》对这种抗病美洲栗拥有监管权，因为所添加的草酸氧化酶被认为是“植物保护剂”（PIP）。美洲栗的原产地包括东部大陆的大部分地区，因此转基因栗树还需要得到加拿大监管机构的批准，鲍威尔希望他在美国审批过程中得到的经验能够加快加拿大的审批进程。

与此同时，拯救美洲栗的努力还在继续。2019年，转基因抗病美洲栗已经在美国多个州种植，标志着一项多州参与的长期生态研究的开始，这项研究将探究东部森林在美洲栗重建时的反应。纽约大学环境科学与林业学院的团队正在苗圃中种植第一批转基因栗树和野生型栗树异交的后代，以准备获得监管部门批准种植到私人土地、公园和植物园。与野生型栗树异交能够继续增加重建种群的遗传多样性，有朝一日能够用于恢复整个森林生态系统。

还是有一些人反对这个美洲栗重建计划，他们担心实验可能会造成意外的结果，而且不可挽回。毕竟美洲栗在功能上已经从森林中消失了将近一个世纪，森林可能已经习惯了它们的缺位。如果是这样，那么重新引入美洲栗可能以难以预想的方式破坏现有的生态系统。在我看来，这个具体例子的生态风险非常低，而且预期的回报远远高于风险，它们能让生态系统重新获得这种没有彻底消失的物种提供的营养和结构效益。

美洲栗的成功证明了合成生物学在帮助物种适应和存活方面具有强大的力量，虽然我们也仅仅是从整个生命之树上汲取演化的闪光点而已。那如果不是解决一个受威胁物种濒危的问题，而是解决一个扩张到失去控制的种群呢？我们能否用我们的新工具往相反的方向编辑物种呢？

卷土重来的闪电战

没有人喜欢蚊子，它们体型又小速度又快，而且真的很讨厌。我第一次与蚊子战斗是我去北极进行实地考察的时候。我被告知这些虫子非常令人厌恶，我也信了。我在美国的东南部长大，经历过充满这些讨厌虫子的夜晚。所以我带上了杀虫剂，穿上了长裤和冲锋衣。我觉得我准备好了。

事实上，我并没有准备好。

前几天还好，我们在阿拉斯加北坡的伊皮克普克河。那是7月初，春天气温升高，融化的水已经从汹涌澎湃的状态消退成平缓的溪流。我们惬意地划着小艇顺流而下，一路采集冰川时期动物的骨骼和牙齿。湍急的水流冲刷而过，把这些动物从冻土中解放出来，散落在河岸和浅沙洲上。天气凉爽但不冷，天空非常晴朗，每天日照24个小时，还有着迷人的微风。

然后，风停了，蚊子来了。

实在是太糟糕了。这些蚊子非常小（之前我被告知这些季末的蚊子都是小型轰炸机；很显然，季初的蚊子体型更大、速度更慢，也更容易被打死），我甚至觉得它们在降落到皮肤之前就开始吸我的血。再多的杀虫剂也没法毒死它们。它们像乌云一样盘旋着，我仅在面前拍一下手就可以拍死几十只蚊子。如果我没在头上戴个网（最后一刻我从费尔班克斯的一家商店购入），我敢肯定我的鼻子和眼球都会被攻击。

那天，我们不是河上唯一可怜的动物。北极的温血动物很少，每个像我们这样能够养活一群蚊子的动物都遭到了攻击。有一次，我看到一只驼鹿在我们前面的河里走着，每隔几分钟就把整个身体浸到冰冷的水中缓解一下。你看，连驼鹿都不喜欢蚊子。

我在北极经历的蚊子攻击实在是太糟糕了，不过至少北极的蚊子有一个好处：不携带疾病。蚊子群让我们痛苦不堪，但是并没有威胁到我们的生命。可世界上其他地方的蚊子并没有这么善良，被咬上一口就可能被宣判死刑。

蚊媒传染病是世界上人类和动物健康最主要的威胁之一。蚊子的叮咬能够传播病毒，包括登革病毒、西尼罗河病毒和黄热病毒；寄生虫，包括引发疟疾和丝虫病淋巴结改变的寄生虫；还有致病菌。世界卫生组织估计，每年大约有10亿人感染，有100万人死于蚊子或其他媒介传播的疾病。蚊媒传染病通过感染和杀死牲畜影响我们的食物供应，导致全球物种数量的减少和灭绝问题，尤其是鸟类。我们需要解决蚊媒传染病的问题。

解决这个问题的方法之一是针对病原体本身，但这并不容易。疫苗可以预防一部分疾病，无法预防全部疾病，而且受这些疾病影响最大的地区难以获得现有的疫苗。医疗基础设施的现代化和全球化增强了我们检测、跟踪和治疗蚊媒病原体的能力，但是新出现的基孔肯雅病毒和寨卡病毒等挑战了我们及时做出响应的能力。我们需要的是一种同时针对所有疾病的方式，与其单独消灭每种病毒，或许科学家应当专注于寻找消灭传播载体的方式，也就是杀死蚊子的方式。

控制蚊子不是什么新奇的想法。我们试图填满沼泽以去除蚊子的滋生地，把自己包裹在有毒化学品中，要不就是在野餐桌旁边安装微型触电装置（灭蚊器）。这些措施有用，但是要么效率低下（比如灭蚊器），要么就是付出了不愿付出的代价（还记得DDT杀死了所有鸟吗？）。

生物学提供了几种对环境更为友好的方式，来控制蚊子种群。例如，植物天然产生的化学物质能够杀死蚊子的卵和幼虫。像鱼、桡足类（一种水生小型甲壳动物）和青蛙这类动物捕食孑孓，因此可以把青蛙等动物引入蚊子的滋生地。一些国家也开始尝试释放对蚊子致病的细菌和真菌，但这些方法有缺点，引入物种可能在竞争中胜过本地水生生物，从而干扰生态系统。而且，蚊子的种群如此之大（自然选择让它们拥有了如此强大的演化力量），那么很容易产生一个新突变能够抵抗引入的外来物种，而且这种突变在种群中迅速传播的可能性很高。

不过，还有另外一种生物学方法可以控制蚊子，对环境也很友好，而且不易使蚊子产生抗性。那就是释放更多的蚊子，虽然听起来很荒谬。不过，释放的不是普通的蚊子，而是“特洛伊木马”蚊子，这种蚊子拥有无形的超能力，可以从内部摧毁蚊子种群。这种蚊子的超能力是拥有沃尔巴克氏菌。沃尔巴克氏菌是一种内共生细菌，它们生活在一些昆虫的细胞内，然后通过受感染的卵传递给下一代。大约40%包括蚊子在内的昆虫都能够被沃尔巴克氏菌感染。沃尔巴克氏菌不会直接杀死昆虫，但是它们能够引起生育问题。未受感染的雌性蚊子与受感染的雄性交配，得到的后代无法存活。20世纪60年代后期，科学家将大量实验室培育的受感染雄性个体释放到缅甸。这些雄性与未受感染的雌性交配，不会产生任何后代。当地的蚊子种群被根除，证明这种方法有效。此后，受沃尔巴克氏菌感染的雄性蚊子被释放到澳大利亚、越南、印度尼西亚、巴西和哥伦比亚的蚊子种群中，以控制当地蚊子种群。

虽然这个办法很有希望，但在广泛使用沃尔巴克氏菌来控制蚊子方面，依然存在一些障碍。首先，实验室很难只培育雄性个体。因为受感染雌性的后代是可以存活下来的，所以如果受感染的雌性和雄性意外地都被释放到环境中，就会使沃尔巴克氏菌在种群中传播，破坏其灭蚊能力。其次，蚊子种群减少的情况可能不会维持很久，例如蚊子很容易从附近迁移过来。最后，沃尔巴克氏菌已经出现在一些很重要的病媒物种中，这意味着这种方式根本无法控制它们。

沃尔巴克氏菌实验源于20世纪30年代发展起来的理论。美国农业部的两位科学家雷蒙德·布什兰德和爱德华·尼普林致力于解决肆虐美国牛群的螺旋蝇问题。他们认为引入过量的不育个体能够破坏种群的繁殖周期，从而在与疾病的斗争中处于上风。借用农业中突变育种的技术，他们发现昆虫在X射线处理下会出现DNA突变，在高剂量的处理下，可以导致不育。第二次世界大战后，他们对这种不育个体放归种群的方式进行了田间试验，并且获得巨大的成功。此后，这种方式被用于减少牛和其他牲畜、农作物和人类的疾病。1992年，布什兰德和尼普林因开发此技术而获得了世界粮食奖。

和沃尔巴克氏菌一样，X射线不育处理不会在环境中残留化学物质，而且对其他物种的影响有限。与沃尔巴克氏菌不同的是，X射线处理可以对任何物种起作用，同时释放不育雌性和雄性个体唯一的危险就是浪费金钱。X射线处理的主要缺陷和突变育种一样，射线处理导致的遗传变化是随机的，结果难以预测。高剂量的X射线处理能够保证不育（因此可以保证产生的其他突变无法传播），但是同时引发了大量突变，很可能导致个体过于虚弱或者出现疾病，以至于它们无法交配。或者，过低剂量的X射线处理很可能让个体保有一些生育能力，这样X射线处理得到的其他突变就有可能传播到害虫的种群中。

幸好，靶向基因编辑也能够引发昆虫不育。总部位于英国的生物技术公司Oxitec向巴西巴伊亚州的茹阿泽鲁郊区释放了上百万不育的雄性埃及伊蚊（*Aedes aegypti*），这些蚊子都是经过基因编辑的。为了得到不育蚊子，Oxitec公司将一个基因插入了蚊子基因组，导致它们的细胞陷入失控的资源枯竭。这个基因编码的蛋白质被称为四环素抑制性转录激活蛋白（tTAV）。在胚胎发育过程中，tTAV与制造自己的基因元件结合，促使更多的tTAV产生。更多的tTAV会结合相同的基因元件，从而继续产生更多的tTAV。如果这个过程无穷无尽地进行下去，会消耗大量资源，这些资源是合成正常发育所需蛋白质的必要物质。由于细胞机制出现了混乱，经过基因编辑的胚胎无法发育成能够咬人的成虫。

稍等，精明的读者可能会意识到，蚊子在发育过程中死亡，那要怎么产生能够繁殖和传递致死幼虫DNA的成虫呢？ Oxitec的科学家利用了tTAV系统的一个特点：tTAV在四环素这种常见抗生素存在的情况下被抑制表达。Oxitec在实验室中存在四环素的条件下培育转基因蚊子，得到成虫。然后，科学家把雄性蚊子（体型较小，不咬人）挑出来，释放到环境中。这些被释放的蚊子与野生雌蚊交配，它们产生的胚胎将从父亲这里继承tTAV。没有了四环素，胚胎将在发育过程中死亡。

2013年，Oxitec在茹阿泽鲁进行了第二次基因工程蚊子田间试验，这批蚊子被称为OX153A。第一次试验是几年前在大开曼岛西海岸进行的。仅仅在OX153A被释放后的几个月里，西海岸当地埃及伊蚊的种群数量就减少到试验前的20%。在推广到巴西的过程中，Oxitec希望知道在栖息地联系更为紧密的大陆地区，OX153A是否能取得同样的成功。科学家还希望与当地建立合作关系，这对于在巴西地区优化该项目至关重要，而且更重要的是赢得当地社区的支持，最终获得监管部门的认可。茹阿泽鲁的试验获得了成功，一年后该地埃及伊蚊的种群数量减少了95%，没有在环境中残留任何化学物质或者毒素，也没有直接影响到除了蚊子以外的任何物种。

在巴西田间试验后的两年，一项对埃及伊蚊种群水平的基因组测序结果引发了人们的担忧，结果显示茹阿泽鲁地区的埃及伊蚊基因组中出现了少量类OX153A的DNA。这意味着一些可育的OX153A逃过了Oxitec的分拣过程，将它们的DNA混入了野生种群中。这是意料之中的事情，雄性更小、雌性更大的分拣标准是不准确的，Oxitec在释放这些蚊子之前就知道有少部分咬人的雌性蚊子会混入其中。不过重要的是，在野生种群中没有发现任何转基因

（tTAV基因，或者相关组分），这表明试验按照预定计划正常工作：含转基因的OX153A蚊子没有繁殖，有繁殖能力的蚊子被释放了，但它们并不含转基因。

第二个担忧是，释放的OX153A能够抑制种群数量，但这种状态不会持续太久。和其他涉及不育昆虫的方法一样，成功地长期抑制种群增长需要持续释放。在大开曼岛，当地蚊虫控制委员会与Oxitec的合作于2018年12月结束。几个月之后，进行田间试验区域的当地居民反映，当地的蚊子种群相比于前几年已经显著增加了。这也是预期之内的，转基因雄蚊只能存活几天，它们必须在这段时间内交配，才能对野生种群产生影响。一旦这些转基因蚊子死亡，就不会产生任何后续的影响，而且随着附近的蚊子种群迁移到此处，原本减少的种群数量也会很快恢复。

Oxitec已经开发了一个新的转基因蚊谱系，能够解决这些问题。第二代转基因蚊OX5034于2018年问世，当时该公司撤回了向美国国家环境保护局提交的在佛罗里达礁岛群释放OX153A的申请书，理由是正在研发更新、更好的蚊子。Oxitec的第二代转基因蚊和OX153A相似，都含有编码tTAV的过度消耗资源基因。但是在OX5034中，tTAV被插入基因组一个特别的位点，这样一来tTAV编码什么样的蛋白质，将取决于蚊子发育成雄性还是雌性。在雌性中，tTAV会被转录，如果不喂食四环素，雌蚊将在发育过程中死亡。对于雄蚊来说，tTAV是基因组的一部分，但是不被转录，雄蚊将正常发育。这种新系统中，转基因雌蚊会死亡，转基因雄性会存活。这样做有几个优点：首先，在释放到野外之前，实验室不需要筛选雄性个体，可以直接将胚胎置于野外环境中发育，雌性胚胎不会发育；其次，不育基因是可遗传的。因为携带转基因的雄性能够存活，这个基因就能在雄性间传递下去。但是，不育基因仍然是自限性的，最终会从种群中消失。

不育基因的自限性是这样实现的：OX5034雄蚊的两条染色体上各有一个tTAV基因拷贝。当它们与野生雌蚊交配后，产生的后代有一条染色体上有tTAV基因。雌性后代表达了tTAV基因，所以死亡，而雄性则正常发育。这些雄性后代将含有一条正常染色体和一条具有tTAV基因的染色体，它们继续与野生雌蚊交配，后代则有一半继承了tTAV基因。继承了tTAV基因的这一半个体里，雌性死亡，雄性继续存活。含有tTAV基因的雄性个体每一代都会少一半，经过约10代，这个基因就会消失。因为每一代携带tTAV基因的个体在减少，所以这种自限性不育个体对整体种群数量的影响会逐渐减少，但是这种策略仍然比重复释放不育雄性个体更具长期影响。

2019年，Oxitec宣布首次为期一年的OX5034田间试验得到了喜人的结果，转基因蚊被释放到巴西因达亚图巴几个人口稠密的街区，当地埃及伊蚊种群数量减少了96%。在取得成功之后，Oxitec与巴西其他地区进行合作，制订释放更多OX5034蚊的计划。Oxitec还计划在巴西以外的地方测试转基因蚊。2019年9月，Oxitec请求美国国家环境保护局批准在佛罗里达和得克萨斯释放OX5034，当地民众越来越支持使用生物技术来解决蚊媒疾病。2020年8月，随着佛罗里达南部登革病毒感染率的攀升，佛罗里达礁岛群的官员投票决定，允许在美国第一次释放OX5034蚊。

Oxitec的科学家不是唯一一群致力于解决全球蚊媒传染病的合成生物学家。“消灭疟疾”（Target Malaria）是科研院所的科学家、利益相关者、生物伦理学家和监管机构之间的非营利合作项目，其目的是彻底消灭疟疾。“消灭疟疾”的主要目的是解决冈比亚按蚊（*Anopheles gambiae*），这种蚊子是撒哈拉以南疟疾传播的主要媒介。该项目在冈比亚按蚊肆虐的几个国家设有团队，并于2019年7月在非洲布基纳法索巴纳的村庄进行了首次转基因蚊释放。释放的都是不育雄性，虽然这只相当于婴儿学步的第一步，但是依然说明了当地利益相关者对参与科学的积极性，还有这种方法解决当地蚊子种群的潜力。

基因编辑昆虫也可以用于减少农业害虫的影响。2019年，康奈尔大学与Oxitec的科学家合作，将一种自限性小菜蛾（*Plutella xylostella*）释放到纽约上州的试验田中。小菜蛾是芸薹属作物的主要农业害虫，作物主要包括结球甘蓝、绿花菜和油菜，而且众所周知，小菜蛾可以快速地演化出对各种杀虫剂的耐药性。基因编辑的小菜蛾成功地与野生型小菜蛾竞争，与对照田相比，试验田中产生的毛虫更少。Oxitec还研发了自限性的草地贪夜蛾、大豆尺蠖和其他几种农业害虫。这种自限性不育方式能够有效减少作物害虫种群数量，每年可以为全球农民减少数十亿美元的损失，还可以减少对化学杀虫剂的依赖。耐人寻味的是，这可能有助于改变转基因食品的舆论导向，因为转基因害虫（人们不吃）可以替代转基因抗虫植物，帮助获得相似的作物产量收益。

出于控制害虫的目的，相比于依赖持续释放不育雄性，可遗传不育性是更为优化的策略。况且，不育突变会随着时间推移而从种群中消失，所以还是可以保持自然生态系统的完整性。我们的确进行了干预，但是从长远来看我们干预的影响很小。

比随机更好的机会

我们的基因组中含有一些邪恶的元件：它们颠覆了孟德尔的分离定律，原本每个基因都有平等遗传到下一代的机会，但是它们拥有颠覆性的力量，使它们更频繁地被遗传到下一代。一些元件改变了减数分裂阶段（细胞分裂形成精子或者卵子）同源染色体分离的方式，以提高自身进入细胞成为卵子的机会。另一些元件曾经是精子和卵子基因组的一部分，会破坏其他精细胞或者卵细胞。这些元件是演化的恶棍，它们拥有“扭曲者”“杀手”“极度自私者”这类称呼，被称为基因驱动。

上面描述的情况是自然发生的基因驱动，不过基因工程也可以创建基因驱动。截至目前，还没有人工合成的基因驱动被释放到野外，但是生物技术公司、政府机构和保护生物学家都对此进行开发。基因驱动正在被考虑用于害虫控制和入侵物种管理，甚至是帮助物种适应变化的栖息地。合成基因驱动的吸引力在于，相比于自然选择扩散一个性状，这种方式将在种群中更为迅速地扩散一个性状。当然，这也是大家担心的方面。

“消灭疟疾”项目制订的在撒哈拉以南的非洲实施计划包括三个阶段：第一阶段是，2019年在布基纳法索释放基因工程不育雄蚊；第二阶段是释放自限性冈比亚按蚊，就像Oxitec的自限性埃及伊蚊一样，经过编辑的基因将在几代过后从种群中消失；第三阶段是，“消灭疟疾”计划释放一种蚊子，能够将雌蚊的数量减少到零。为此，团队需要设计一个基因驱动。

“消灭疟疾”第三阶段大胆的基因驱动计划来自帝国理工大学的两位科学家奥斯汀·伯特和安德烈亚·克里桑蒂。自2003年以来，伯特和克里桑蒂一直在研究如何构建能够消灭整个蚊子种群的基因驱动。随着2012年基于CRISPR的基因编辑系统被发明，一种解决方案成为焦点。CRISPR进行基因编辑的分子机制是识别并切割特定DNA，如果CRISPR组件可以被编辑进基因组，基因组基本上就可以进行自我编辑，而且这种编辑是自动传播的。

为了进行比较，让我们回顾一下被编辑的DNA接下来通常会发生什么。在正常的基因工程场景中，让我们假设有一个雄性的个体基因组，它的每条染色体都包含一个编辑过的基因。它与野生型雌性个体交配，那么它们的后代将成为杂合子，这意味着它们都从父方遗传了一个编辑过的等位基因，从母方继承了一个野生型等位基因。这些杂合子个体继续与野生型个体交配，那它们的后代将有一半遗传了编辑过的等位基因，另一半遗传了野生型等位基因，这种遗传方式遵循孟德尔的分离定律。

在基因驱动的情况下，每个后代都将继承编辑过的等位基因。编辑过的雄性与野生型雌性交配后，它们的后代最初都是杂合子，从父方继承编辑过的等位基因，从母方继承野生型等位基因。但是在发育早期，编辑过的等位基因中的CRISPR组件将被转录，和其他细胞发挥功能所需的蛋白质一样被细胞制造出来。然后，这些CRISPR组件会识别出母方的野生型等位基因，并且编辑它，使这个等位基因转变成编辑过的等位基因。这些杂合子后代就会变成纯合子。而且由于两条染色体都含有编辑过的等位基因（也包括CRISPR），相同的事情会再次发生在这些个体与野生型个体交配的情况下。同样的事情也会继续发生在下一代，下下一代，依此类推。最终，整个种群中的个体都将拥有编辑过的等位基因的两个拷贝。

从上文的例子来看，很容易想象自我传播的基因驱动将如何快速传播。然而，维持驱动进行，需要驱动元件保持完整。任何发生在CRISPR组件和CRISPR所识别DNA序列上的突变，都会破坏基因驱动。此外，如果种群中基因驱动的性状降低了个体的适应性，比如使其不育，那么强大的演化压力会破坏驱动。毕竟，委婉地说，不育在演化上是不利的。

为了杀死所有的蚊子，伯特和克里桑蒂需要坚不可摧的驱动。

为了创造一种牢不可破的驱动，伯特和克里桑蒂选择编辑一种双性基因（doublesex）。冈比亚按蚊中，雌性和雄性的双性蛋白以不同的方式拼接在一起。双性基因在演化上也是高度保守的，任何序列的变化都很可能杀死发育中的蚊子。由于这种演化保守性，本质上双性基因是牢不可破的。

克里桑蒂团队将双性基因视为实现牢不可破基因驱动的完美目标，决定小心地破坏这个基因。他们使用CRISPR进行了编辑，破坏了雌性版本的双性蛋白产生过程。这个编辑对雄性没有影响，雄性将正常发育，但继承了两个编辑过的等位基因拷贝的雌蚊将是不育的。如果作为基因驱动，把它们引入蚊子种群，那么双性突变会将可育雌性的数量最终降到零。

2018年，克里桑蒂团队将经过编辑和未经过编辑的蚊子混合后释放到小笼子中，观察基因驱动是否起作用。所有笼中的种群都在11代之内就灭绝了。

在执行第三阶段计划，把转基因蚊释放到野外之前，克里桑蒂团队和“消灭疟疾”计划仍有许多工作要做。他们需要在更大的野外笼子中（仍然处于封闭空间中，但是更像自然栖息地）进行试验，确定竞争、捕食和其他环境因素如何影响基因驱动的成功。或许，更重要的是，围绕这种可能灭绝物种（或者至少是大量减少物种）的基因驱动，为其释放到野外建立伦理和法律框架。“消灭疟疾”在设计他们下一阶段工作计划时，向受影响的公众和利益相关者公开分享了他们的新技术。这种方式能够让他们建立起社区基本设施，同时建立起公众对生物技术的信任（尤其是基因驱动），或许有朝一日，这个项目能够成功。

但这一切可能大错特错

麻省理工学院的教授凯文·埃斯韦特，是第一个告诉人们基因驱动很危险的人。埃斯韦特第一个弄清楚，基于CRISPR的基因驱动是如何让一个性状在种群中扩散的，而且他确信，基因驱动是目前根除疟疾这类疾病的唯一方式。他带头呼吁监管基因驱动技术，同时他也在实验室里开发新的基因驱动，尽管每次他的设计都是会随着时间推移而消失的机制。埃斯韦特既兴奋又紧张，据我所知，他从未停止过工作。

埃斯韦特的研究重点是编辑小型哺乳动物的基因。他正在与当地社区协商，开发一个系统，以在新西兰地区白足鼠种群中扩散对莱姆病的抵抗力，而且抑制新西兰入侵啮齿动物的种群。他对基因驱动技术充满了热情，但也知晓这种技术具有风险。他坚持认为，只有两个条件都满足的情况下才可以使用基因驱动。首先，使用该技术的社区需要了解该技术，而且接受使用该技术会引发的潜在后果。其次，必须有可以关闭基因驱动的方法。对了，还有第三个条件，埃斯韦特坚持让所有开发基因驱动技术的科学家在实施之前，告诉全世界他们的研究计划。他认为，仅仅是迈出开发基因驱动的第一步，就可能威胁到这类技术的未来，尤为重要的是，可能威胁到公众对科学的信任。埃斯韦特相信任何基因驱动都能利用分子工具停止，但是他意识到，把会受到影响的公众排除到决策过程之外，这样造成的损害可能是无法挽回的。

埃斯韦特对于这些标准非常认真，他坚持认为，不允许公众就其生活环境中所发生的事情发表意见，既是实践上非常愚蠢的，因为公众更了解他们所生活的环境，也是非常不道德的，因为公众有权决定自己生活环境中将发生的事情。他的莱姆病整治项目“抗蜱小鼠”，由本地社区指导，通过改变共享环境来预防蜱传播疾病。“抗蜱小鼠”团队正与来自马撒葡萄园岛和南塔克特岛的当地人组成的指导委员会合作，探讨如何具体地“改变共享环境”。要解决的问题非常明确，岛上的莱姆病发病率非常高，南塔克特岛上将近40%的人都患有莱姆病。莱姆病的传播媒介是鹿蜱，人类在被感染的蜱叮咬后会感染莱姆病。白足鼠也可以在被感染的蜱叮咬后患上莱姆病，然后成为蜱再感染的主要途径。顾名思义，“抗蜱小鼠”是在寻找一种解决方案，利用小鼠来摧毁蜱。然而，在是否释放转基因小鼠的问题上，社区内存在分歧。

“抗蜱小鼠”提出了几个备选方案，让社区决定如何进行。比如，科学家可以在白足鼠基因组中插入抗莱姆病抗体，使其获得对莱姆病的免疫力，再将这些基因改造过的小鼠释放到野外栖息地中，希望它们能够战胜患莱姆病的小鼠。他们还可以设计一种基因驱动，让抗莱姆病抗体更为迅速地在岛屿鼠群中传播。目前，居民们更支持顺基因，而不是转基因方案。这意味着，他们希望插入白足鼠基因组的DNA都来自白足鼠，而且最好是本地白足鼠。

马撒葡萄园岛和南塔克特岛上的白足鼠种群和其他鼠种群相对隔离。鉴于这种种群隔离的状态，顺基因方式很可能足以使莱姆病免疫力在整个种群内传播，尤其是在基因编辑小鼠比非编辑小鼠健康的情况下。不过，向大陆鼠群传播免疫力，则需要更多的鼠或者更频繁的引入，或者两者兼有，抑或需要额外的基因驱动（必须引入转基因，因为包括了CRISPR系统）。

这就产生了一个问题，如果大陆上的居民决定释放转基因白足鼠，这些白足鼠的基因组含有基因驱动，但是岛上的居民不同意，该怎么办呢？阻止基因编辑小鼠搭乘渡轮抵达小岛是可以的，但是人类不经意间在全世界传播啮齿动物的历史长达千年之久。

事实上，这也是现在啮齿类动物成为入侵物种的原因，但这些入侵问题可以利用基因驱动解决。如果有基因驱动的小鼠从大陆逃窜到马撒葡萄园岛，它与当地小鼠并没有生殖屏障，免疫基因和相关CRISPR组件在整个马撒葡萄园岛鼠群中广泛传播也是非常合理的。

上述情况已经很糟糕了，因为它凌驾于本地社区选择之上，但是一些保护主义者担心基因驱动可能造成更为灾难性的后果。新西兰计划在2050年前消除所有入侵物种，在制订计划的初期，人们提出了一个计划：利用基因驱动使入侵物种无法繁殖，从而消灭它们。但最终，当地社区选择放弃了这种策略。这个方案存在一个问题，那就是潜在的逃跑可能性。例如，原产于澳大利亚的刷尾负鼠目前已经是新西兰最主要的农业害虫和生态威胁，它们被列入计划清除的入侵物种名单。如果科学家设计出一种含有不育基因驱动的刷尾负鼠，将清除全新西兰范围内的刷尾负鼠，这对新西兰本土动物群来说是一个巨大的好消息。但是，就算仅有一只转基因刷尾负鼠逃到了澳大利亚，那么不育基因驱动也会在那里生效，将一个本土物种推向灭绝。

我理解这种担忧，但是我认为有效的监测能够解决这种逃逸问题。如果监测程序发现不育基因驱动入侵了澳大利亚，就可以引入含抗基因驱动等位基因的刷尾负鼠。因为新引入的负鼠更适应环境（可育），它们能够有效且快速地对抗逃逸的基因驱动。为了保证安全性，澳大利亚科学家需要制定监测策略，而且设计好有效的反驱动元件，以防万一。解决逃逸问题是完全可行的，不过这个例子提醒我们，设计使用基因驱动手段的研究团队需要尽早与所有潜在的受影响社区沟通，公开讨论他们的想法。

我们正在作为一个拥有基因驱动技术的社会向前发展，我们应该考虑到，临近社区或者政府在释放基因工程生物上，可能做出不同的决定。我们应该预想到很难控制物种生活的边界，尤其是在缺乏物理边界的情况下。我们也应该预想到我们会犯错误，从而导致未预测到的生态影响，或者我们自己改变了想法。同时，我们也应当了解，在某些特定条件下，比如入侵物种种群充分隔离的情况，快速起效的基因驱动将是最有效且最合算的清除入侵物种的方式。具有强大监测计划的孤立岛屿符合这种条件，但是也会有其他情况，我们不能排除连通的可能性。所以在这些情况下，我们设计基因驱动的时候，就应该设计成能够抵抗这种驱动的样子。

关闭基因驱动的开关，应该是什么样子的呢？目前，这还是一个悬而未决的问题，但是许多科学家正在寻找答案。2017年美国国防高级研究计划局（DARPA）宣布投资5 600万美元用于安全基因计划，目标是制定检测、逆转或者控制基因驱动的策略。凯文·埃斯韦特是第一批获得该计划资助的人之一，他有几个想法。一个是将基因驱动系统拆分成多个驱动器，分布在基因组的不同位置。这种驱动的工作原理类似于菊花链，链底端的元件含有驱动下一个元件的指令，下一个元件又含有驱动下下个元件的指令，以此类推。虽然菊花链的最后一个元件才是表达基因工程性状所必需的，但具备其他元件才能让这个性状被遗传的频率高于偶然频率。至关重要的是，底端元件没有被驱动，这意味着，像Oxitec的第二代tTAV蚊子一样，它是自限性的。因为只有一半的后代有这个链底端的自限性元件，几代之后它便会从种群中消失，下一个元件便无法被驱动。最终，所有的驱动元件都会消失，种群会变回引入驱动前的状态。科学家可以通过添加菊花链中的连接和改变受编辑个体的引入数量，控制基因工程性状在种群中存在的时间。

菊花链只是其中一个在空间上或者时间上限制基因驱动的想法。随着该领域的扩展，尤其是在科学家、监管者还有利益相关者强调需要谨慎的时候，未来将有更多的新想法不断涌现。

虽然现在只有屈指可数的几个物种应用了基因驱动，但是这个领域正在迅猛发展。2018年，加利福尼亚大学圣迭戈分校的发育学家金·库珀提供了第一个基因驱动能够在哺乳动物中发挥作用的证据。她将一个额外的基因插入鼠基因组中，在生殖细胞发育过程恰当的时期，被激活的CRISPR使基因工程鼠能够编辑自身基因组，这也就创造了基因驱动。在这个研究中，库珀预期让所有小鼠都成为白毛。结果不够完美，基因驱动仅在雌性中起作用，而且是73%而非100%的后代为白毛个体。但她的团队成功地表明，未来将有更多物种可以成为保护生物多样性的有力工具。

科学家可以为植物开发基因驱动。这些驱动可以传播抗除草剂基因，也可以使植物种群获得抗虫性，或者让作物能够在变化的气候中更好地生存。正如凯文·埃斯韦特所说，这些驱动都应该包括限制其寿命的内置机制，或者建立和测试一些机制，以便应对基因驱动逃逸或产生超出预期影响的情况。这些控制手段能够解决本地而不是全球范围内的农业和保护生物学方面的问题，也能保证我们专注于实现预期的结果。

新鲜事物

我们编辑物种的时候，其实是抢了演化的先机。我们创造了前所未有的生物体。生物繁殖，它们的基因组相结合，这个时候会发生相同的事情：它们的后代也是前所未有的生物。不过，在演化创造新生物的过程中，基因如何重组存在一定程度的偶然性。我们创造新生物的时候，否决了偶然性。我们稍微调整了一些已经存在的东西，不过是以一种明确且具体的方式进行调整。我们用一种全新且完全受控的方法，创造了一些新的生物体。

我们的修补也是有目的的。利用基因驱动在种群中传播性状，我们把创造的前所未有的生物当作一种工具来使用。这种工具可以减少疾病、清理生态系统，或者拯救濒危物种使其免于灭绝。为了我们自身的利益改造物种，把它们改造成全新的生物，这对我们来说是坏事吗？如果我们的目的是造福一些物种和环境，那么操纵物种是否合理？在物种之间移动基因，改造物种成为全新工具的过程，合乎伦理吗？从整个生命之树中寻找解决方案，甚至是从灭绝物种的基因组中寻找方案，合乎道德吗？

这些问题很难回答，或许根本就不需要回答。数万年来，我们一直在与身边的物种打交道。大多数的时间里，我们能使用的工具都很贫乏，但是我们用它们创造了一个美丽的、充满机遇和危险的世界。现在，我们处于气候危机、灭绝危机、粮食危机和信任危机当中。如果要从这些危机当中幸存下来，我们需要利用所有可以使用的工具，也需要学习如何开诚布公地讨论这些工具。事实上，现在我们拥有的工具不足以拯救我们或者其他物种，也不足以拯救我们的栖息地。因此，我们需要目前不曾存在过的新工具，这些工具可能是我们尚未想象到的，因为前方的道路迷雾重重又崎岖不平。

但是，就目前而言，我们至少还有大象。

第8章 我们的归途：悬崖边的人类

大约4 000万年前，我们的旅程开始了，我们最初的猿类祖先从亚洲到非洲定居，从那以后很多事情都改变了。大陆漂移，改变了周围的洋流，全球气候从炎热变得寒冷，然后又变回炎热。栖息地变得更加潮湿，又变得干燥，变得完全不同，为植物、动物、真菌和其他微生物创造了演化和多样化的机会。然后，在过去4 000万年中最后1%的时间里，我们人类这个物种出现了。我们的祖先在全球扩散，争夺空间和资源，成为世界的一部分，也是关键部分。一些植物、动物和微生物非常擅长生存在拥有人类的世界，因此它们活了下来，另外很大一部分走向灭绝。我们这个物种接管这个星球的栖息地，并且改变了它，以满足我们的需求。然后，在过去4 000万年最后0.000 5%的时间里，地球被人类社会工业化重塑，其程度几乎和6 000万年前希克苏鲁伯小行星撞击地球直接终结恐龙统治一样。

这是4 000万年前发生的事，那么4 000万年后，我们的地球是什么样子呢？预计和现在不一样，这不仅是因为我们的存在。无论我们做了什么，大陆还是会继续漂移，火山还会继续喷发。在接下来的4 000万年里，非洲板块会继续猛烈撞击欧洲板块，澳大利亚大陆会和欧亚大陆合并，加利福尼亚将沿着北美西海岸滑到阿拉斯加。气候会逐渐变暖，也不仅仅是我们的缘故。太阳已经是一颗中年恒星了，正在变得更亮。大约10亿年后，太阳将变得异常滚烫和明亮，会煮沸我们的海洋。我们应该先考虑眼前的未来，从现在起4 000万年，太阳会比现在更热，但地球还是宜居的。谁会继续居住在地球上？我们还是我们的后代？或者我们是这类物种的最后一支血脉，人类会像恐龙一样消失，给地球的下一个领导者让路吗？

如果假设我们这个物种的存在时间和普通哺乳动物一样，那么我们已经度过了1/2的时光，还剩大约50万年。但是，我们和其他物种不一样。其他物种之所以灭绝，是因为它们在竞争中失败了，或者未能适应变化的气候，又或者屈服于灾难。我们杀死或者驯化物种，在竞争中获得上风；我们利用生物学以外的工程学和现在的生物技术来适应变化的气候；我们很容易受灾难的影响，但是足智多谋，或许有一天我们能找到使自己免于灭绝的办法。

我们超越演化的能力越来越强，也开始越来越担忧是否滥用了这些能力。我们应该把分界线画在哪里呢？难道基因可以编辑植物，不可以编辑动物吗？如果基因编辑可以改善动物福利和减少污染，是被允许的，那么如果只是为了美，就是不道德的吗？那么，是否可以修改人类基因组呢？如果决定了编辑自身基因组，那我们应该仅仅改变自己这个单一个体，还是允许将编辑过的基因遗传到下一代，进而永远地改变我们的演化轨迹呢？如果可以借助基因编辑解决遗传疾病，或者在疫情防控期间保护我们的孩子，是否选择要迈出这一步呢？我们担心这些问题的时候，栖息地继续恶化，物种继续消亡，新的疾病不断出现，人类还在忍饥挨饿。

《纳尼亚传奇》里，二儿子爱德蒙收到了白女巫给他的土耳其软糖，诱惑他背叛所有的兄弟姐妹。爱德蒙咬着软糖的时候，根本没有怀疑过糖果被施了魔法，只知道这是他尝过的最美味的糖果，为了再吃一口，他会不惜一切，甚至出卖所有的兄弟姐妹。编辑我们自身基因组的能力，会是我们的土耳其软糖吗？如果是这样，将会是什么让我们咬下第一口？

不可能的事

我第一次见到帕特·布朗是在一次非学术性的年度科学会议上，当时我们被谷歌邀请参加会议。我看到他坐在高高的厨房柜台上，被一大群会议听众包围着，柜台上面摆满了植物性零食。他穿着一件白色T恤，上边印着被打上大大红色禁止标志的牛头，他还疯狂比画着，我猜想他希望未来牛可以消失。我对他早有耳闻，而且当时他决定解散在斯坦福大学的实验室之后，我们研究组接受了一名来自他们实验室的“难民”。他离开斯坦福大学后，建立了“不可能食品”公司。我没忍住，还是走到人群聚集的地方跟他争论牛的话题。

不要误解，我喜欢不可能食品公司发布的第一款产品“不可能汉堡”。这款汉堡在我看来很好吃，而且相比目前市面上的植物性汉堡，它在口感和味道上更像牛肉汉堡。当然，这也是帕特所希望的：为吃肉的人制作肉类替代品。我并不厌恶“不可能汉堡”，只是他希望所有的牛都消失，我觉得这没有必要。在我看来，即便是厌恶牛肉和乳制品产业的人，也应当允许世界上有牛生活的地方。毕竟，它们也只是原牛的后代。不出意外，它们应该可以扮演原来原牛的角色，在野生自然生态系统中，填补大型食草动物的位置。

帕特·布朗决定转行之前，在斯坦福大学做了25年的生物化学教授。2009年，他决定休假，经过18个月，他决定了下一步要怎么走。他已经发明了DNA微阵列，改变了科学家分析差异表达基因的方式。他还合作创立了公共科学图书馆（PLOS），这改变了科学家发表研究成果的方式，让全世界所有地方的人都可以免费获取这些论文。他希望下一个项目掀起更大的变革。经过一番研究和思考，他决定改变人类的饮食方式，把动物制品从地球的食物系统中清除出去。

或许帕特·布朗有点儿疯狂，但他绝顶聪明。他知道直接要求人们停止吃肉是不现实的，动物性食物提供的营养和满足感是植物性食物不具备的，而且动物性食物与很多文化紧密相连。要把动物性食物彻底地从我们的饮食中删除，布朗就需要创造一种植物性产物，和人们想吃的动物性食物一模一样。他利用自己的生物化学和生物技术能力建立了两家公司：“不可能食品”公司专注于开发植物性肉类替代品；Lyrical Foods公司专注于开发植物性乳制品替代品，例如奶油奶酪、酸奶和意大利饺子，以Kite Hill品牌销售。

难以想象，“不可能肉类”一经推出就大获成功。2009年，大多数人认为布朗只能在一些小众市场获得成功。2016年，“不可能汉堡”在桃福餐厅首次亮相，该餐厅由张大卫创办，是屡获殊荣的主打肉类的餐厅。2019年，汉堡王推出了“不可能皇堡”，2020年汉堡王又推出了“不可能猪排可颂”，由“不可能猪肉”制作。现在，几家美国连锁餐厅和本地餐厅都在供应“不可能番茄肉酱”“不可能墨西哥夹饼”，还有含“不可能香肠”的比萨。“不可能肉类”也在超市货架上和仓储式超市的肉类区销售。“不可能食品”公司成功的秘诀在于其关键配料，不仅赋予了“不可能肉类”更丰富的味道，也能在大桶中种植。

布朗的团队发现，牛肉的风味、口感甚至颜色来自一种被称为血红素的分子。血红素是血红蛋白的组分，血红蛋白作为一种血液分子，能够把肺部的氧气输送到全身其他细胞。血红素与铁结合，这也就是为什么我们的血液（还有一种稀有的牛排）含有轻微的金属味。所有生物都含有血红素，但是有的生物含有更多的血红素，血红素越多，风味也就越复杂。布朗和他的团队发现，制作美味素肉汉堡的诀窍是使其充满血红素。

当然是植物血红素。

植物血红素和动物血红素在分子结构上是一样的，只是单位质量的植物中血红素含量更少。植物血红素含量最高的是豆科植物的根部，血红素（在植物中也是红色的）参与根部的固氮过程。大豆根富含血红素，是“不可能肉类”的理想植物血红素来源。然而，种植数百万英亩的大豆来收集血红素，这对布朗来说，并不是理想的环境友好方式。相反，他需要一些可延展的，最好是垂直的东西。幸运的是，这种东西已经存在了，实际上模型来自合成生物学的第一个产品：人类胰岛素。

酵母是微型蛋白质工厂。酵母是生长快速的单细胞生物，易于存活，而且不像细菌，能够制造无须额外加工就可直接使用的蛋白质。用DNA重组技术改造酵母也很容易。自从20世纪80年代首次利用酵母生产重组胰岛素以来，酵母生产蛋白质的市场价值已经发展到10亿美元。过程很简单，科学家把编码所需蛋白质的基因插入酵母基因组，再把转基因酵母放入发酵室（像制作啤酒用的大桶）。酵母以糖和水为食，进行繁殖，以制造更多的酵母，与此同时制造出大量被设计表达的蛋白质。最后一步，科学家从黏稠的酵母混合物中纯化蛋白质，然后对这些纯化蛋白质做任何他们想做的事情。

“不可能食品”公司意识到，如果能改造酵母使其表达在大豆中演化的血红蛋白，就能生产大量的血红素。它还可以用垂直和可扩展的方式做到这一点。“不可能食品”公司正是这样生产配料的（这种配料没那么神秘）：在大桶中，用转基因酵母生物合成植物血液。该公司将纯化血红素和大豆、葵花、椰子油这类配料，与调味料和黏合剂混合起来，让“不可能肉类”从各个方面都更像肉馅，还可以流血。这些产品的蛋白质含量和普通肉类差不多，热量更低，钠含量更高，还有脂肪含量稍低。

"不可能汉堡"成功的秘诀就是血红素，肉饼也跟真正肉汉堡的肉饼相差无几。它不是美味的蔬菜饼，也不是超级健康的肉类替代品，它在试图实现不需要牛的参与就产出"牛肉"。

酵母生产的动物产品不仅仅是肉类和乳制品。例如，Bolt Threads公司改造酵母使其生产蜘蛛丝蛋白，这些蛋白质可以纺成纤维，然后织成织物。Modern Meadow公司设计酵母以生产胶原蛋白，胶原蛋白可以使皮肤富有弹性且保持坚韧。酵母产生的蛋白质被纯化后压制成片，再经过鞣制和染色，可以被缝制成任何传统皮革能制造的产品，比如手提包或者公文包，甚至是家具。美国能源部联合生物能源研究所设计的微生物能够产生谷氨酰胺蓝靛素，一种能够用于牛仔裤染色的合成分子。为制药厂生产产品的生物技术公司龙沙集团，改造酵母以产生一种蛋白质，这种蛋白质被用于测试药物是否含有有毒微生物。原本工业上主要从一种蓝血鲎身上提取相同功能的蛋白质，因此每年要杀掉数千只鲎，但现在可以用该公司生产的这种重组蛋白C来替代。美国生物科技公司Ginkgo Bioworks正在改造酵母，以产生芳香族化合物，这些化合物通常是从生长在土地中的草本和花卉中提取的。这种生物技术化合物能够让公司免受恶劣天气和作物歉收的影响，也能腾出更多的农田用于其他目的。

可以作为分子工厂的生物不仅仅是酵母。植物也可以被改造，表达我们所需的基因，以有利于我们的方式生产蛋白质，而不是只顾自身所需。澳大利亚联邦科学与工业研究组织（CSIRO）的苏林德·辛格领导了一个科学家团队，关注从植物种子、茎和叶中提取的油。他们通过基因工程改造植物，以改变油的成分和产量。辛格有两个目标，一个目标是让植物能够产生高温下足够稳定的油，以替代原本使用石油制作的工业润滑油；另一个目标是改变一种常见的油料作物——油菜，使其表达来自藻类的基因，能够产生长链ω-3脂肪酸。现在，这种用于水产养殖和营养补充剂的脂肪酸的需求量非常高，为了满足需求已经耗尽了原本以海藻为食的鱼类（比如沙丁鱼和鳀鱼）生活的海洋资源——这些鱼类通常是ω-3脂肪酸的来源，而且对海洋食物链造成了连锁反应。如果能从植物中提取这些重要的健康脂肪酸，就能为这种油的生产提供环境友好的可持续来源。

现在仅使用一段DNA序列和一个工程化生物工厂也能制造蛋白质。几年前，我的实验室和Ginkgo Bioworks公司，还有既是艺术家又是气味研究员的西塞尔·托拉斯合作，制造一种味道来自灭绝花朵的香水。Maui hau kuahiwi是原产于夏威夷毛伊岛的一种开花植物，最后一次被看到是在1912年；托叶皱荚豆（Falls-of-the-Ohio scurfpea）最后一次被看到是在20世纪90年代的肯塔基州路易斯维尔附近；大花木百合（Wynberg conebush）原产于南非开普敦，最后一次被看到是在19世纪。我们实验室从这三种花的干花中提取了DNA并进行了测序，然后从这些古DNA数据中分离出产生香味的基因，把序列发送给Ginkgo Bioworks公司，由该公司把这些序列插入酵母。在对芳香化合物进行发酵和提纯后，托拉斯创造出一种气味，作为沉浸式旅行艺术装置的一部分，邀请参观者走进去，呼吸一种他们从未体验过的香气：一种转基因香水，由三种灭绝了一个世纪的花的香味组成。

这个关于灭绝花的项目，最令我兴奋的地方不是复活了灭绝的香气，这个当然非常酷，但更令人激动的是，我们的目标不是模仿。我们并没有试图重新制造一个尽可能一样的副本，而是利用生物学、演化和工程学创造一些新的东西，一些可能比大自然设计得更好的东西。虽然托拉斯的新香水的成分是大自然设计的，人类只是参与设计，但是最终产品完完全全是由人类设计的。当人们经过展品的时候，他们同时经历了过去和未来，浅尝生物技术的力量。

下一个阶段的转基因食品和其他产品可以变成创造，而不是复制吗？我可以想象未来的合成生物学家争相创造的不是最像牛的植物汉堡，也不是最像香肠的植物肉饼，甚至也不是更像某种花香的香水，而是一些比我们想象中更美味、更精彩绝伦的东西。在与Ginkgo Bioworks公司合作的实验中，我们借用了大自然设计的芳香族化合物，但这不是必需的。其实，我们可以创造自己的香氛基因，把那些研究证明或者直觉告诉我们能够产生有趣香味的氨基酸串联起来。然后可以让酵母表达这些合成蛋白质，再根据结果判断是否足够好，进行进一步的调整。摆脱了演化规则的限制，我们能够混合、修改和合成芳香分子，来创造所有想要的味道。

有了合成生物学，我们不再拘泥于能够想象的范围。这让我们很难预测，随着这个领域的发展，我们究竟能创造出什么样的新工具、新方法和新产品。

红鱼、蓝鱼、绿鱼和新鱼

2002年，加利福尼亚渔业和狩猎委员会禁止观赏鱼养殖者售卖斑马鱼，这是一种拥有蓝白条纹的小型热带鱼，宠物商店把它们划归为对新手而言“容易”饲养的品种。通常来说，这种禁令的出现是因为担心某种动物有可能成为入侵物种。不过这个例子并非如此，斑马鱼是热带鱼，并没有准备好生活在寒冷的加利福尼亚水域中，而且即便斑马鱼已经在鱼缸里被饲养了几十年，也从未在加利福尼亚发现野生种群。这种家养斑马鱼极不可能建立当地野生种群，因为它们具有一种特征，时时刻刻向它们的捕食者宣告自己就在这里。事实上，这个特征也是加利福尼亚渔业和狩猎委员会关心的问题：这种斑马鱼会发光。

刚刚所提及的可怜宠物是荧光鱼（GloFish）——一种经过基因工程改造的斑马鱼，当时这种鱼刚刚作为宠物上市。荧光鱼是几年前新加坡国立大学宫知远研究团队开发的，其研究旨在设计一种能够指示水源是否受到污染的鱼。宫知远教授选择了斑马鱼，因为与其他鱼相比，斑马鱼更容易被改造。斑马鱼的卵具有透明的外膜，所以可以追踪从单细胞开始的胚胎发育过程。如果能在发育的最早期对其基因组进行改造，那么鱼的所有组织都会受到相同的改造，这些改造也能传递到下一代。

宫知远的目标是设计一种生物传感器，当斑马鱼游进受污染的水中时就会发出可见的警告信号。为了达到这个目的，首先他需要找到一些仅在污染存在的条件下才表达的基因。他把斑马鱼暴露在有毒环境中，比如雌激素和重金属条件下，测量表达的基因，以寻找潜在的目标。他还需要设计一个可见的标志，能够与污染感应基因一同表达，以提醒人们污染物的存在。为此，他利用了在水母中演化的基因，被称为绿色荧光蛋白（GFP）。这个基因表达时会产生一种蛋白，该蛋白质可以吸收来自太阳的紫外线，再发出低能量的绿光。宫知远的计划是将GFP插入污染感应基因附近，使两个基因表达绑定在一起。当这种转基因斑马鱼游进受污染的水域时，这两个基因会同时表达，然后点亮荧光绿灯泡。

首先，宫知远团队为了证明改造过的斑马鱼的确可以发绿光，把GFP插入了斑马鱼基因组，但没有与任何基因的表达相关联。转基因斑马鱼真的能发光！注意到这个结果的人不仅仅是宫知远。两年内，得克萨斯州奥斯汀的两位商人阿兰·布莱克和理查德·克罗克特获得新加坡国立大学的许可，将宫知远的技术应用于完全不同的领域——他们将制作和售卖荧光鱼作为宠物。

布莱克和克罗克特成立了一家名为约克城科技的公司，销售两种由宫知远发明的发光斑马鱼。一种是含有GFP的“电光绿”；另一种是“星火红”，含有一种在珊瑚中演化的红色荧光蛋白基因。布莱克和克罗克特还致力于打造更亮眼和更多的颜色，并且应用于其他常见的观赏鱼品种。现在，在那些没有禁止荧光鱼的地方，养殖者可以在他们的水族箱里养殖5种发光鱼，包括斑马鱼、斗鱼、虎皮鱼、灯鱼和须唇角鱼，颜色包括旭日橙、银河紫、宇宙蓝和朦月粉。这些鱼绚丽的颜色大部分来自在珊瑚和海葵中演化的基因。2017年，约克城科技以5 000万美元把荧光鱼品牌出售给品谱公司，出售时估计荧光鱼约占美国观赏鱼销售市场份额的15%。

目前，荧光鱼是唯一一种可以（相对）广泛供购买的转基因宠物，但是发光的猫、狗、兔、鸟和猪也是存在的，不过它们都是作为研究工具而不是宠物被开发的。自GFP发现以来，它已经成为一种流行的标记基因，取代抗生素耐药性基因，以确认实验是否成功，也就是基因组有没有被成功编辑。例如，苏格兰罗斯林研究所的科学家创造了转基因鸡，这种鸡包含GFP还有使其抗禽流感的编辑后基因。GFP作为标记，能够指示哪只鸡被成功编辑（在紫外线下发光），同时跟踪禽流感的发生和传播（鸡是否生病），从而测试研究团队的基因编辑是否使鸡免于感染禽流感。

发光技术也被用于追踪第一只转基因狗是否成功编辑。这只狗被称为Ruppy，是卢比小狗（Ruby Puppy，红宝石小狗）的缩写，在2009年出生于韩国，是首尔大学克隆的4只比格犬之一，这些犬经改造后可以表达红色荧光蛋白。该实验属于概念验证，研究团队只是想要证实转基因犬可以被克隆。Rubby和它的“兄弟姐妹”在正常光下都像是完全正常的比格犬，但是在紫外线下，它们都会发出迷人的明亮红宝石色光。Ruppy与一只非转基因犬交配后，一半的幼崽都继承了红色荧光蛋白基因，这证明转基因已经成功整合到其生殖细胞系上。

尽管现在还不能从当地的动物救助中心收养这类宠物，但是像Ruppy这样的转基因宠物会出现在我们未来的生活中。有些动物可能只会在紫外线下发光，但是大多数情况下科学将通过操纵某些基因的表达，以某种实质性方式改善宠物的性状。比如，随着大家越来越多地搬到城市生活，我们可能更想要适应公寓生活的小型宠物。事实上，华大基因在2014年宣布将推出一种转基因迷你猪，正是考虑到了这一点：这种猪是经过基因改造的巴马小型猪，生长到14千克左右就会停止生长，是正常巴马小型猪体型的25%~35%，更适合公寓饲养。几年后，华大基因由于某些原因停止了转基因迷你猪的大规模生产计划，有传言称停止该计划的原因是，转基因迷你猪虽然生长缓慢，但最终无法达到适合公寓饲养的体型。

或许，未来的转基因宠物是不同品种的优化版本。合成生物学能够使每个品种最初选育的优势性状最大化，比如低过敏性、狩猎能力强和非凡的嗅觉，而且不存在传统育种的混乱性。其中一些工作已经开始了，中国科学院广州生物医药与健康研究院在2015年宣布，他们敲除了比格犬的肌生长抑制蛋白基因，得到了双倍肌肉的比格犬，这和导致比利时蓝牛肌肉性状的基因相同。虽然广州团队宣称这种非常强壮的比格犬作为警犬和军犬非常有优势，但我对此持观望态度。不过，如果他们能让拉布拉多和西班牙猎犬更好地嗅出癌症，我绝对会加入。

合成生物学也能改善宠物的健康，并促进人类与它们的关系。一旦科学家弄清楚什么导致大麦町犬易患泌尿系统结石，为什么拳师犬易患心脏病，就可以通过基因编辑彻底地从品种中清除不利变异。随着我们越来越深入地了解什么基因能够导致什么性状，合成生物学家就可以利用这些数据创造一些宠物，例如，唾液中不表达过敏原的猫和不掉毛的金毛犬。

不过，拥有合成生物学技术的我们，不需要局限于已有的性状。突破传统的选择育种后，我们可能创造出哪些新的宠物呢？不再受演化规则的限制，性状可以跨越物种的障碍，甚至可以跨越时间的障碍。我们或许能够创造鸣唱的狗、喵喵叫的鸟、剑齿家猫和长毛豚鼠；或许能够创造长翅膀的比格犬、下蛋的㹴犬，还有为了想要一个抱抱而爬出鱼缸穿过房间的荧光鱼。很显然，这些都是过于奇幻的生物，有些显然是非常荒谬的，现有的科学无法完成。基因的相互作用与结合、基因表达调控，还有这些是怎样导致特定性状的，我们知之甚少。我们也很难把在漫长又独立的演化路径中演化出来的复杂性状结合在一起。尽管如此，我还是希望大家不要排斥最疯狂的想法。想象一下，我们狩猎采集的祖先很可能会嘲笑有人想把狼变成吉娃娃。

说到这个问题，或许我们还能够把死亡植物的腐烂残骸变成一个永远不会降解的储存容器。

清除太平洋垃圾带

实际上，东太平洋上并不存在一个面积是美国得克萨斯州两倍大的垃圾岛。这个经常被引用的论点来自查尔斯·穆尔——一位赛艇驾驶者和海洋学家，有一次他在洛杉矶和夏威夷之间的帆船比赛结束后，返程途中他的船被一团漂浮的塑料垃圾包围了。穆尔困惑不解而且很担心，所以他穿越了那片区域，寻找可能的塑料来源。他在报告中宣称，他发现塑料碎片散落在一个区域，形成一个面积是得克萨斯州两倍大的岛屿。这个比喻吸引了媒体的关注，从那时起这一比喻就被用来描述现在广为人知的太平洋垃圾带。

太平洋垃圾带面积巨大，一些估计表明其跨越了超过160万平方千米（相当于两个得克萨斯州或者三个法国）的面积，也有一些估计认为面积比这个还要大。不过，这个垃圾岛并不能步行穿过。有海洋垃圾清理者发现了一些比较大的塑料碎片，比如篮子、桶、渔网、运动鞋、糖果包装纸、牙刷和洗手液瓶，不过垃圾带主要是由被分解的微塑料构成，看起来就像一碗巨大的海洋汤上漂着大粒胡椒粉。

太平洋垃圾带也不是唯一的大洋垃圾带，只是其中最著名的一个。五个大洋垃圾带中两个位于太平洋，一个位于印度洋，另外两个位于大西洋。大洋中水流环形流动形成环流，吸入垃圾然后堆积起来，形成垃圾带。

海洋垃圾带不是一个实体的岛屿，不会堆积得像筏子一样漂浮在海面上，而是不停变形。有时一些碎片会随着洋流飘走，有时会随着水柱沉入海底。垃圾带本身会随着风和洋流移动，在靠近和远离大陆架的过程中入侵海洋生物群落。

除了看起来很恶心以外，垃圾带也是有害的。海洋哺乳动物、大型鱼类还有海龟可能会被卷入废弃的渔网还有其他垃圾中，无法逃脱，这种现象被称为“幽灵捕鱼”。鸟类把塑料小球或者泡沫塑料误认成鱼卵，喂给幼雏，幼雏就会死于饥饿或者内伤。大多数的材料都会被降解，所以垃圾带中主要是塑料，塑料会吸收化学物质，然后被海洋生物摄取，并随着生物链一路传递给我们，给海洋生物和我们的健康造成了未知的影响。海洋中充斥着的废弃塑料影响了海洋生态系统的健康，随之也影响了人类从旅游业、渔业到航运等的各种产业。

塑料污染不会自行消失。与食物、木头和棉花废弃物不同，细菌不会吃塑料，所以塑料无法被生物降解。这并不是什么值得惊讶的事，因为塑料在人类制造出它们之前并不存在，所以细菌并没有因经受长期的演化压力而演化出分解塑料的能力。不过，塑料会被光降解，紫外线会破坏无机分子长链之间的键。降解完毕的时间取决于塑料位于哪里，垃圾填埋场（或者水柱底部）的塑料被埋藏在数十米深的其他垃圾下面（或者水下），几乎不会暴露在紫外线下，因此降解得非常缓慢，可能需要超过400年的时间。尽管漂浮在海面或者靠近海水表层的塑料会更快降解，但是塑料只是会分解，不会溶解或者消失，最终我们的海洋垃圾带会变成微塑料汤。与此同时，人类每年继续向海洋倾倒大约800万吨的塑料。塑料可以用于储存、包装、制作衣物还有其他产品，我们对塑料的依赖性还在持续增长。

最近，化学工程师开始调整聚合物，试图合成部分或者完全可生物降解的塑料。比如在聚合物合成过程中添加淀粉，可以制造出一种可生物降解的塑料。不过，淀粉可以增加微生物的降解，同时也会影响最终产品的性能，可能使其加速分解成微塑料。利用玉米淀粉等制作的植物基塑料已经在某些场合使用，例如一次性叉子、杯子（用于冷饮，因为这种塑料相比于普通塑料会在更低的温度下融化）和一次性包装材料。植物基塑料通常被认为是可降解的，甚至可食用。然而，这种生物塑料的化学成分和石油基塑料的很相似，这种说法充其量只是一种良好的展望，或者有时候可以说是彻头彻尾的谎言。一些植物基塑料的确最终会在工业堆肥设施中进行降解，但是它们还是会像石油基塑料一样长期存在于后院的堆肥桶和垃圾填埋场里。更糟糕的是，植物基塑料不能和石油基塑料一起回收。如果不慎混合在一起，那么整批塑料都会因受到污染而无法回收。

有一种新发现的塑料材料，被称为聚羟基烷酸酯（PHA），有希望成为石油基与植物基塑料的替代品。PHA是由一些细菌自然产生的，是细菌在资源短缺时储存能量的一种方式。工厂中在限制某些营养物质的同时给予某些过量营养物质，就能诱导细菌产生大量PHA。与石油基或者植物基塑料不同，PHA能够在后院堆肥桶、垃圾填埋场甚至是在海洋里进行生物降解。PHA也有广泛的潜在用途；现在科学家发现了150多种PHA，是微生物基于糖、淀粉和油生产的。这些PHA可以单独使用，也可以和其他材料混合制作可生物降解塑料，具有良好的耐久性、延展性、耐热性和耐水性。

虽然目前全球PHA工业生产规模还是很小，但是生物技术公司正在开发PHA聚合物，以替代很多最终进入环境的不可生物降解塑料。现在基于PHA的产品，包括缓释农业肥料的胶囊、提高阻隔紫外线能力的微塑料、蔬果塑料包装，还有快餐连锁店的一次性杯子和餐具。现在，PHA最大的市场是农用地膜，也就是农民在耕地表面覆盖的塑料膜，以防止杂草侵入农作物。通常，地膜在每个生长季过后被犁回土壤，之后在土壤中被分解成能存在数百年的微塑料。但是，由PHA制作的地膜可以生物降解。

PHA由微生物生产，这也给合成生物学带来了新的机会。目前，PHA的工业生产是利用细菌代谢糖或者油实现的，但是科学家正在研究微生物产生PHA的途径，了解如何调控和限制这些途径。比如，他们可以改造微生物，使其利用一些废物生产生物塑料，原料包括啤酒酿造过程中留下的麦芽汁、咖啡渣和花园废料，甚至能让微生物清理泄漏的石油，或者降解石油基塑料。

展望未来，我毫不怀疑有一天我们的工程菌不仅能够生产支持我们生活的产品，还能够清除地球上的垃圾。这个解决方案迟早会出现。最近科学家发现了能够分解某些石油基塑料的微生物，只是这些微生物在自然条件下消耗塑料的速度太慢，对于当今的污染问题来说是杯水车薪。不过，基因工程能够优化这些过程。谁知道呢，没准微生物工程学家能够发现如何利用微生物破坏聚合物的化学键时所释放的能量。实际上，合成生物学可以把这个时代的垃圾转变成另一个时代的宝藏。

拯救我们的土壤

现今的污染问题可能是我们这个物种演化成功的必然结果。过去的200年间，生活在这个星球上的人类从10亿增长到近80亿。我们需要食物和睡觉的地方，产生无机和有机的垃圾，这些垃圾需要去处。塑料污染只是污染问题的一部分，不过可以肯定的是，合成生物学能解决的环境危机绝不止这一个。全球商品生产和农业的产业化污染了空气和水，并且造成了耕地退化。后果是非常严重的：联合国估计，到2050年我们现有的农业产量需要增长50%，才能满足未来预计近90亿人口的需求，但是谢菲尔德大学格兰瑟姆可持续未来中心估计，现在全球作物种植能力已经比50年前低了1/3。耕地退化一部分来自季节性耕作，目的是去除杂草，但这会让土壤中的碳被释放到大气中，导致温室气体的积累。这还会让土壤中的矿物质减少，使土壤易干涸也易流失，导致河流和海洋富营养化。农民需要在不够肥沃的土地上种植作物，因此出现滥用或者过度使用除草剂和杀虫剂的情况，这会改变土壤的矿物质和pH植，也会破坏维持健康土壤生态系统的微生物群落，这使问题变得更严重了。

合成生物学已经应用于改善作物生产和缓解耕地退化。基因工程抗除草剂植物减少了农民使用草甘膦和草铵膦这类除草剂控制杂草的需求。[①]转基因抗虫植物减少了化学除草剂对生物多样性和土壤质量的影响。基因工程也创造了许多抗病（例如彩虹木瓜）、

---

① 草甘膦是全球范围内使用最为广泛的除草剂，2015年国际癌症研究机构（IARC）将草甘膦归为“可能的致癌物”，自那以后草甘膦受到了严格的审查。该机构衡量致癌性的方式与其他机构不同，按照物质在任何条件下是否致癌来给物质分类，无论这些条件能否在真实世界实现。其他重要的卫生组织主要根据现实暴露情况来判断致癌风险，包括测量暴露时长和浓度。IARC发布报告前后的几十年间，包括美国国家环境保护局、世界卫生组织、欧洲化学品管理局和加拿大卫生部在内的主要卫生部门和其他监管机构，都没有发现接触草甘膦能够增加人类的患癌风险。不过，IARC将草甘膦划归为2A类致癌物，此类致癌物还包括上夜班、喝热饮、吸入烧木头导致的烟、从事理发工作还有患疟疾。最近的民法案件依据IARC的分类标准做出判定。

高营养（例如黄金大米）、吸引人（例如北极苹果），还有能在不良生长条件下存活（例如抗洪水稻）的植物。多亏了基因编辑技术，番茄得到了改良，出现了更多的品种。纽约冷泉港实验室的遗传学家扎克·李普曼利用CRISPR技术调整了番茄的三个基因，创造了一种圣女果，能够像葡萄一样长成一串，而且迅速成熟。这种更紧凑、更高产的圣女果更适合生长在小空间，例如城市屋顶花园，或者是人类移民火星建立的小花园。

我们的家养动物也能利用合成生物学来提高利润，不仅是改善饲料的营养成分。我希望有朝一日，基因工程能够用于改善动物福利，也能用于提高食品产量。现在出现了接受动物基因工程的迹象。水优三文鱼（AquAdvantage salmon）的生长速度是普通三文鱼的两倍，因此能提前上市。2015年美国食品药品监督管理局批准了水优三文鱼的销售（但是不包括养殖），2019年其新领导层解除了对从加拿大进口水优三文鱼的禁令——此前加拿大批准了这种三文鱼的生产和销售，也允许这种鱼在美国生产。2020年，美国食品药品监督管理局宣布半乳糖安全猪（GalSafe pigs）在食用和医疗方面，对人都是安全的。科学家对这种猪的DNA进行了微小的编辑，使它们的细胞表面不会产生α–半乳糖。有一些人患有α–半乳糖综合征（哺乳动物肉类过敏），这种过敏反应往往发生在被蜱虫叮咬之后。半乳糖安全猪对这些人来说是安全的，他们可以食用或者接受这种猪的器官、血液或者其他产品，不必担心过敏反应。

尽管现在出现了希望的曙光，但是转基因动物的监管路径仍然困难重重。不过，如果消费者和监管机构（还有竞争者，比如水优三文鱼主要的反对者一直是阿拉斯加三文鱼捕捞业）愿意接受科学的指导，那么这种局面可以很快发生转变。世界各地的实验室正在开发转基因家养动物品种，以满足人类的特定需求。猪肉是这个星球上最受欢迎的肉类，快速生长的猪能够提高猪肉产量。在其他动物生长缓慢的地区，山羊能够生产防泻奶，改善人类健康。在由于气候变化升温的部分地区，耐热牛能够很好地生活。很多传染病导致家养动物高死亡率和威胁人类健康，基因工程能够减轻全球传染病负担。为此，实验室正在研究抵抗非洲猪瘟的猪、不会感染疯牛病的牛，还有不能传播禽流感给鸡或者人的鸡。

合成生物学还可以创造一些驯化植物和动物，来对抗环境污染和气候变化。尽管加拿大环保猪的项目已经在2012年正式结束，但是这种猪的精子被冷冻保存了下来，有朝一日在一个对生物技术更加友好的世界里，这个项目可以重新启动，能够让这种消化磷的猪减少养殖户的成本，也减少养猪场附近流域的富营养化。虽然由于监管方面的障碍，转基因动物工作进展变缓，但是转基因植物方面的工作获得了重大进展。例如，索尔克生物研究所植物利用计划（HPI）的科学家正在利用合成生物学优化植物捕捉和储存碳的能力，是通过增加木栓质的产量来实现的。木栓质是一种在植物根中发现的抗腐烂、富含碳的聚合物。该项目开发的基因工程植物被称为IdealPlants™，拥有更深、更大的根系，能够将更多的碳吸收到土壤中。他们计划将这一特性植入6种最为常见的农作物中，包括玉米、油菜、大豆、水稻、小麦和棉花。他们的目标是利用世界农业系统作为应对气候变化的武器。

随着合成生物学家不断学习和调整动植物基因组以制造更多、更好和更多样的产品，随着自然和社会科学家改进评估新生物技术风险的方式，还有随着从业者和当地人发展出在农场和森林中应用生物技术的方法，作为一个全球化的社会，我们将越来越习惯于使用合成生物学工具来塑造我们的世界。我们与基因工程技术之间的扭曲关系终会在必要时发生转变。保留令人安心的随机演化，同时又把世界推向一个确定的未来，这是不可能的。如果想要喂饱90亿或者100亿人，同时保证洁净的空气和饮用水，还有栖息地的生物多样性，我们就需要对演化施加更多的控制。我们需要引导演化，让物种更快地适应当今世界。我们必须这样做，让所有人都能够使用生物技术。这需要允许社区当地人参与，也需要尊重文化差异，作为一个全球性社区共同前进。我们的生存可能就有赖于这些。

我们的未来

2018年10月，双胞胎露露和娜娜在深圳一家医院悄无声息地提前出生了。一个月后，在中国香港第二届人类基因组编辑国际峰会上，深圳南方科技大学生物物理学家贺建奎宣布了她们的诞生。这一次，女孩们的出生掀起了轩然大波，不过这不是贺建奎所期望的反应。

直到2018年11月，贺建奎在基因编辑领域还是相对无名的状态。他先在中国科学技术大学就读，然后在得克萨斯州的莱斯大学获得生物物理学博士学位。随后，他回到中国，在深圳成立了一家DNA测序初创公司。基因编辑领域的几位顶尖科学家和生物伦理学家早在贺建奎在旧金山湾区做研究时就知道他了，但是没有人预料到他和他的研究团队最终会做出什么。

宣布这一惊人消息之前的几年里，贺建奎已经显露出对利用基因编辑技术改造人类胚胎的兴趣。不过，他的研究限制在动物胚胎，或者更具争议性的对象——无法存活的人类胚胎。尽管他不是第一个进行这类实验的人，但是很多与他打过交道的专家怀疑，他的长期目标是编辑用于妊娠的人类胚胎。不过，没人想到他真的会将这项研究付诸实施，直到他通过电子邮件宣布婴儿已经出生。

贺建奎本来计划在2018年的国际人类基因组编辑峰会上向全世界宣布这对双胞胎的出生，但是在会议召开的前几天，他失去了对整个事情的掌控。他知道这个公告会引起轰动，为此他做好了准备。他制作了优兔（Youtube）视频来回应自己预计会被问到的常见问题，而且雇用了公关人员来应对媒体。然后，在会议召开的前三天，《麻省理工科技评论》的记者安东尼奥·雷加拉多发现并曝光了这件事。基因编辑界陷入了半震惊的失望状态，大多数人都认为，一个流氓科学家创造出活着的基因编辑人类是不可避免的，但是没有任何一个人能预料到是这名科学家，在这个时间点，进行这些编辑。

贺建奎原本希望从这项研究中获得声望和赞誉，结果却遭到国际上的谴责。在接下来的几个月里，贺建奎失去了大学的工作，并最终入狱。

这对双胞胎在2018年被披露后，全世界对她们还是知之甚少，2019年夏天第三个基因编辑婴儿也出生了，人们对其更是一无所知。贺建奎撰写了一篇研究论文手稿，描述了他的第一个实验，这份未发表的手稿副本被曝光，我们对这些孩子的了解完全来自这份副本。需要我们引以为戒的是，数据一团糟。

这个实验是作为一个试管婴儿项目的一部分开始的。这对双胞胎的父母想要孩子，但是父亲一方的HIV（艾滋病病毒）检测结果呈阳性，这让他们难以获得试管婴儿。参与贺建奎实验项目后，他们和其他几对相似的夫妻可以通过一种标准的精子清洗措施，消除母亲和孩子感染病毒的机会。然而，贺建奎希望给这些参加实验的家庭额外的抗病毒防护。在卵子受精后，他利用CRISPR技术更改了胚胎的基因组，保护他们免于感染HIV。双胞胎父母是否知道和了解这种额外基因编辑的风险尚不清楚，而且事实上，这项实验并未经受伦理审查，很难知道参与实验的人究竟对实验的细节了解到什么程度，包括实施体外受精的医院和医生是否知道正在移植的胚胎是基因编辑胚胎，这些都难以确定。

在胚胎发育到200~300个细胞的阶段，贺建奎团队对其中一些细胞进行了基因组测序。基因组数据显示了实验的几个关键细节。首先，双胞胎被编辑的基因和目前已知能够阻碍HIV感染的基因不一致。有些人拥有一种突变，他们的DNA缺失了一小段，导致他们的T细胞CCR5受体失活，这种缺失导致HIV无法进入细胞。有两个突变的人比只含一个突变的人更不容易感染HIV。双胞胎中的一个，基因组中有两个CCR5基因都被编辑了，但是两条染色体上的编辑结果不同，而且两个基因拷贝并没有和保护性突变保持完全一致。双胞胎中的另一个，基因组仅仅有一个基因拷贝被编辑了，而且该编辑和其他保护性突变不一致。因此，我们无法知道进行人工授精的时候，这两个女孩能否得到任何抗病毒防护。手稿被摘录刊登在《麻省理工科技评论》上，显示出贺建奎团队在移植胚胎前知晓双胞胎基因组编辑的细节。他们明明可以选择冷冻胚胎，进行实验来评估这些新突变的有效性和安全性，但是他们还是选择继续进行了下去。

其次，两个胚胎都是嵌合体，这意味着这些胚胎中细胞的基因组并不完全一致。基因组嵌合现象是一个广为人知的问题，因为在对胚胎进行细胞编辑的时候，细胞已经开始分裂和分化成不同类型的细胞和组织。如果CRISPR编辑组件没有到达每一个细胞，或者在不同细胞内进行了不同的编辑，那么来自不同细胞的身体部位将拥有不同的DNA序列。此外，在对这些胚胎进行基因组测序的时候提取了部分细胞，这些细胞没有被移植，也不会成为孩子的一部分。直到孩子出生，都无法评估到底有多少胚胎细胞被编辑，也无法知道组成孩子身体的细胞里是否存在或者存在多少脱靶的编辑。泄露的数据显示，贺建奎团队知道其中一个孩子的基因组存在脱靶编辑，但是这个编辑没有出现在已知功能的基因组中，因此他们认为这个编辑很可能对孩子没有影响。

再次，贺建奎对这对夫妇采取的这种极端医疗干预方式毫无根据。他在峰会的报告中声称，遵守了旨在管理人类生殖细胞系编辑的学界指导方针。该指导方针由一群科学家和伦理学家于2017年制定，建议仅编辑那些导致疾病的基因，而且治疗方案需先在动物模型上优化，再应用到人类组织上，还需要由一些适当的科学和政府监管部门对项目进行伦理审查。贺建奎的实验完全不符合这些规定。该实验针对的并不是一种依靠目标基因编码的蛋白失活来治愈的遗传疾病，编辑了原本正常的健康胚胎，以达到一种预防的目的。尽管贺建奎有机会利用动物模型测试所进行的编辑，但是他并没有这么做。相比于解决一个难以攻克的医学难题，他似乎更想设计和进行人类基因编辑实验，然后一炮而红。

原本基因编辑界就非常反对人类生殖细胞系编辑，贺建奎宣布基因编辑双胞胎的出生，这激发了更强烈的反对。双胞胎胚胎出现的脱靶编辑和嵌合现象，进一步证实了专家已知的危险性：CRISPR技术仍需优化，完全达不到编辑进行妊娠的人类胚胎的程度，现在这么做是非常鲁莽的，很可能危及生命。对许多人来说，这项工作也越过了道德红线，或者至少已经踏进了一个灰色地带，介于可接受的合理治疗和可能存在伦理问题的改进之间。

为什么大多数人都不赞同利用生物技术改善我们自身呢？可以想象，在未来想要成为父母的人从全世界人类基因组优势突变中进行选择，然后利用基因编辑技术把想要的优势突变组合起来，创造出非常适合某些特殊任务或者能够生活在极端环境中的胚胎，就像人对狗和牛所做的那样。以这种方式操纵人类演化必然会造成不公平现象。人类无所谓拳师犬比迷你贵宾犬更强壮，因为我们希望这两种狗填补不同的人类生态位。但是，人类的作用并不是填充生态位，而是可以由自己决定想要什么样的生活。我们非常担心，任何技术的滥用很可能造成不公平现象。

不过，我们能够慢慢适应这些技术。就像45年前，人工授精技术令人恐惧和担忧，但是现在这项技术备受赞誉，让很多无法自行怀孕的夫妇拥有了自己的孩子。全世界范围内，基因检测已被用于评估夫妇怀上患有遗传疾病的孩子的概率。美国、欧洲国家和中国的辅助生殖医院已经提供胚胎移植前的DNA测序，这些医院筛查胚胎是否存在遗传疾病，有些也允许父母选择生理性别和眼睛颜色这样的性状。包含数十万人基因组的数据库，使得把基因和不同性状联系起来成为可能，包括身高、皮肤色素沉着和强迫症等特征。辅助生殖部门能够在这些数据库中寻找到胚胎对应的特征，给潜在的父母提供未来孩子健康、外貌、智力和行为的详细评估。从利用基因组测序选择性状来设计婴儿，到利用基因组测序操纵DNA之间，仅有几步之遥。当然，目前还有未解决的重大技术壁垒，不过也只是少数几个而已。

另一个担心是，一旦允许进行人类生殖细胞系编辑，我们可能因结果过于诱人而无法自拔。如果我们能够确切地知道孩子会变得聪明、引人注目，还有很强的运动能力，我们为什么不选择让他们这样呢？一旦我们知道需要调整哪些基因，那除了废除这项技术，还有什么能够阻止我们进行调整呢？

反对编辑人类生殖细胞的声音可能会慢慢减弱，就像反对人工授精的声音已经减弱了一样。什么时候，又会怎样到达这种状态，大概率取决于未来几年甚至几十年该技术会发展到什么程度。

截至目前，科学家和生物伦理学家呼吁暂停全球用于妊娠的人类胚胎基因编辑，人类生殖系基因组编辑临床应用国际委员会修订针对人类基因编辑研究的指导意见，详细说明需要进行的实验，以及需要进行的伦理审查。[①]不过，不能排除依然有人会忽略该指导意见，继续进行用于妊娠的人类胚胎基因编辑。如果发生这样的事情，就很可能再次引发强烈抗议，公众会要求继续加强监管，并且会再次担忧如果未来出现人工设计的婴儿，他们不公平的优势将与生俱来。但是与2018年相比，我们在未来对人类基因编辑可能不会过于吃惊，因为我们对这种技术会更熟悉。

有些危机可能不是我们自身行为导致的，为了应对这些危机，我们可能被迫采用风险更高的技术。2019冠状病毒病（新冠肺炎，COVID-19）出现并迅速蔓延到世界各地，造成数百万人死亡，影响了全球经济，也让医疗系统不堪重负。病毒通过气溶胶飞沫传播，因此我们不得不重新考虑社会的几乎每个部分。近一年来，世界各地的人们都被告知减少与同住人之外的人接触，这大大减少了我们原本的相互联系，而这些是人类之所以为人类的原因。各个年龄段的人出现焦虑和抑郁的情况增加。全世界的心理健康专家都指出滥用药物和出现自杀念头的比例上升。如果没有方便易得的疫苗，而且在2020年年初我们可以将视线投向新技术以寻找解决方案，我们会犹豫吗？

导致2019冠状病毒病的病毒是SARS-CoV-2，属于引发重症急

---

① 该委员会的研究报告于2020年9月发布：《可遗传人类基因组编辑》（Heritable Human Genome Editing，已有中文译本）。——编者注

性呼吸综合征（SARS）的病毒家族。SARS-CoV-2是一种冠状病毒，大多数冠状病毒引发的症状比较轻微，不是很可怕，例如普通流感。但是，有的时候冠状病毒也会致命。第一次SARS暴发是寄居于果子狸的冠状病毒感染人类导致的，而果子狸很可能是从蝙蝠那里感染这种病毒的。那次疫情从2002年11月持续到2003年7月，在8个月的时间里，26个国家有8 098人受感染，其中774人死亡。[①]由于国际医生和流行病学专家迅速行动，第一次SARS暴发没有导致全球大流行。该病毒主要在医疗机构内病人间互相传播，使得发现与隔离感染者和潜在感染者相对简单。SARS-CoV-2更难阻止，传播性更强。

当2019冠状病毒病来临时，我们没有做好准备。全球大流行并不令人意外，因为随着地球上人口数量增加，人类相互间还有与其他动物之间的距离都在缩小，也就增加了人畜共患病（在动物寄主上演化，然后感染人类的疾病）出现的概率。在疫情开始后，科学界将注意力放在如何阻止SARS-CoV-2上。仅仅几个月，科学家和之前相比更了解人类免疫系统是如何应对SARS和其他病毒感染的，这些知识一方面指明了优化患者预后的诊疗方案，另一方面也被用于研发疫苗，这些疫苗可以通过审批系统被快速追踪。科学家还发现，一些人感染SARS-CoV-2后，患重症概率比其他人低，因为他们从父母那里继承了一种遗传变异，就像继承了两个CCR5突变的人对艾滋病毒的免疫力那样。

---

① 数据来源：世界卫生组织2015年7月发布的报告。——编者注

2019冠状病毒病不是当今世界流行的最致命的传染病，也不是人类历史上最致命的流行病。但这是我们第一次实时利用基因数据监控的大流行，我们观察了病毒的演化，检测更具毒性的毒株的出现，跟踪了这些毒株在全球范围内的传播。我们学着利用现有措施干预病毒：隔离、治疗和接种疫苗。如果这些措施都失败了呢？如果病毒变得更为致命，或者传播速度更快呢？我们是不是会把注意力转向发现的保护性突变，然后利用可用的工具编辑自身的DNA呢？这会不会是一个转折点，由于拯救自己的需求十分迫切，以至于我们会放弃因为伦理问题而不更改自身演化路径的观点呢？

毫无疑问，我相信，最终我们会将基因工程的力量应用于自身。但是，如果我们这么做，我们追求的肯定不是未知的、可能更好的人类。毕竟，这种技术完全不是演化的运作方式。在一个尚不明朗的未来，没有任何一条演化路径能够直接创造使一个人比另一个人更好的遗传突变。实际上，终有一天，我们会发现，自己站在被迫决定是采取行动还是顺其自然的岔路口。那一天，可能是一个被大流行疾病包围的时代，我们已经知道一些遗传突变会导致我们不适应那个时候的环境。自然选择会在我们的种群中，用一种看起来冷血无情的方式去除这些突变。在我们急切地想要避免这种局面的情况下，我们想要选择不一样的结果。我们会转而用技术推翻演化的规则，曾经不可想象的、有违伦理的方式将成为唯一能够想象的道德选择。拯救人类的生命，就成了我们的土耳其软糖。

这取决于我们

数万年来，我们一直在操纵周围的生物体。从猎杀它们开始，我们使一些物种灭绝，也使一些物种濒危，我们的出现让群落和生态系统重新洗牌。当我们发现猎物灭绝不是一件不可避免的事情时，我们改变了自身的行为。我们优化了狩猎策略，开始做出谨慎的选择以维持猎物种群稳定。我们学会了使动物、采集的谷物和水果变得更好。我们将动植物带到离定居地更近的地方，学着用最优的方式养育最优质的个体，来创造更好的个体。我们的生活得到了改善，人口也增加了。但随着我们越来越多地接管地球，我们眼中应该存活的物种开始灭绝，维持生命的土地和水源都出现了污染。我们再次改变了自身的行为，制定了保护野生动物和野生环境的规则。我们替野生物种寻找栖息地、食物，甚至为它们决定哪些个体能够繁殖。还有一些空间能供我们操作，所以我们做出了进一步的行动：意识到一头公牛可以繁衍出数千只小牛，发现最好的牛可以被克隆；设计具有抗病性和抗虫性的作物，使其能够抵抗曾被我们允许占主导地位的害虫和扩散的疾病；我们甚至想出了让灭绝物种重新恢复生机的办法。在过去5万年中，我们把和我们一起生活在地球上的动植物，转变成完美适应当今世界的谱系。实际上，当今世界最主要的演化力量就是我们。

然而，我们是一种不一样的演化力量。演化是在做随机实验，并不会在进行一个育种实验前评估不同方式之间的风险，但是我们会这样做。演化不在乎下一代是什么样子，也不在乎下一代是否能存活下去，但是我们在乎。演化不会让马、小麦、牛或者美洲野牛走向一个特定的未来，但是我们会。这就暴露了我们反对生物技术时矛盾的地方。我们抵制生物技术是因为人类控制了演化，而这正是人类一直所追求的。演化不会告诉我们一个确定的未来，但是我们的生物技术可以。

在未来几十年间做出的决定，将会决定我们自身和其他物种的命运，或许是遥远未来的命运。我们可以选择使用技术发展带来的优势，利用合成生物学，更快速有效地保护野生物种和野生环境，并且以可持续的方式继续下去。我们也可以选择拒绝新的生物技术，继续走现在的路，只是速度更慢、成功率更低。

生物技术可能让人感到恐惧，尤其是在刚刚诞生的时候。就确保技术的安全性、评估风险还有进行全球范围内的合作而言，我们还有很多工作要做。但是，生物技术也让我们有理由充满希望，世界正在发生改变，人类、动物还有生态系统正在遭受苦难。生物技术有能力伸出援手，能够改变濒危物种的演化轨迹，能清理我们的垃圾，能让农场更有效率，能治愈困扰我们和其他物种的疾病，也能够创造和维持一个美好的世界，在那里野生生物能够在自然环境中繁衍生息，人们也能健康快乐，并且勇敢地承担责任。

无尽的生命最为壮美

让我们回到早春的黄石国家公园，一群北美野牛正在惬意地吃着新鲜的草，四周寂静，只能听到沙沙的风声和远处潺潺的水声。这是一幅平静又安然的画面。这些动物和空间之所以存在，是因为像我们这样的人类做出了这样的决定。诚然，人类大规模猎杀野牛，两次把它们逼到灭绝边缘，但是现在幸存在黄石的牛群，得益于我们为了保护它们的生存而设计的规则和策略。当然，这些野牛和它们的祖先不同，它们不用像祖先一样面对寻找食物、配偶还有躲避捕食者的挑战。其中一些野牛的血统可以追溯到黎凡特原牛。不过现在，它们只是野牛，相伴而行，咕哝、喷鼻然后咀嚼，度过一生。

当我凝视着这些雄伟动物的祖先和命运的时候，我想起了达尔文《物种起源》的最后一句，正完美地描述了当今人类主宰的世界：旷野和生活在旷野上的生命也许只是野蛮的，但它们是最为壮美的类型，“从简单的开端演化而来，并依然在演化之中”。

一只小脚踹了踹驾驶座，我感觉到我的后背被戳了一下。“我们能走了吗？”我的孩子们齐声发牢骚，他们厌倦了我静默沉思，也对那些消失在地平线的野牛不再感兴趣。我在座位上回头一看，然后微笑起来。车上被一堆垃圾覆盖，塑料包装纸、空果汁盒、饼干屑、坚果碎、橙子皮还有被压扁的葡萄干，这堆垃圾展示了数千年来人类对基因的修补。

我转回头，发动了汽车，并扶了扶眼镜镜架。在开往停车场出口的路上，我说出那些我知道名字的野花，希望我的孩子们不会感到无聊：野草莓、天蓝绣球、苦根、滨菊、冰川百合、毛茛还有香根。这些植物是本地物种和外来物种的混合，也许它们经过杂交，就像野牛和家牛一样，因为我们，它们的演化史与未来交织在一起。我的儿子们在后座很安静，沉浸在各自的想法中，完全无视我。我微笑起来，这不正是自然界的样子，也是自然界一直以来的样子。

这是无与伦比的世界。

致谢

我要感谢很多人，最终让这本书的出版成为现实。首先，我要感谢帮助我确认事实的人：罗斯·麦克菲、格兰特·扎祖拉和保罗·科克，感谢他们的古生物学知识；杰夫·贝利、伊莎贝尔·温德尔，埃德·格林和明迪·齐德，感谢他们在早期人类史、考古学和驯化方面的知识；艾莉森·范埃纳纳姆确保我对农业基因工程和基因编辑的描述清晰准确，还用牛和新生小牛的照片点亮了我的推特私信；奥利弗·赖德、斯图尔特·布兰德、凯文·埃斯韦特、本·诺瓦克和瑞安·费伦，感谢他们对生物技术在保护生物学方面应用的了解。我还要感谢一些人给了我很好的反馈，让我改进了初稿：克里斯·福尔默斯愿意阅读任何零散提到洞穴的章节，并且提议了最终的标题；蕾切尔·迈耶在必要时还提供了鸡尾酒；马特·施瓦茨专注于检查全球新冠肺炎统计数据；我的继父托尼·埃泽尔（来自棕榈海岸的埃泽尔家族）阅读这本书时都忘记了疫情防控期间健身房关闭的事实；还有萨拉·克伦普、凯蒂·穆恩、拉斯·科比特德蒂格和谢勒比·罗素愿意在我解决不了问题时忍受我的大声朗读。没有这些人的帮助，这本书就不会是现在的样子。

感谢埃莉诺·乔纳斯，我儿子二年级的老师，在很多年前邀请我参观她的教室还有介绍猛犸象。她可能松了口气，因为我跳过了古代驼鹿粪便的部分。我还要感谢加利福尼亚大学圣克鲁兹分校古基因组学实验室的所有人，感谢在疫情防控期间依然推进研究课题，还有在我尽力适应一切，包括写一本书和居家工作的时候，对我十分耐心。

说到耐心，我绝对要感谢我的家人：我的丈夫埃德，作为一个专业读者仔细读完了第1章内容，而且发誓说有一天一定会有时间读完整本书（还有也许有一天会读完关于猛犸象的那本书）；还有我的孩子詹姆斯和亨利，说我需要把写的每一本书都献给他们，因为我在写作过程中没空听他们讲《我的世界》游戏里经历的冒险故事。我还要感谢那些让我能在隔离期间专注于写作的人，尽管在隔离期间我在家一直忙于线上教学、会议和小学课程（还有游戏《我的世界》）。没有戴维·卡佩尔、维多利亚·诺布尔斯和琳达·纳兰霍对詹姆斯和亨利投入的精力和爱，我几乎不可能在疫情防控期间完成这本书或者其他任何事情。

最后，我要感谢我的编辑T. J. 凯莱赫引导我完成这本书，Basic Books出版社帮助我将文稿变成了真正的书，还有我的经纪人马克斯·布罗克曼，让我相信自己真的能写作。

现在我要停笔，去看看能不能把转基因美洲栗引入加利福尼亚了。

参考书目和参考文献

以下列出的参考文献绝不是详尽无遗的。我列出这份文献列表，是为了引导读者找到可以更深入地探索前几章主要话题的资源。我尽可能地列出一些开放阅读的专业综述类文章，或者一些专门为不是科学家的人所撰写的文章。在某些情况下，特别是在我在文本中引用某些数据或出版物的情况下，我会列出发布这些数据的参考文献。

序言 参考书目

我提到了鸡可以孵出鸭子的蛋（Liu *et al.* 2012），这是原始生殖细胞转移的众多潜在优势之一，常见的物种能够做一些稀有物种或者难以圈养的物种代孕父母。例如，普通鸡已经用于培育一些稀有品种（Woodcock *et al.* 2019）。这项技术在鱼身上（Yoshizaki and Yazawa 2019）也获得了成功，这在保护生物和水产养殖方面具有巨大潜力。

“环保猪”的技术描述可以在Forsberg 等人的文章中找到（2003）。Bloch（2018）描述了“环保猪”和其他几种转基因动物，这些动物很难通过吸引非专业人士来克服监管批准的障碍，因此至今未获得批准。

在生物保护的过程中，减少对自然的干扰或积极对自然进行干预，这两种观点的冲突由来已久。一方由E. O. Wilson领导，他在《半个地球》（2016）这本书中提出了允许自然空间恢复的论点。另一方的一些人认为，现在想在地球上找到不受人类影响的区域为时已晚，我们必须接受人类作为地球负责人的角色。我最喜欢的两本阐述这一论点的书是Brand S.写的《地球的法则》(2009)和Marris E. 的《喧闹的花园》(*Rambunctius Garden*，2011)。

新西兰的生物保护从业者对利用生物技术解决生物多样性保护问题的态度调查原始报告可以在Taylor 等人的文章中找到(2017a)，讨论了这项研究的意义(2017b)。

Bloch S. 2018. Hornless Holsteins and Enviropigs: The genetically engineered animals we never knew. *The Counter*. https://thecounter.org/transgenesis-gene-editing-fda-aquabounty/.

Brand S. 2009. *Whole Earth Discipline: An Ecopragmatist Manifesto*. New York: Viking Penguin.

Forsberg CW, Phillips JP, Golovan SP, Fan MZ, Meidinger RG, Ajakaiye A, Hilborn D, Hacker RR. 2003. The Enviropig physiology, performance, and contribution to nutrient management advances in a regulated environment: The leading edge of change in the pork industry. *Journal of Animal Science* 81: E68–E77.

Liu C, Khazanehdari KA, Baskar V, Saleen S, Kinne J, Wernery Y, Chang I-K. 2012. Production of chicken progeny (*Gallus gallus domesticus*) from interspecies germline chimeric duck (*Anas domesticus*) by primordial germ cell transfer. *Biology of Reproduction* 86: 1–8.

Marris E. 2011. *Rambunctious Garden: Saving Nature in a PostWild World*. New York: Bloomsbury.

Taylor HR, Dussex N, van Heezik Y. 2017a. Bridging the conservation genetics gap by identifying barriers to implementation for conservation practitioners. *Global Ecology and Conservation* 10: 231–242.

Taylor HR, Dussex N, van Heezik Y. 2017b. De-extinction needs consultation. *Nature Ecology and Evolution* 1: 198.

Wilson, EO. 2016. *HalfEarth: Our Planet's Fight for Life*. New York: Liveright.

Woodcock ME, Gheyas AA, Mason AS, Nandi S, Taylor L, Sherman A, Smith J, Burt DW, Hawken R, McGrew MJ. 2019. Reviving rare chicken breeds using genetically engineered sterility in surrogate host birds. *Proceedings of the National Academy of Sciences* 116: 20930–20937.

Yoshizaki G, Yazawa R. 2019. Application of surrogate broodstock technology in aquaculture. *Fisheries Science* 85: 429–437.

第 1 章　参考书目

加拿大育空地区冻土中保存的植物（Zazula *et al.* 2003）和动物（Shapiro and Cooper 2003）重建古生态系统的综述，阐述了克朗代克淘金区作为更新世冰河时期动荡历史记录的潜力。Froese 等人（2009）用非学术性词汇解释了如何利用火山灰层判定事件发生的时间。

关于美洲野牛在北美洲的历史已经有很多文献提及，Rinella（2009）完成了最为详尽的历史记录之一，即便他在我结束牛津大学的工作后取笑了我的口音（我想，现在应该没有了）。Geist（1996）提供了关于美洲中部大陆人类和野牛的关系间引人入胜的细节。

Hornaday（1889）详细记录了19世纪野牛的衰退，Yong（2018）探讨了这种衰退如何影响北美生态系统。19世纪和20世纪初拯救野牛的详细信息保存在当时美国野牛协会的各种报告中，这些报告可以在该协会的在线档案中找到。

20 世纪早期野牛和家牛杂交的尝试没有成功（Goodnight 1914），但大多数野牛种群中仍然留下了家牛血统的痕迹（Halbert and Derr 2007）。Derr（2012）评估了家牛血统对圣卡塔利娜岛野牛生理上的影响。

我利用古DNA重建野牛历史的工作开始于，推断在最后一个冰期野牛种群何时增长和下降（Shapiro *et al.* 2004）。后来，我们从科罗拉多州斯诺马斯的奇杰崖野牛脚和长角野牛头骨中复原了DNA，以确定野牛何时首次进入北美（Froese *et al.* 2017）并记录了它们在末次冰盛期后的恢复情况（Heintzman *et al.* 2016）。我们在科罗拉多州斯诺马斯（Johnson *et al.*

2014）的挖掘工作在PBS（美国公共电视网）发布的NOVA（Grant 2012）纪录片中出现。

Higuchi 等人（1984）描述了从保存的斑驴皮肤中首次成功提取并克隆了DNA。随着研究人员制定并实施协议以避免污染，以及验证其结果（Gilbert *et al.* 2005和Shapiro and Hofreiter 2014），关于恐龙和更古老遗骸的DNA研究结果被揭穿。该领域的早期规则由Cooper和Poinar（2000）制定。

Cooper A, Poinar HN. 2000. Ancient DNA: Do it right or not at all. *Science* 289: 1139.

Derr JN, Hedrick PW, Halbert ND, Plough L, Dobson LK, King J, Duncan C, Hunter DL, Cohen ND, Hedgecock D. 2012. Phenotypic effects of cattle mitochondrial DNA in American bison. *Conservation Biology* 26: 1130–1136.

Froese DG, Stiller M, Heintzman PD, Reyes AV, Zazula GD, Soares AER, Meyer M, Hall E, Jensen BKL, Arnold L, MacPhee RDE, Shapiro B. 2017. Fossil and genomic evidence constrains the timing of bison arrival in North America. *Proceedings of the National Academy of Sciences* 114: 3457–3462.

Froese DG, Zazula GD, Westgate JA, Preece SJ, Sanborn PT, Reyes AV, Pearce NJG. 2009. The Klondike goldfields and Pleistocene environments of Beringia. *GSA Today* 19: 4–10.

Geist V. 1996. *Buffalo Nation: History and Legend of the North American Bison*. Stillwater, MN: Voyageur Press.

Gilbert MTP, Bandelt HJ, Hofreiter M, Barnes I. 2005. Assessing ancient DNA studies. *Trends in Ecology and Evolution* 20: 541–544.

Goodnight C. 1914. My experience with bison hybrids. *Journal of Heredity* 5: 197–199.

Grant E. 2012. *Ice Age Death Trap*. NOVA, PBS. www.pbs.org/video/nova-ice-age-death-trap/.

Halbert ND, Derr JN. 2007. A comprehensive evaluation of cattle introgression into US federal bison herds. *Journal of Heredity* 98: 1–12.

Heintzman PD, Froese DG, Ives JW, Soares AER, Zazula GD, Letts B, Andrews TD, Driver JC, Hall E, Hare G, Jass CN, MacKay G, Southon JR, Stiller M, Woywitka R, Suchard MA, Shapiro B. 2016. Bison phylogeography constrains dispersal and viability of the "Ice Free Corridor" in western Canada. *Proceedings of the National Academy of Sciences* 113: 8057–8063.

Higuchi R, Bowman B, Freiberger M, Ryder OA, Wilson AC. 1984. DNA sequences from the quagga, an extinct member of the horse family. *Nature* 312: 282–284.

Hornaday WT. 1889. *Extermination of the American Bison*. In: Smithsonian Institution USNM, editor. Report of the National Museum: Government Printing Office, pp. 369–548.

Johnson KR, Miller IM, Pigati JS. 2014. The Snowmastodon Project. *Quaternary Research* 82: 473–476.

Rinella S. 2009. *American Buffalo: In Search of a Lost Icon*. New York: Spiegel & Grau.

Shapiro B, Cooper A. 2003. Beringia as an Ice Age genetic museum. *Quaternary Research* 60: 94–100.

Shapiro B, Drummond AJ, Rambaut A, Wilson MC, Matheus PE, Sher AV, Pybus OG, Gilbert MT, Barnes I, Binladen J, Willerslev E, Hansen AJ, Baryshnikov GF, Burns JA, Davydov S, Driver JC, Froese DG, Harington CR, Keddie G, ... Cooper A. 2004. Rise and fall of the Beringian steppe bison. *Science* 306: 1561–1565.

Shapiro B, Hofreiter M. 2014. A paleogenomic perspective on evolution and gene function: New insights from ancient DNA. *Science* 343: 1236573.

Yong E. 2018 November 18. What America lost when it lost the bison. *The Atlantic*.

Zazula GD, Froese DG, Schweger CE, Mathewes RW, Beaudoin AB, Telka AM, Harington CR, Westgate JA. 2003. Ice-age steppe vegetation in East Beringia. *Nature* 423: 603.

第2章　参考书目

Mayr E.（1942）引入了生物物种的概念，尽管之前其他物种的概念也受到青睐。Coyne 和Orr的著作《物种形成》（*Speciation*，2004）对物种概念和我们对物种形成的不断发展的理解进行了深入回顾。

Humphrey 和 Stringer（2018），以及Stringer和McKie（2015）全面而通俗易懂地介绍了利用化石揭示人类血统起源，Stringer（2016）的版本更为简洁，适合注意力跨度较短的读者。对于古人类学中的人际冲突感兴趣的读者而言，Pattison（2020）也是一个很好的选择。Lieberman（2013）探讨了人属的演化，特别是双足行走的演化。Antón等人（2014）探讨非洲干旱与早期人类多样化之间的相互作用。Hublin等人（2017）描述了来自摩洛哥杰贝尔·伊罗的31.5万年前的现代人类化石。

对纳莱迪人第一次做出描述的是Berger等人（2015）。3D 打印纳莱迪人的说明位于 MorphoSource网站（https://morphosource.org）的Rising Star Project部分。

尽管考古记录中出现了一些人类行为突然转变的迹象（Mellars 2006），但大多数古人类学家认为人类行为演化是一个缓慢而复杂的过程（McBrearty and Brooks 2000）。Wurz（2012）概述了这些争论，大多数读者可以理解。

对尼安德特人的古DNA研究始于 1997 年（Krings *et al*. 1997），但Green等人（2010）的数据才揭示了我们两个血统之间紧密交织的历史。自 2010 年以来，人类与我们的远古表亲交换基因已被多次发现，这些古DNA来自尼安德特人（Prüfer *et al*. 2014, Hajdinjak *et al*. 2018, Mafessoni *et al*. 2020）、丹尼索瓦人（Reich *et al*. 2010, Meyer *et al*. 2012, Sawyer *et al*. 2015）、尼安德特人和丹尼索瓦人的混血儿（Slon *et al*. 2018），还有对存在于古代和现代人类中的古 DNA 的分析（Fu *et al*. 2016，Browning *et al*. 2018）也证实了这个理论。丹尼索瓦人居住地理范围更为广泛的结果首先是从青藏高原化石中分离的蛋白质序列中发现的（Chen *et al*. 2019），后来直接从洞穴底部沉积物中分离出的古DNA 也证实了这一结论（Zhang *et al*. 2020）。Meyer等人（2016）发布了从西班牙胡瑟裂谷洞穴中发掘的化石的核DNA序列。

今天，我们所有人或至少大多数人的基因组中都有少量从我们的远古表亲继承而来的DNA（Vernot and Akey 2015, Chen *et al*. 2020）。Prüfer等人（2014）讨论了DNA从远古表亲混合进入人类血统的一些方式，这些方式影响了人类物种的演化史。Wei-Haas（2020）详细探讨了这一切对我们自身演化的意义。

Trujillo 等人（2021）描述了编辑基因组使其含有*NOVA1* 的古老版本的大脑类器官，并分析了其生长情况。

Antón S, Potts D, Aiello LC. 2014. Early evolution of *Homo*: An integrated biological perspective. *Science* 345: 1236828.

Berger LR, Hawks J, de Ruiter DJ, Churchill SE, Schmid P, Delezene LK, Kivell TL, Garvin HM, Williams SA, DeSilva JM, Skinner MM, Musiba CM, Cameron N, Holliday TW, Harcourt-Smith W, Ackermann RR, Bastir M, Bogin B, Bolter D, ... Laird MF. 2015. *Homo naledi*, a new species of the genus *Homo* from the Dinaledi Chamber, South Africa. *eLife* 4: e09560.

Browning SR, Browning BL, Zhou Y, Tucci S, Akey JM. 2018. Analyses of human sequence data reveals two pulses of archaic Denisovan admixture. *Cell* 173: 53–61.e9.

Chen F, Welker F, Shen CC, Bailey SE, Bergmann I, Davis S, Xia H, Wang H, Fischer R, Freidline SE, Yu TL, Skinner MM, Stelzer S, Dong G, Fu Q, Dong G, Wang J, Zhang D, Hublin JJ. 2019. A late Middle Pleistocene mandible from the Tibetan Plateau. *Nature* 569: 409–412.

Chen L, Wolf AB, Fu W, Li L, Akey JM. 2020. Identifying and interpreting apparent Neanderthal ancestry in African individuals. *Cell* 180: 677–687.e16.

Coyne JA, Orr HA. 2004. *Speciation.* Sunderland, MA: Sinauer.

Fu Q, Posth C, Hajdinjak M, Petr M, Mallick S, Fernandes D, Furtwängler A, Haak W, Meyer M, Mittnik A, Nickel B, Peltzer A, Rohland N, Slon V,

Talamo S, Lazaridis I, Lipson M, Mathieson I, ... Pääbo S, Reich D. 2016. The genetic history of Ice Age Europe. *Nature* 534: 200–205.

Green RE, Krause J, Briggs AW, Maricic T, Stenzel U, Kircher M, Patterson N, Li H, Zhai W, Fritz MH, Hansen NF, Durand EY, Malaspinas AS, Jensen JD, Marques-Bonet T, Alkan C, Prüfer K, Meyer M, Burbano HA, ... Pääbo S. 2010. A draft sequence of the Neandertal genome. *Science* 328: 710–722.

Hajdinjak M, Fu Q, Hübner A, Petr M, Mafessoni F, Grote S, Skoglund P, Narasimham V, Rougier H, Crevecoeur I, Semal P, Soressi M, Talamo S, Hublin JJ, Gušić I, Kućan Ž, Rudan P, Golovanova LV, ... Pääbo S, Kelso J. 2018. Reconstructing the genetic history of late Neanderthals. *Nature* 555: 652–656.

Hublin JJ, Ben-Ncer A, Bailey SE, Freidline SE, Neubauer S, Skinner MM, Bergmann I, Le Cabec A, Benazzi S, Harvati K, Gunz P. 2017. New fossils from Jebel Irhoud, Morocco, and the pan-African origin of *Homo sapiens*. *Nature* 546: 289–292.

Huerta-Sánchez E, Jin X, Asan, Bianba Z, Peter BM, Vinckenbosch N, Liang Y, Yi X, He M, Somel M, Ni P, Wang B, Ou X, Huasang, Luosang J, Cuo ZX, Li K, Gao G, Yin Y, ... Nielsen R. 2014. Altitude-adaptation in Tibetans caused by introgression of Denisovan-like DNA. *Nature* 512: 194–197.

Humphrey L, Sringer C. 2018. *Our Human Story*. London: Natural History Museum.

Krings M, Stone A, Schmitz RW, Krainitzki H, Stoneking M, Pääbo S. 1997. Neandertal DNA sequences and the origin of modern humans. *Cell* 90: 19–30.

Lieberman D. 2013. *The Story of the Human Body: Evolution, Health, and Disease*. New York: Random House.

Mafessoni F, Grote S, de Filippo C, Slon V, Kolobova KA, Viola B, Markin SV, Chintalapati M, Peyrégne S, Skov L, Skoglund P, Krivoshapkin AI, Derevianko AP, Meyer M, Kelso J, Peter B, Prüfer K, Pääbo S. 2020. A high-coverage Neandertal genome from Chagyrskaya Cave. *Proceedings of the National Academy of Sciences* 117: 15132–15136.

Mayr, E. 1942. *Systematics and the Origin of Species.* New York: Columbia University Press.

McBrearty S, Brooks AS. 2000. The revolution that wasn't: A new interpretation of the origin of modern human behavior. *Journal of Human Evolution* 39: 453–563.

Mellars P. 2006. Why did modern human populations disperse from Africa ca. 60,000 years ago? A new mode. *Proceedings of the National Academy of Sciences* 103: 9381–9386.

Meyer M, Kircher M, Gansauge MT, Li H, Racimo F, Mallick S, Schraiber JG, Jay F, Prüfer K, de Filippo C, Sudmant PH, Alkan C, Fu Q, Do R, Rohland N, Tandon A, Siebauer M, Green RE, Bryc K, ... Pääbo S. 2012. A high-coverage genome sequence from an archaic Denisovan individual. *Science* 338: 222–226.

Meyer M, Arsuaga JL, de Filippo C, Nagel S, Aximu-Petri A, Nickel B, Martínez I, Gracia A, Bermúdez de Castro JM, Carbonell E, Viola B, Kelso J, Prüfer K, Pääbo S. 2016. Nuclear DNA sequences from Middle Pleistocene Sima de los Huesos hominins. *Nature* 531: 504–507.

Pattison K. 2020. *Fossil Men: The Quest for the Oldest Skeleton and the Origins of Humankind.* New York: HarperCollins.

Prüfer K, de Filippo C, Grote S, Mafessoni F, Korlević P, Hajdinjak M, Vernot B, Skov L, Hsieh P, Peyrégne S, Reher D, Hopfe C, Nagel S, Maricic T, Fu Q, Theunert C, Rogers R, Skoglund P, Chintalapati M, ... Pääbo S. 2017. A high-coverage Neandertal genome from Vinfija Cave in Croatia. *Science* 358: 655–658.

Prüfer K, Racimo F, Patterson N, Jay F, Sankararaman S, Sawyer S, Heinze A, Renaud G, Sudmant PH, de Filippo C, Li H, Mallick S, Dannemann M, Fu Q, Kircher M, Kuhlwilm M, Lachmann M, Meyer M, Ongyerth M, ... Pääbo S. 2014. The complete genome sequence of a Neanderthal from the Altai Mountains. *Nature* 505: 43–49.

Reich D, Green RE, Kircher M, Krause J, Patterson N, Durand EY, Viola B,

Briggs AW, Stenzel U, Johnson PL, Maricic T, Good JM, Marques-Bonet T, Alkan C, Fu Q, Mallick S, Li H, Meyer M, Eichler EE, ... Pääbo S. 2010. Genetic history of an archaic hominin group from Denisova Cave in Siberia. *Nature* 468: 1053–1060.

Sawyer S, Renaud G, Viola B, Hublin JJ, Gansauge MT, Shunkov MV, Derevianko AP, Prüfer K, Kelso J, Pääbo S. 2015. Nuclear and mitochondrial DNA sequence from two Denisovan individuals. *Proceedings of the National Academy of Sciences* 112: 15696–15700.

Slon V, Mafessoni F, Vernot B, de Filippo C, Grote S, Viola B, Hajdinjak M, Peyrégne S, Nagel S, Brown S, Douka K, Higham T, Kozlikin MB, Shunkov MV, Derevianko AP, Kelso J, Meyer M, Prüfer K, Pääbo S. 2018. The genome of the offspring of a Neanderthal mother and a Denisovan father. *Nature* 561: 113–116.

Stringer C, Mckie R. 2015. *African Exodus: The Origins of Modern Humanity.* New York: Henry Holt & Co.

Stringer C. 2016. The origin and evolution of *Homo sapiens. Philosophical Transactions of the Royal Society of London, Series B* 371: 20150237.

Trujillo CA, Rice ES, Schaefer NK, Chaim IA, Wheeler EC, Madrigal AA, Buchanan J, Preissl S, Wang A, Negraes PD, Szeto R, Herai RH, Huseynov A, Ferraz MSA, Borges FdS, Kihara AH, Byrne A, Marin M, Vollmers C, ... Muotri AR. 2021. Reintroduction of archaic variant of *NOVA!* in cortical organoids alters neurodevelopment. *Science* 381: eaax2537.

Vernot B. Akey JM. 2015. Complex history of admixture between modern humans and Neandertals. *American Journal of Human Genetics* 96: 448–453.

Wei-Haas M. 2020 January 30. You may have more Neanderthal DNA than you think. *National Geographic*. Wurz S. The transition to modern behavior. *Nature Education Knowledge* 3: 15.

Wurz S. 2012. The transition to modern behavior. *Nature Education Knowledge* 3: 15.

Zhang D, Xia H, Chen F, Li B, Slon V, Cheng T, Yang R, Jacobs Z, Dai Q,

Massilani D, Shen X, Wang J, Feng X, Cao P, Yang MA, Yao J, Yang J, Madsen DB, Han Y, ... Fu Q. 2020. Denisovan DNA in Late Pleistocene sediments from Baishiya Karst Cave on the Tibetan Plateau. *Science* 370: 584–587.

第3章　参考书目

许多人反对人类是过去5万年灭绝的主要原因的观点，并提出证据（Barnosky *et al*. 2004, Koch and Barnosky 2006, Stuart 2014）。Ceballos等人（2017）讨论了持续的灭绝危机及其与人口增长和土地用途改变的关系。

Stuart和Lister（2012）记录了披毛犀的衰落。Lorenzen等人（2011）报道了欧亚大陆考古遗址的披毛犀数量。Kosintsev等人（2019）的综述描述了板齿犀的灭绝。

Shapiro等人（2004）首先使用古DNA和种群遗传学方法来重建灭绝物种种群规模随时间变化的情况，此文章关注野牛。随后使用类似的方法来推断很多动物过去的种群动态变化，包括猛犸象（Barnes *et al*. 2007, Palkopoulou *et al*. 2013，Chang *et al*. 2017）、麝牛（Campos *et al*. 2010）、披毛犀（Lorenzen *et al*. 2011，Lord *et al*. 2020）、剑齿虎（Paijmans *et al*. 2017）、驯鹿（Lorenzen *et al*. 2001、Kuhn *et al*. 2010）、马（Lorenzen *et al*. 2011）、熊（Stiller *et al*. 2010，Edwards *et al*. 2011）、狮（Barnett *et al*. 2009）等其他动物。

Graham 等人（2016）的工作介绍了使用沉积古 DNA 来确定阿拉斯加圣保罗岛猛犸象何时以及为何灭绝。Rogers 和 Slatkin（2017）发现的核基因组数据揭示，由于近亲繁殖的影响，最后幸存的弗兰格尔岛猛犸象正在减少。

德国和比利时混血尼安德特人的遗传证据（Peyrégne *et al*.2019）还有可追溯到 7 万多年前来自中国（Liu *et al*. 2015）和以色列（Hershkovitz *et al*. 2018）的智人化石，支持了早期人类从非洲扩散的观点。Clarkson（2017）等人介绍了澳大利亚麦杰德贝贝考古遗址的年代测定分析。澳大利亚东南部环境变化的沉积记录来自van der Kaars等人（2017）。Miller等人（2016）提供了人类在澳大利亚捕食牛顿巨鸟的证据。

Reich（2016）总结了利用DNA数据得出的人类从非洲扩散到全球的时间和路线。Heintzman等人（2016）使用野牛古DNA数据，排除了无冰走廊作为最早人类殖民美洲中部大陆的潜在途径。Matisoo-Smith和Robins（2004）使用大鼠的DNA来重建人类到达太平洋岛屿的时间和顺序。

Allentoft等人（2014）表明人类对新西兰恐鸟的灭绝负有责任。Langley等人（2020）研究了斯里兰卡人与其猎物之间的持续互动。

Wilcox（2019）报道了孤独的乔治在2019年元旦去世。

Allentoft ME, Heller R, Oskam CL, Lorenzen ED, Hale ML, Gilbert MT, Jacomb C, Holdaway RN, Bunce M. 2014. Extinct New Zealand megafauna were not in decline before human colonization. *Proceedings of the National Academy of Sciences* 111: 4922–4927.

Barnes I, Shapiro B, Kuznetsova T, Sher A, Guthrie D, Lister A, Thomas MG. 2007. Genetic structure and extinction of the woolly mammoth. *Current Biology* 17: 1072–1075.

Barnett R, Shapiro B, Ho SYW, Barnes I, Burger J, Yamaguchi N, Higham T, Wheeler HT, Rosendhal W, Sher AV, Baryshnikov G, Cooper A. 2009. Phylogeography of lions（*Panthera leo*）reveals three distinct taxa and a Late Pleistocene reduction in genetic diversity. *Molecular Ecology* 18: 1668–1677.

Barnosky AD, Koch PL, Feranec RS, Wing SL, Shabel AB. 2004. Assessing the causes of Late Pleistocene extinctions on the continents. *Science* 306: 70–75.

Campos P, Willerslev E, Sher A, Axelsson E, Tikhonov A, Aari s- Søensen K, Greenwood A, Kahlke R-D, Kosintsev P, Krakhmalnaya T, Kuznetsova T, Lemey P, MacPhee RD, Norris CA, Shepherd K, Suchard MA, Zazula GD, Shapiro B, Gilbert MTP. 2010. Ancient DNA analysis excludes humans as the driving force behind Late Pleistocene musk ox（*Ovibos moschatus*）population dynamics. *Proceedings of the National Academy of Sciences* 107: 5675–5680.

Ceballos G, Ehrlich PR, Dirzo R. 2017. Biological annihilation via the ongoing sixth mass extinction signaled by vertebrate population losses and declines. *Proceedings of the National Academy of Sciences* 114: E6089–E6096.

Chang D, Knapp M, Enk J, Lippold S, Kircher M, Lister A, MacPhee RDE, Widga C, Czechowski P, Sommer R, Hodges E, Stümpel N, Barnes I, Dalén L, Derevianko A, Germonpré M, Hillebrand-Voiculescu A, Constantin S, Kuznetsova T, ... Shapiro B. 2017. The evolutionary and phylogeographic history of woolly mammoths: A comprehensive mitogenomic analysis. *Scientific Reports* 7: 44585.

Clarkson C, Jacobs Z, Marwick B, Fullagar R, Wallis L, Smith M, Roberts RG, Hayes E, Lowe K, Carah X, Florin SA, McNeil J, Cox D, Arnold LJ, Hua Q, Huntley J, Brand HEA, Manne T, Fairbairn A, ... Pardoe C. 2017. Human occupation of northern Australia by 65,000 years ago. *Nature* 547: 306–310.

Edwards CJE, Suchard MA, Lemey P, Welch JJ, Barnes I, Fulton TL, Barnett R, O'Connell TC, Coxon P, Monaghan N, Valdiosera C, Lorenzen ED, Willerslev E, Baryshnikov GF, Rambaut A, Thomas MG, Bradley DG, Shapiro B. 2011. Ancient hybridization and a recent Irish origin for the modern polar bear matriline. *Current Biology* 21: 1–8.

Graham RW, Belmecheri S, Choy K, Cullerton B, Davies LH, Froese D, Heintzman PD, Hritz C, Kapp JD, Newsom L, Rawcliffe R, Saulnier-Talbot E, Shapiro B, Wang Y, Williams JW, Wooller MJ. 2016. Timing and cause of mid-Holocene mammoth extinction on St. Pal Island, Alaska. *Proceedings of the National Academy of Sciences* 113: 9310–9314.

Heintzman PD, Froese DG, Ives JW, Soares AER, Zazula GD, Letts B, Andrews TD, Driver JC, Hall E, Hare G, Jass CN, MacKay G, Southon JR, Stiller M, Woywitka R, Suchard MA, Shapiro B. 2016. Bison phylogeography constrains dispersal and viability of the "Ice Free Corridor" in western Canada. *Proceedings of the National Academy of Sciences* 113: 8057–8063.

Hershkovitz I, Weber GW, Quam R, Duval M, Grün R, Kinsley L, Ayalon A,

Bar-Matthews M, Valladas H, Mercier N, Arsuaga JL, Martinón-Torres M, Bermúdez de Castro JM, Fornai C, Martín-Francés L, Sarig R, May H, Krenn VA, Slon V, ... Weinstein-Evron M. 2018. The earliest modern humans outside of Africa. *Science* 359: 456–459.

Koch PL, Barnosky AD. 2006. Late Quaternary extinctions: State of the debate. *Annual Reviews of Ecology and Evolution* 37: 215–250.

Kosintsev P, Mitchell KJ, Devièse T, van der Plicht J, Kuitems M, Petrova E, Tikhonov A, Higham T, Comeskey D, Turney C, Cooper A, van Kolfschoten T, Stuart AJ, Lister AM. 2019. Evolution and extinction of the giant rhinoceros *Elasmotherium sibricum* sheds light on Late Quaternary megafaunal extinctions. *Nature Ecology and Evolution* 3: 31–38.

Kuhn TS, McFarlane K, Groves P, Moers AO, Shapiro B. 2010. Modern and ancient DNA reveal recent partial replacement of caribou in the southwest Yukon. *Molecular Ecology* 19: 1312–1318.

Langley MC, Amano N, Wedage O, Deraniyagala S, Pathmalal MM, Perera N, Boivin N, Petraglia MD, Roberts P. 2020. Bows and arrows and complex symbolic displays 48,000 years ago in the South Asian Tropics. *Science Advances* 6: eaba3831.

Liu W, Martinón-Torres M, Cai YJ, Xing S, Tong HW, Pei SW, Sier MJ, Wu XH, Edwards RL, Cheng H, Li YY, Yang XX, de Castro JM, Wu XJ. 2015. The earliest unequivocally modern humans in southern China. *Nature* 526: 696–699.

Lord E, Dussex N, Kierczak M, Díez-Del-Molino D, Ryder OA, Stanton DWG, Gilbert MTP, Sánchez-Barreiro F, Zhang G, Sinding MS, Lorenzen ED, Willerslev E, Protopopov A, Shidlovskiy F, Fedorov S, Bocherens H, Nathan SKSS, Goossens B, van der Plicht J, ... Dalén L. 2020. Pre-extinction demographic stability and genomic signatures of adaptation in the woolly rhinoceros. *Current Biology* 5: 3871–3879.

Lorenzen ED, Nogués-Bravo D, Orlando L, Weinstock J, Binladen J, Marske

KA, Ugan A, Borregaard MK, Gilbert MT, Nielsen R, Ho SY, Goebel T, Graf KE, Byers D, Stenderup JT, Rasmussen M, Campos PF, Leonard JA, Koepfli KP, ... Willerslev E. 2011. Species-specific responses of Late Quaternary megafauna to climate and humans. *Nature* 479: 359–364.

Matisoo-Smith E, Robins JH. 2004. Origins and dispersals of Pacific peoples: Evidence from mtDNA phylogenies of the Pacific rat. *Proceedings of the National Academy of Sciences* 101: 9167–9172.

Miller G, Magee J, Smith M, Spooner N, Baynes A, Lehman S, Fogel M, Johnston H, Williams D, Clark P, Florian C, Holst R, DeVogel S. 2016. Human predation contributed to the extinction of the Australian megafaunal bird *Genyornis newtoni* ~47ka. *Nature Communications* 7: 10496.

Paijmans JLA, Barnett R, Gilbert MTP, Zepeda-Mendoza ML, Reumer JWF, de Vos J, Zazula G, Nagel D, Baryshnikov GF, Leonard JA, Rohland N, Westbury MV, Barlow A, Hofreiter M. 2017. Evolutionary history of saber-toothed cats based on ancient mitogenomics. *Current Biology* 27: 3330–3336.e5.

Palkopoulou E, Dalén L, Lister AM, Vartanyan S, Sablin M, Sher A, Edmark VN, Brandström MD, Germonpré M, Barnes I, Thomas J. 2013. Holarctic genetic structure and range dynamics in the woolly mammoth. *Proceedings of the Royal Society of London, Series B* 280: 20131910.

Peyrégne S, Slon V, Mafessoni F, de Filippo C, Hajdinjak M, Nagel S, Nickel B, Essel E, Le Cabec A, Wehrberger K, Conard NJ, Kind CJ, Posth C, Krause J, Abrams G, Bonjean D, Di Modica K, Toussaint M, Kelso J, ... Prüfer K. 2019. Nuclear DNA from two early Neandertals reveals 80,000 years of genetic continuity in Europe. *Science Advances* 5: eaaw5873.

Reich D. 2018. *Who We Are and How We Got Here.* Oxford: Oxford University Press.

Rogers RL, Slatkin M. 2017. Excess of genomic defects in a woolly mammoth on Wrangel Island. *PLoS Genetics* 13: e1006601.

Shapiro B, Drummond AJ, Rambaut A, Wilson MC, Matheus PE, Sher AV, Pybus OG, Gilbert MT, Barnes I, Binladen J, Willerslev E, Hansen AJ,

Baryshnikov GF, Burns JA, Davydov S, Driver JC, Froese DG, Harington CR, Keddie G, ... Cooper A. 2004. Rise and fall of the Beringian steppe bison. *Science* 306: 1561–1565.

Stiller M, Baryshnikov G, Bocherens H, Grandal d'Anglade A, Hilpert B, Münzel SC, Pinhasi R, Rabeder G, Rosendahl W, Trinkaus E, Hofreiter M, Knapp M. 2010. Withering away—25,000 years of genetic decline preceded cave bear extinction. *Molecular Biology and Evolution* 27: 975–978.

Stuart AJ. 2014. Late Quaternary megafaunal extinctions on the continents: A short review. *Geological Journal* 50: 338–363.

Stuart AJ, Lister AM. 2012. Extinction chronology of the woolly rhinoceros *Coelodonta antiquitis* in the context of Late Quaternary megafaunal extinctions in northern Eurasia. *Quaternary International* 51: 1–17.

van der Kaars S, Miller GH, Turney CS, Cook EJ, Nürnberg D, Schönfeld J, Kershaw AP, Lehman SJ. 2017. Humans rather than climate the primary cause of Pleistocene megafaunal extinction in Australia. *Nature Communications* 8: 14142.

Wilcox C. 2019 January 8. Lonely George the tree snail dies, and a species goes extinct. *National Geographic*.

第4章　参考书目

Ségurel和Bon（2017）概述了当前对人类乳糖酶持久性突变的演化和功能的理解。遗传数据已被用于推断乳糖酶持久性突变出现的时间，并追踪其在欧亚大陆（Segruel *et al*. 2020）和非洲（Tishkoff *et al*. 2007）的传播。在早期存在乳制品的群体中几乎没有发现这种突变的证据（Burger *et al*. 2020）。

Zeder（2011）的综述介绍了迄今为止考古记录中所揭示的黎凡特动物的驯化过程，以及驯化动物向欧洲扩散的情况。Marshall等人（2014）评估定向育种在早期驯化过程中的作用。 Zeder（2012和2015）总结了三种驯化途径。Wilkins等人（2014）描述了驯化物种共有的特征，在20世纪初被称为“驯养综合征”。

Schultz等人（2005）比较了蚂蚁的农业和人类的农业。古DNA有助于我们了解许多物种在何时何地被驯化（Frantz *et al*. 2020），包括狗（Bergström *et al*. 2020）、鸡（Wang *et al*. 2020）和马（Orlando 2020）。Haak等人（2015）和de Barros Damgaard等人（2018）讨论了第一批驯养马的人类扩张的时机和后果。

Park等人（2015）和Verdugo等人（2019）利用基因组学数据来探讨家牛驯化。Pitt等人（2019）讨论是否有足够的证据支持全球存在两三个家牛驯化中心。根据贾德遗址（Helmer *et al*. 2005）和卡育努遗址（Hongo *et al*. 2009）出土原牛化石的考古评估，Arbuckle等人（2016）讨论了新月沃地更广泛地区家牛的驯化。Qiu等人（2012）确定了藏牛基因组中混合了当地牦牛基因，这些基因使其祖先原牛能够在高海拔地区生存。

乳制品的考古证据包括在欧洲（Evershed *et al*. 2008）和非洲（Grillo *et al*. 2020）的陶瓷容器中保存的脂肪，以及从古人类牙垢中提取到的蛋白质序列（Warinner *et al*. 2014; Charlton *et al*. 2019，综合描述了这种方法及其带来的发现）。

Hare和Tomasello（2005）探究了狗社会认知的证据，另见Hare and Woods 2013。Saito等人（2019）以及Vitale和Udell（2019）表明，猫也进化出了依赖人类同伴的特征。

Duarte等人（2007）和Stokstad（2020）评估了生物技术在水产养殖中日益重要的作用，记录了最近海洋物种的驯化。Rosner（2014）探讨了目前驯化新野生植物的努力，包括北美土圞儿。

Moore和Hasler（2017）回顾了20世纪生物技术如何推动畜牧业和乳制品科学发展。Hansen（2020）讨论了这些技术面临的一些持续存在的挑战，特别是为什么胚胎移植迄今尚未实现其原先设想的目标。Wiggans等人（2017）了基因组数据对现代牛选择育种的贡献。

Bannasch等人（2008）将*SLC2A9*基因的突变与大麦町犬产生过量尿酸联系起来。Lewis和Mellersh（2019）的结果显示，自采用DNA测试以来，狗患疾病的频率有所下降。

Arbuckle BS, Price MD, Hongo H, Öksüz B. 2016. Documenting the initial appearance of domestic cattle in the eastern Fertile Crescent (northern Iraq and western Iran). *Journal of Archaeological Science* 72: 1–9.

Bannasch D, Safra N, Young A, Kami N, Schaible RS, Ling GV. 2008. Mutations in the *SLC2A9* gene cause hyperuricosuria and hyperuremia in the dog. *PLoS Genetics* 4: e1000246.

Bergström A, Frantz L, Schmidt R, Ersmark E, Lebrasseur O, Girdland-Flink L, Lin AT, Storå J, Sjögren KG, Anthony D, Antipina E, Amiri S, Bar-Oz G, Bazaliiskii VI, Bulatović J, Brown D, Carmagnini A, Davy T, Fedorov S, ... Skoglund P. 2020. Origins and genetic legacy of prehistoric dogs. *Science* 370: 557–564.

Burger J, Link V, Blöcher J, Schulz A, Sell C, Pochon Z, Diekmann Y, Žegarac A, Hofmanová Z, Winkelbach L, Reyna-Blanco CS, Bieker V, Orschiedt J, Brinker U, Scheu A, Leuenberger C, Bertino TS, Bollongino R, Lidke G, ... Wegmann D. 2020. Low prevalence of lactase persistence in Bronze Age Europe indicates ongoing strong selection over the last 3,000 years. *Current Biology* 30: 4307–4315.

Charlton S, Ramsøe A, Collins M, Craig OE, Fischer R, Alexander M, Speller CF. 2019. New insights into Neolithic milk consumption through proteomic analysis of dental calculus. *Archaeological and Anthropological Sciences* 11: 6183–6196.

Craig OE, Chapman J, Heron C, Willis LH, Bartosiewicz L, Taylor G, Whittle A, Collins M. Did the first farmers of central and eastern Europe produce dairy foods? *Antiquity* 79: 882–894.

de Barros Damgaard P, Martiniano R, Kamm J, Moreno-Mayar JV, Kroonen G, Peyrot M, Barjamovic G, Rasmussen S, Zacho C, Baimukhanov N, Zaibert V, Merz V, Biddanda A, Merz I, Loman V, Evdokimov V, Usmanova E, Hemphill B, Seguin-Orlando A, ... Willerslev E. 2018. The first horse herders and the impact of early Bronze Age steppe expansions into Asia. *Science* 360: eaar7711.

Duarte CM, Marbá N, Jolmer M. 2007. Rapid domestication of marine species. *Science* 316: 382–383.

Evershed RP, Payne S, Sherratt AG, Copley MS, Coolidge J, Urem-Kotsu D, Kotsakis K, Ozdoğan M, Ozdoğan AE, Nieuwenhuyse O, Akkermans PM, Bailey D, Andeescu RR, Campbell S, Farid S, Hodder I, Yalman N, Ozbaşaran M, ... Burton MM. 2008. Earliest date for milk use in the Near East and southeastern Europe linked to cattle herding. *Nature* 455: 528–531.

Felius M. 2007. *Cattle Breeds: An Encyclopedia.* Pomfret, VT: Trafalgar Square Publishing.

Frantz LAF, Bradley DG, Larson G, Orlando L. 2020. Animal domestication in the era of ancient genomics. *Nature Reviews Genetics* 21: 449–460.

Grillo KM, Dunne J, Marshall F, Prendergast ME, Casanova E, Gidna AO, Janzen A, Karega-Munene, Keute J, Mabulla AZP, Robertshaw P, Gillard T, Walton-Doyle C, Whelton HL, Ryan K, Evershed RP. Molecular and isotopic evidence for milk, meat, and plants in prehistoric eastern African herder food systems. *Proceedings of the National Academy of Sciences* 117: 9793–9799.

Hansen PJ. 2020. The incompletely fulfilled promise of embryo transfer in cattle—why aren't pregnancy rates greater and what can we do about it? *Journal of Animal Science* 98: skaa288.

Hare B, Tomasello M. 2005. Human-like social skills in dogs? *Trends in Cognitive Science* 9: 439–444.

Hare B, Woods V. 2013. *The Genius of Dogs: How Dogs Are Smarter Than You Think.* New York: Dutton.

Helmer D, Gourichon L, Monchot H, Peters J, Saña Seguí M. 2005. Identifying early domestic cattle from pre-pottery Neolithic sites on the Middle Euphrates using sexual dimorphism. In: Vigne J-D, Peters J, Helmer D, editors. *New Methods and the First Steps of Mammal Domestication*. Oxford: Oxbow

Books, pp. 86–95.

Hongo H, Pearson J, Öksüz B, ígezdi G. 2009. The process of ungulate domestication at Çayönü, southeastern Turkey: A multidisciplinary approach focusing on *Bos* sp. and *Cervus elaphus*. *Anthropozoologica* 44: 63–78.

Kistler L, Montenegro A, Smith BD, Gifford JA, Green RE, Newsom LA, Shapiro B. 2014. Trans-oceanic drift and the domestication of African bottle gourds in the Americas. *Proceedings of the National Academy of Sciences* 111: 2937–2941.

Lewis TW, Mellersh CS. 2019. Changes in mutation frequency of eight Mendelian inherited disorders in eight pedigree dog populations following introduction of a commercial DNA test. *PLoS One* 14: e0209864.

Librado P, Fages A, Gaunitz C, Leonardi M, Wagner S, Khan N, Hanghøj K, Alquraishi SA, Alfarhan AH, Al-Rasheid KA, Der Sarkissian C, Schubert M, Orlando L. 2016. The evolutionary origin and genetic makeup of domestic horses. *Genetics* 204: 423–434.

Marshall FB, Dobney K, Denham T, Capriles JM. 2014. Evaluating the roles of directed breeding and gene flow in animal domestication. *Proceedings of the National Academy of Sciences* 111: 6153–6158.

Moore SG, Hasler JF. 2017. A 100-year review: Reproductive technologies in dairy science. *Journal of Dairy Science* 100: 10314–10331.

Orlando L. 2020. The evolutionary and historical foundation of the modern horse: Lessons from ancient genomics. *Annual Reviews of Genetics* 54: 561–581.

Park SDE, Magee DA, McGettigan PA, Teasdale MD, Edwards CJ, Lohan AJ, Murphy A, Braud M, Donoghue MT, Liu Y, Chamberlain AT, Rue-Albrecht K, Schroeder S, Spillane C, Tai S, Bradley DG, Sonstegard TS, Loftus B, MacHugh DE. Genome sequencing of the extinct Eurasian wild aurochs, *Boss primigenius*, illuminate the phylogeography and evolution of cattle. *Genome Biology* 16: 234.

Pitt D, Sevane N, Nicolazzi EL, MacHugh DE, Park SDE, Colli L, Martinez

R, Bruford MW, Orozco-terWengel P. 2019. Domestication of cattle: Two or three events? *Evolutionary Applications* 2019: 123–136.

Qiu Q, Zhang G, Ma T, Qian W, Wang J, Ye Z, Cao C, Hu Q, Kim J, Larkin DM, Auvil L, Capitanu B, Ma J, Lewin HA, Qian X, Lang Y, Zhou R, Wang L, Wang K, ... Liu J. 2012. The yak genome and adaptation to life at high altitude. *Nature Genetics* 44: 946–949.

Rosner H. 2014 June 24. How we can tame overlooked wild plants to feed the world. *Wired*.

Saito A, Shinozuka K, Ito Y, Hasegawa T. 2019. Domestic cats（*Felis catus*）discriminate their names from other words. *Scientific Reports* 9: 5394.

Schaible RH. 1981. The genetic correction of health problems. *The AKC Gazette*.

Schultz T, Mueller U, Currie C, Rehner S. 2005. Reciprocal illumination: A comparison of agriculture in humans and in fungus-growing ants. In: Vega F, Blackwell M, editors. *Ecological and Evolutionary Advances in InsectFungal Associations*. Oxford: Oxford University Press, pp. 149–190.

Ségurel L, Bon C. 2017. On the evolution of lactase persistence in humans. *Annual Review of Genomics and Human Genetics* 18: 297–319.

Ségurel L, Guarino-Vignon P, Marchi N, Lafosse S, Laurent R, Bon C, Fabre A, Hegay T, Heyer E. 2020. Why and when was lactase persistence selected for? Insights from Central Asian herders and ancient DNA. *PLoS Biology* 18: e30000742.

Stokstad E. 2020. Tomorrow's catch. *Science* 370: 902–905.

Tishkoff SA, Reed FA, Ranciaro A, Voight BF, Babbitt CC, Silverman JS, Powell K, Mortensen HM, Hirbo JB, Osman M, Ibrahim M, Omar SA, Lema G, Nyambo TB, Ghori J, Bumpstead S, Pritchard JK, Wray GA, Deloukas P. 2007. Convergent adaptation of human lactase persistence in Africa and Europe. *Nature Genetics* 39: 31–40.

Verdugo MP, Mullin VE, Scheu A, Mattiangeli V, Daly KG, Maisano Delser

P, Hare AJ, Burger J, Collins MJ, Kehati R, Hesse P, Fulton D, Sauer EW, Mohaseb FA, Davoudi H, Khazaeli R, Lhuillier J, Rapin C, Ebrahimi S, ... Bradley DG. 2019. Ancient cattle genomics, origins, and rapid turnover in the Fertile Crescent. *Science* 365: 173–176.

Vitale KR, Udell MAR. 2019. The quality of being sociable: The influence of human attentional state, population, and human familiarity on domestic cat sociability. *Behavioral Processes* 145: 11–17.

Wang MS, Thakur M, Peng MS, Jiang Y, Frantz LAF, Li M, Zhang JJ, Wang S, Peters J, Otecko NO, Suwannapoom C, Guo X, Zheng ZQ, Esmailizadeh A, Hirimuthugoda NY, Ashari H, Suladari S, Zein MSA, Kusza S, ... Zhang YP. 2020. 863 genomes reveal the origin and domestication of chicken. *Cell Research* 30: 693–701.

Warinner C, Hendy J, Speller C, Cappellini E, Fischer R, Trachsel C, Arneborg J, Lynnerup N, Craig OE, Swallow DM, Fotakis A, Christensen RJ, Olsen JV, Liebert A, Montalva N, Fiddyment S, Charlton S, Mackie M, Canci A, ... Collins MJ. 2014. Direct evidence of milk consumption from ancient human dental calculus. *Scientific Reports* 4: 7104.

Wiggans GR, Cole JB, Hubbard SM, Sonstegard TS. 2017. Genomic selection in dairy cattle: The USDA experience. *Annual Reviews of Animal Biosciences* 5: 309–327.

Wilkins AS, Wrangham RW, Fitch WT. 2014. The "domestication syndrome" in mammals: A unified explanation based on neural crest cell behavior and genetics. *Genetics* 197: 795–808.

Zeder M. 2011. The origins of agriculture in the Near East. *Current Anthropology* 54: S221–S235.

Zeder M. 2012. The domestication of animals. *Journal of Archaeological Research* 68: 161–190.

Zeder M. 2015. Core questions in domestication research. *Proceedings of the National Academy of Sciences* 112: 3191–3198.

第5章　参考书目

Jon Mooallem向我介绍了第23261号法案，这是我第一次知道这个法案的故事。他在 2013 年发表文章，描述这个格格不入的团队试图通过美国国会推动立法的故事。Greenburg(2014）也讲述了一个引人入胜的故事，有关几十年来旅鸽的困境最终如何导致其灭绝。

最终，我们从牛津渡渡鸟的腿上复原了线粒体 DNA（Shapiro *et al*. 2002, Soares *et al*. 2016），但完整的渡渡鸟核基因组来自另一只丹麦自然历史博物馆的收藏。这项工作仍在进行中。我们对旅鸽演化史的分析发表在 Murray 等人（2018）的文章中。

Estes等人（2016）探索海獭、海藻林和现已灭绝的大海牛之间的关系。

Sagarin 和 Turnipseed（2012）描述了了公共信托原则的法律框架如何应用在当今的保护中。维基百科对美国和其他地方的环境和保护运动史进行了全面追溯。PBS制作的一部6集纪录片（Duncan *et al*. 2009）描述了引发美国国家公园系统创建的政治和社会背景，是了解当时保护盛行和态度转变时间轴的很好材料。美国鱼类及野生动植物管理局的官方网站包含了美国《濒危物种法》及其各种修正案的历史细节。

Pimm等人（2014）探讨国际生物多样性相关公约对保护濒危物种的影响。 Johnson 等人（2017）回顾了当今使用的减缓生物多样性丧失方法的有效性。Bongaarts（2019）总结了联合国政府间生物多样性和生态系统服务科学政策平台2019年报告的主要内容。完整的报告于 2019 年 5 月 9 日发布，可访问https://ipbes.net/global-assessment浏览。

佛罗里达美洲狮濒临灭绝和基因拯救的故事记录在 O'Brien（2003）一书第4章和第5章内容中。Saremi等人（2019）描述了我们对佛罗里达美洲狮种群近交的基因组分析。

Ruiz 和 Carlton（2003）编辑的一本书中，概述了物种如何成为入侵物种以及控制入侵物种的策略。Kistler等人（2014）发现，凤眼蓝通过大西洋的洋流散布到美洲。Russell和Broome（2016）介绍了岛上清除啮齿动物导致的生态影响。Milius（2020）报道了2016年从旧金山机场进入美国的包裹中发现了“杀人黄蜂”。

Bongaarts J. 2019. Summary for policymakers of the global assessment report on biodiversity and ecosystem services of the Intergovernmental Science-Policy Platform on Biodiversity and Ecosystem Services. *Population and Development Review* 45: 680–681.

Duncan D, Burns K, Coyote P, Stetson L, Arkin A, Bosco P, Conway K, Hanks T, Lucas J, McCormick C, Bodett T, Clark T, Guyer M, Jones G, Madigan A, Wallach E, Muir J. 2009. *The National Parks: America's Best Idea*. Arlington, VA: PBS Home Video.

Estes JA, Burdin A, Doak DF. 2016. Sea otters, kelp forests, and the extinction of Steller's sea cow. *Proceedings of the National Academy of Sciences* 113: 880–885.

Greenburg J. 2014. *A Feathered River Across the Sky: The Passenger Pigeon's Flight to Extinction.* New York: Bloomsbury.

Johnson CN, Balmford A, Brook BW, Buettel JC, Galetti M, Guangchun L, Wilmshurst JM. 2017. Biodiversity losses and conservation responses in the Anthropocene. *Science* 356: 270–275.

Kistler L, Montenegro A, Smith BD, Gifford JA, Green RE, Newsom LA, Shapiro B. 2014. Trans-oceanic drift and the domestication of African bottle gourds in the Americas. *Proceedings of the National Academy of Sciences* 111: 2937–2941.

Milius S. 2020 May 29. More “murder hornets” are turning up. Here's what you need to know. *Science News*.

Mooallem J. 2013 December 12. American hippopotamus. *The Atavist*.

Murray GGR, Soares AER, Novak BJ, Schaefer NK, Cahill JA, Baker AJ, Demboski JR, Doll A, Da Fonseca RR, Fulton TL, Gilbert MTP, Heintzman PD, Letts B, McIntosh G, O'Connell BL, Peck M, Pipes M-L, Rice ES,

Santos KM, ... Shapiro B. 2017. Natural selection shaped the rise and fall of passenger pigeon genomic diversity. *Science* 358: 951–954.

O'Brien SJ. 2003. *Tears of the Cheetah and Other Tales from the Genetic Frontier*. New York: Thomas Dunne.

Pimm SL, Jenkins CN, Abell R, Brooks TM, Gittleman JL, Joppa LN, Raven PH, Roberts CM, Sexton JO. 2014. The biodiversity of species and their rates of extinction, distribution, and protection. *Science* 344: 1246752.

Roosevelt T. 2017. "A Book Lover's Holidays in the Open, 1916." In: *Theodore Roosevelt for Nature Lovers: Adventures with America's Great Outdoorsman.* Dawidziak M, editor. Guilford, CT: Lyons Press.

Ruiz GM, Carlton JT. 2003. *Invasive Species: Vectors and Management Strategies*. Washington DC: Island Press.

Russell JC, Broome KG. 2016. Fifty years of rodent eradications in New Zealand: Another decade of advances. *New Zealand Journal of Ecology* 40: 197–204.

Sagarin RD, Turnipseed M. 2012. The Public Trust Doctrine: Where ecology meets natural resources management. *Annual Review of Environment and Resources* 37: 473–496.

Saremi N, Supple MA, Byrne A, Cahill JA, Lehman Coutinho L, Dalén L, Figueiró HV, Johnson WE, Milne HJ, O'Brien SJ, O'Connell BO, Onorato DP, Riley SPD, Sikich JA, Stahler DR, Villetta PMS, Vollmers C, Wayne RK, Eizirik E, ... Shapiro B. 2019. Puma genomes from North and South America provide insights into the genomic consequences of inbreeding. *Nature Communications* 10: 4769.

Shapiro B, Sibthorpe D, Rambaut A, Austin J, Wragg GM, Bininda-Emonds OR, Lee PL, Cooper A. 2002. Flight of the dodo. *Science* 295: 1683.

Soares AER, Novak B, Haile J, Fjelds? J, Gilbert MTP, Poinar H, Church G, Shapiro B. 2016. Complete mitochondrial genomes of living and extinct pigeons revise the timing of the columbiform radiation. *BMC Evolutionary*

Biology 16: 1–9.
Topics of the Times. 1910 April 12. *New York Times*.
Transcript of the presentation of H.R. 23261. 1910. Hearings before the Committee on Agriculture during the second session of the Sixty-first Congress 3. Washington, DC: US Government Printing Office.
Wilson ES. 1934. Personal recollections of the passenger pigeon. *The Auk* 51: 157.

第6章　参考书目

Van Eenennaam等人（2021）概述了生物技术及其在农业中的应用，以及由于我们的沉默和监管障碍而失去的机会。Mendlesohn等人（2003）介绍了美国国家环境保护局对Bt基因作物相关的风险分析。美国国家科学院编制了一份详细的报告，介绍了农业基因工程的前景以及仍然存在的科学、社会和政治方面的挑战（National Academies of Science, Engineering, and Medicine 2016）。

美国生物技术监管协调框架于1986年发布（Office of Science and Technology Policy 1986）并于2017年1月上旬更新（Office of the President 2017）。美国食品药品监督管理局2017年的监管指南规定，有意改变的生物体必须作为"新动物药物"进行监管（Food and Drug Administration 2017）。

欧盟对转基因生物的定义来自Plan和Van den Eede（2010）。Laaninen（2019）讨论了欧洲法院2018年裁决的原因和影响，即基因编辑生物属于现有欧洲转基因生物立法的职权范围。Purnhagen和Wesseler（2021）探讨了这一决定对全球经济的影响。

Cohen等人（1972）首次使用限制性内切酶将来自两种不同生物的DNA链连接在一起。 Hanna（1991）报道了 1973 年戈登会议核酸分会的一位听众的记录，该文章还包括了引发该公告的实验细节和随后发生的事件，包括1975年在加利福尼亚州阿西洛马举行的会议，记录了当时参与讨论的许多科学家的评论。Berg等人（1975）总结了阿西洛马会议的结论。

Tzifra和Citovsky（2006）回顾了用于编辑植物基因组的技术。Kim

H和Kim J-S（2014）描述了用于基因工程的可编程核酸酶的开发和应用。Doudna和Charpentier（2014），以及Knott和Doudna（2018）特别指出CRISPR-Cas系统实现的进步。Reynolds（2019）提供了一份总结，旨在向更广泛的受众介绍CRISPR的工作原理以及可以用它完成哪些工作。

Sheehy等人（1988）首先描述了使用反义技术来控制番茄中的PG活性，这一发现的意义由Roberts（1988）报道。卡尔京在寻求监管部门批准佳味番茄期间进行的实验和做出决定的详细信息来自Martineau（2001）。卡尔京于1992年发表了对佳味番茄的安全性评估（Redenbaugh *et al*. 1992）。Searbrook（1993）就佳味番茄的推出采访了卡尔京的负责人。Miller（1994）探究了媒体和激进组织的反应。

Carlson等人（2016）使用基因工程细胞系创造了无角奶牛。这6只雄性小牛之一的性状和遗传分析在Young等人的文章（2020）中进行了介绍。Norris等人（2020）发现原始基因编辑雄性基因组中存在细菌DNA序列。Molteni（2019）讲述了普琳西丝和它兄弟姐妹的完整故事（还有照片）。

Séralini及其同事在2012年最初提供的研究数据显示，老鼠在被喂食转基因玉米时有患癌症的倾向，该研究从《食品与化学品毒理学》杂志上撤回，后来以Séralini等人（2014）的名义重新发表。媒体对原始研究的反应受到Butler（2012）的批评。Steinberg等人（2019）使用了更大的样本量，但无法复制Séralini的结果。

Saletan（2015）探讨了几种转基因生物背后的科学原理和争议，包括转基因木瓜和黄金大米。Losey等人（1999）发现Bt玉米花粉对君主斑蝶有害，但他们的说法被Sears等人（2001）来自大型实地研究的数据驳斥。Tang等人（2012）报告说，食用一份黄金大米的儿童很大程度上满足了每日推荐剂量的维生素A需求。在引发争议（Hvistendahl and Enserink 2012）之后，该研究论文被撤回。Afedraru（2018）描述了正在开发中，计划在乌干达面市的维生素强化转基因香蕉。Lind（2017）讨论了改造南非植物以应对长期干旱的计划。

Lewis（1992）创造了“科学怪食”一词。

Afedraru L. 2018 October 30. Ugandan scientists poised to release vitamin-fortified GMO banana. *Alliance for Science*.

Berg P, Baltimore D, Brenner S, Roblin RO, Singer MF. 1975. Summary statement of the Asilomar conference on recombinant DNA molecules. *Proceedings of the National Academy of Sciences* 72: 1981–1984.

Butler D. 2012. Rat study sparks GM furore. *Nature* 489: 474.

Carlson DF, Lancto CA, Zang B, Kim ES, Walton M, Oldeschulte D, Seabury C, Sonstegard TS, Fahrenkrug SC. 2016. Production of hornless dairy cattle from genome-edited cell lines. *Nature Biotechnology* 34: 479–481.

Cohen SN, Chang ACY, Boyer HW, Helling RB. 1972. Construction of biologically functional bacterial plasmids in vitro. *Proceedings of the National Academy of Sciences* 71: 3240–3244.

Doudna JA, Charpentier E. 2014. The new frontier of genome engineering with CRISPR-Cas9. *Science* 346: 1258096.

Food and Drug Administration. 2017. Guidance for Industry 187 on regulation of intentionally altered genomic DNA in animals. *Federal Register* 82: 12.

Hanna KE, ed. 1991. *Biomedical Politics*. Washington, DC: National Academies Press.

Hvistendahl M, Enserink M. 2012. GM research: Charges fly, confusion reigns over Golden Rice study in Chinese children. *Science* 337: 1281.

Kim H, Kim J-S. 2014. A guide to genome engineering with programmable nucleases. *Nature Reviews Genetics* 15: 321–334.

Knott GJ, Doudna JA. 2018. CRISPR-Cas guides the future of genetic engineering. *Science* 361: 866–869.

Laaninen T. 2019. *New plant-breeding techniques: Applicability of EU GMO rules*. Brussels: European Parliamentary Research Service.

Lewis P. 1992 June 16. Opinion: Mutant foods create risks we can't yet guess. *New York Times*.

Lind P. 2017 March 22. "Resurrection plants": Future drought-resistant crops could spring back to life thanks to gene switch. *Reuters.*

Losey JE, Rayor LS, Carter ME. 1999. Transgenic pollen harms monarch larvae. *Nature* 399: 214.

Martineau B. 2001. *First Fruit: The Creation of the Flavr Savr Tomato and the Birth of Biotech Foods*. New York: McGraw Hill.

Mendelsohn M, Kough J, Vaituzis Z, Matthews K. 2003. Are Bt crops safe? *Nature Biotechnology* 21: 1003–1009.

Miller SK. 1994 May 28. Genetic first upsets food lobby. *New Scientist.*

Molteni M. 2019 October 8. A cow, a controversy, and a dashed dream of more human farms. *Wired.*

National Academies of Sciences, Engineering, and Medicine. 2016. *Genetically Engineered Crops: Experiences and Prospects.* Washington, DC: National Academies Press.

Norris AL, Lee SS, Greenless KJ, Tadesse DA, Miller MF, Lombardi HA. 2020. Template plasmid integration in germline genome-edited cattle. *Nature Biotechnology* 38: 163–164.

Office of Science and Technology Policy. 1986. Coordinated Framework for Regulation of Biotechnology. *Federal Register* 51: 23302.

Office of the President. 2017. Modernizing the Regulatory System for Biotechnology Products: Final Version of the 2017 Update to the Coordinated Framework for the Regulation of Biotechnology. US EPA. www.epa.gov/regulation-biotechnology-under-tsca-and-fifra/update-coordinated-framework-regulation-biotechnology.

Plan D, Van den Eede G. 2010. *The EU Legislation on GMOs: An Overview.* Brussels: Publications Office of the European Union.

Purnhagen K, Wesseler J. 2021. EU regulation of new plant breeding technologies and their possible economic implications for the EU and beyond. *Applied Economic Perspectives and Policy*. https//:doi:10.1002/aepp.13084.

Redenbaugh K, Hiatt W, Martineau B, Kramer M, Sheehy R, Sanders R, Houck

C, Emlay D. 1992. *Safety Assessment of GeneticallyEngineered Fruits and Vegetables: A Case Study of the FLAVR SAVR™ Tomatoes*. Boca Raton: CRC Press.

Reynolds M. 2019 January 20. What is CRISPR? The revolutionary geneediting tech explained. *Wired.*

Roberts L. 1988. Genetic engineers build a better tomato. *Science* 241: 1290.

Saletan W. 2015 July 15. Unhealthy fixation. *Slate.*

Searbrook J. 1993 July 19. Tremors in the hothouse. *New Yorker*: 32–41.

Sears MK, Hellmich RL, Stanley-Horn DE, Oberjauser KS, Pleasants JM, Mattila HR, Siegfried BD, Dively GP. 2001. Impact of Bt corn pollen on monarch butterfly populations: A risk assessment. *Proceedings of the National Academy of Sciences* 98: 11937–11942.

Séralini GE, Clair E, Mesnage R, Gress S, Defarge N, Malatesta M, Hennequin D, de Vendômois JS. 2014. Long term toxicity of a Roundup herbicide and a Roundup-tolerant genetically modified maize. *Environmental Sciences Europe* 26: 14.

Sheehy R, Kramer M, Hiatt W. 1988. Reduction of polygalacturonase activity in tomato fruit by antisense RNA. *Proceedings of the National Academy of Sciences* 85: 8805–8809.

Simon F. 2015 November 26. Jeremy Rifkin: "Number two cause of global warming emissions? Animal husbandry." *Euractiv.*

Steinberg P, van der Voet H, Goedhart PW, Kleter G, Kok EJ, Pla M, Nadal A, Zeljenková D, Aláčová R, Babincová J, Rollerová E, Jaďuďová S, Kebis A, Szabova E, Tulinská J, Líšjová A, Takácsová M, Mikušov? ML, Krivošíková Z, ... Wilhelm R. 2019. Lack of adverse effects in subchronic and chronic toxicity/carcinogenicity studies on the glyphosate-resistant genetically modified maize NK603 in Wistar Han RCC rats. *Archives of Toxicology* 93: 1095–1139.

Tang G, Hu Y, Yin S, Wang Y, Dallal GE, Grusak MA, Russell RM. 2012.

β-Carotene in Golden Rice is as good as β-carotene in oil at providing vitamin A to children. *American Journal of Clinical Nutrition* 96: 658–664.

Tzfira T, Citovsky V. 2006. *Agrobacterium*-mediated genetic transformation of plants: Biology and biotechnology. *Current Opinion in Biotechnology* 17: 147–154.

Van Eenennaam AL, De Figuieredo Silva F, Trott JF, Zilberman D. 2021. Genetic engineering of livestock: The opportunity cost of regulatory delay. *Annual Review of Animal Biosciences* 9: 453–478.

Young AE, Mansour TA, McNabb BR, Owen JR, Trott JF, Brown CT, Van Eenennaam AL. 2020. Genomic and phenotype analyses of six offspring of a genome-edited hornless bull. *Nature Biotechnology* 38: 225–232.

第7章　参考书目

本章标题灵感来自Revive & Restore于2020年6月召开的一次研讨会，旨在纪念“畅想蓝图”（Intended Consequences Initiative）倡议的启动，该倡议旨在鼓励保护方面的创新并促进实现有意设计的干预措施。本次研讨会的资源，包括相关阅读材料的链接和建议的实践准则，可在https://reviverestore.org/what-we-do/intended-consequences/获得。

在Shapiro（2015）这本书中，我提供了一个逐步去灭绝的指南，探索如何利用现有和未来的技术将已灭绝的特征重新引入现存物种，或者也许是将灭绝的物种重新引入现存的生态系统。《黑斯廷斯中心报》7月/8月增刊介绍了一系列关于去灭绝作为生物多样性保护工具的伦理、实践和未来的文章，并特刊介绍了Kaebnick和Jennings的工作（2017）。

Yamagata等人（2019）报告了入谷明的团队为恢复2.8万年前的猛犸象细胞核所做的努力，这是克隆猛犸象的第一步。黄禹锡的团队克隆死亡犬的方案在Jeong 等人（2020）中介绍，Cyranoski（2006）描述了2006年对黄禹锡欺诈、贪污和违背生物伦理的审判。Sarchet（2017）讨论了乔治·丘奇从实验室培养皿中培养的细胞开始，创造猛犸象的努力。

Wilmut等人（2015）概述了体细胞核移植的技术、局限性和前景。Borges和Pereira（2019）讨论了克隆用于保护的潜力，包括使用不同物种作为代孕母体的情况。Wani等人（2017）报告使用家养骆驼作为代字母体，成功克隆了双峰驼。Madrigal（2013）描述了使已灭绝的布卡多羊恢复生机的项目。Folch等人（2009）介绍了设计克隆布卡多羊的实验。

Zimov等人（2012）认为复活的猛犸象将把苔原变成多产的草原。Malhi等人（2016）概述了我们目前对巨型动物如何影响生态系统的理解，特别考虑了在巨型动物已经灭绝的情况下重新野化生态系统的想法。怀俄明州渔业与狩猎部门制作了一系列关于黑足鼬历史和其保护项目的精彩视频，在优兔视频网站（www.youtube.com/user/wygameandfish/）和http://blackfootedferret.org上就能找到。Dobson和Lyles（2000）描述了黑足鼬在20世纪末期的首次回归。Revive & Restore网站上描述了遗传拯救黑足鼬的国际合作。

Popkin（2020）探讨了美洲栗的历史、濒临灭绝的情况以及将它们从这种命运中拯救出来的努力。Powell 等人（2019）详细介绍了转基因美洲栗背后的科学原理。Newhouse 和Powell（2021）提出了关于使用基因工程恢复美洲栗的不同观点。

Ferguson（2018）描述了媒介传染病问题的全球规模，并回顾了控制蚊子种群的方法，包括沃尔巴克氏菌和基因驱动。Oxitec在Harris等人（2012）的文章中描述了其工程蚊子 OX513A；其他由Oxitec公司设计的昆虫具体描述可以在公司网站上查看，该网站还提供了相关科学文献的链接。Evans等人（2019）的报告称，一些 OX513A蚊子的DNA被转移到巴西当地蚊子种群中。Bote（2020）报告了在佛罗里达群岛释放OX5034蚊子的决定。

Burt等人（2018）描述了撒哈拉以南非洲的地方性疟疾问题以及“消灭疟疾”希望用于解决这一问题的疟疾控制策略。在布基纳法索巴纳首次释放不育雄性蚊子的数据在“消灭疟疾”网站（https://target malaria.org）可以找到。

Scudellari（2019）介绍基因驱动技术，通俗易懂，可供广大读者阅读。凯文·埃斯韦特的“抗蜱小鼠”项目在Buchthal等人（2019）的文章中有所描述。Noble等人（2019）提出了菊花链基因驱动的想法。凯文·埃斯韦特还在麻省理工媒体实验室的优兔频道（www.youtube.com/user/mitmedialab）上提供了一系列视频，解释了不同的基因驱动系统。Grunwald等人（2019）报道了第一个在哺乳动物中成功的基因驱动。

Borges AA, Pereira AF. 2019. Potential role of intraspecific and interspecific cloning in the conservation of wild animals. *Zygote* 27: 111–117.

Bote J. 2020 August 20. More than 750 million genetically modified mosquitoes to be released into Florida Keys. *USA Today.*

Buchthal J, Weiss Evans S, Lunshof J, Telford SR III, Esvelt KM. 2019. Mice Against Ticks: An experimental community-guided effort to prevent tick-borne disease by altering the shared environment. *Philosophical Transactions of the Royal Society of London Series B* 374: 20180105.

Burt A, Coulibaly M, Crisanti A, Diabate A, Kayondo JK. 2018. Gene drive to reduce malaria transmission in sub-Saharan Africa. *Journal of Responsible Innovation* 5: S66–S80.

Cyranoski D. 2006. Hwang takes the stand at fraud trial. *Nature* 444: 12.

Dobson A, Lyles A. 2000. Black-footed ferret recovery. *Science* 288: 985–988.

Evans BR, Kotsakiozi P, Costa-da-Silva AL, Ioshino RS, Garziera L, Pedrosa MC, Malavasi A, Virginio JF, Capurro ML, Powell JR. 2019. Transgenic *Aedees aegypri* mosquitoes transfer genes into a natural population. *Scientific Reports* 9: 13047.

Ferguson NM. 2018. Challenges and opportunities in controlling mosquitoborne infections. *Nature* 559: 490–497.

Folch J, Cocero MJ, Chesné P, Alabart JL, Domínguez V, Cognié Y, Roche A, Fernández-Arias A, Martí JI, Sánchez P, Echegoyen E, Beckers JF, Bonastre AS, Vignon X. 2009. First birth of an animal from an extinct subspecies（*Capra pyrenaica pyrenaica*）by cloning. *Theriogenology* 71: 1026–1034.

Grunwald HA, Gantz VM, Poplawski G, Xu X-RS, Bier E, Cooper KL. 2019. Super-Mendelian inheritance mediated by CRISPR-Cas9 in the female mouse germline. *Nature* 566: 105–109.

Harris AF, McKemey AR, Nimmo D, Curtis Z, Black I, Morgan SA, Oviedo MN, Lacroix R, Naish N, Morrison NI, Collado A, Stevenson J, Scaife S, Dafa'alla T, Fu G, Phillips C, Miles A, Raduan N, Kelly N, ... Alphey L. 2012. Successful suppression of a field mosquito population by sustained release of engineered male mosquitoes. *Nature Biotechnology* 30: 828–830.

Jeong Y, Olson OP, Lian C, Lee ES, Jeong YW, Hwang WS. 2020. Dog cloning from post-mortem tissue frozen without cryoprotectant. *Cryobiology* 97: 226–230.

Kaebnick GE, Jennings B. 2017. De-extinction and conservation: An introduction to the special issue "Recreating the wild: De-extinction, technology, and the ethics of conservation." *Hastings Center Report* 47: S2–S4.

Madrigal A. 2013 March 18. The 10 minutes when scientists brought a species back from extinction. *The Atlantic.*

Malhi Y, Doughty CE, Galetti M, Smith FA, Svenning J-C, Terborgh JW. 2016. Megafauna and ecosystem function from the Pleistocene to the Anthropocene. *Proceedings of the National Academy of Sciences* 113: 838–846.

Newhouse AE, Powell WA. 2021. Intentional introgression of a blight tolerance transgene to rescue the remnant population of American chestnut. *Conservation Science and Practice*. https://doi.org/10.1111/csp2.348.

Noble C, Min J, Olejarz J, Buchthal J, Chavez A, Smidler AL, DeBenedictis EA, Church GM, Nowak MA, Esvelt KM. 2019. Daisy-chain gene drives for the alteration of local populations. *Proceedings of the National Academy of Sciences* 116: 8275–8282.

Popkin G. 2020 April 30. Can genetic engineering bring back the American chestnut? *New York Times Magazine.*

Powell WA, Newhouse AE, Coffey V. 2019. Developing blight-tolerant

American chestnut trees. *Cold Spring Harbor Perspectives in Biology* 11: a034587.

Sarchet P. 2017 February 16. Can we grow woolly mammoths in the lab? George Church hopes so. *New Scientist.*

Scudellari M. 2019. Self-destructing mosquitoes and sterilized rodents: The promise of gene drives. *Nature* 57: 160–162.

Shapiro B. 2015. *How to Clone a Mammoth: The Science of De-Extinction*. Princeton, NJ: Princeton University Press.

Wani NA, Vettical BS, Hong SB. 2017. First cloned Bactrian camel（*Camelus bactrianus*）calf produced by interspecies somatic cell nuclear transfer: A step towards preserving the critically endangered wild Bactrian camels. *PLoS One* 12: e0177800.

Wilmut I, Bai Y, Taylor J. 2015. Somatic cell nuclear transfer: Origins, the present position and future opportunities. *Philosophical Transactions of the Royal Society Series B* 310: 20140366.

Yamagata K, Nagai K, Miyamoto H, Anzai M, Kato H, Miyamoto K, Kurosaka S, Azuma R, Kolodeznikov II, Protopopov AV, Plotnikov VV, Kobayashi H, Kawahara-Miki R, Kono T, Uchida M, Shibata Y, Handa T, Kimura H, Hosoi Y, ... Iritani A. 2019. Signs of biological activities of 28,000-year-old mammoth nuclei in mouse oocytes visualized by live-cell imaging. *Scientific Reports* 9: 4050.

Zimov SA, Zimov NS, Tikhonov AN, Chapin FS III. 2012. Mammoth steppe: A high-productivity phenomenon. *Quaternary Science Reviews* 57: 26–45.

第 8 章　参考书目

Waltz（2019）探讨了消费者消费转基因食品的意愿，包括“不可能汉堡”。盖伊 · 拉兹在2020年美国国家公共广播电台（NPR）的播客节目“How I Built This”中采访了帕特 · 布朗，讲述了布朗从学术界到植物性食品供应商的转变。

Kiedaisch（2019）讲述了我们与美国生物科技企业Gingko Bioworks合作重建已灭绝气味的项目。Maloney等人（2018）比较了重组蛋白C在检测药物中是否存在有毒变形虫方面的功效与重组蛋白C在替代鲎血液蛋白质方面的功效。

Gong等人（2003）描述了基因工程生产的三种发光斑马鱼。Hill等人（2014）发现荧光鱼（GloFish）和非基因工程斑马鱼相比，没有给环境带来额外的风险。 Broom（2004）报告说，苏格兰爱丁堡罗斯林研究所的科学家出于研究目的创造了表达绿色荧光蛋白的猪和鸡。本章讨论的其他转基因动物还包括Ruppy（Callaway 2009）、迷你猪（Standaert 2017）和肌肉比格犬（Regalado 2015）。

Parker（2018）描述了查尔斯·穆尔船长发现巨大的太平洋垃圾带的过程，并探讨了自它被发现以来人们对海洋垃圾带的了解。Biello（2008）和Tullo（2019）讨论了可生物降解塑料的未来。Drahl（2018）探索了微生物和蠕虫降解塑料废物的潜力。

Kwon等人（2020）报告了为城市花园设计的基因工程番茄。Conrow（2016）就水优三文鱼采访了水优的首席执行官罗恩·斯托蒂什。Phelps等人（2003）描述了半乳糖安全猪。索尔克研究所网站（www.salk.edu/harnessing-plants-initiative/）上介绍了植物利用计划的IdealPlants™技术。

Regalado（2018）在贺建奎公开披露之前，就爆出了基因编辑婴儿成功出生的事。Cyranoski（2020）证实了第三个 CRISPR 婴儿的存在，并讨论了贺建奎被判刑对全球研究的影响。美国国家科学院、工程院和医学院2017年发布了学界制定的人类基因组编辑研究指导方针。

Ellinghause等人（2020）确定一些遗传变异会导致人类感染2019冠状病毒病的风险不同。

Biello D. 2008 September 16. Turning bacteria into plastic factories. *Scientific American.*

Broom S. 2004 April 28. Green-tinged farm points the way. *BBC News.*

Callaway E. 2009 April 23. Fluorescent puppy is world's first transgenic dog. *New Scientist*.

Conrow J. 2016 June 20. AquaBounty: GMO pioneer. *Alliance for Science*.

Cyranoski D. 2020. What CRISPR-baby prison sentences mean for research. *Nature* 577: 154–155.

Darwin C. 1859. *On the Origin of Species by Means of Natural Selection, or Preservation of Favoured Races in the Struggle for Life*. London: John Murray.

Drahl C. 2018 June 15. Plastics recycling with microbes and worms is further away than people think. *Chemical and Engineering News* 96.

Ellinghaus D *et al.* (Severe Covid-19 GWAS Group). 2020. Genomewide association study of severe COVID-19 with respiratory failure. *New England Journal of Medicine* 383: 1522–1534.

Gong Z, Wan H, Leng Tay T, Wang H, Chen M, Yan T. 2003. Development of transgenic fish for ornamental and bioreactor by strong expression of fluorescent proteins in the skeletal muscle. *Biochemical and Biophysical Research Communications* 308: 58–63.

Hill JE, Lawson LL, Hardin S. 2014. Assessment of the risks of transgenic fluorescent ornamental fishes to the United States using the Fish Invasiveness Screening Kit(FISK). *Transactions of the American Fisheries Society* 143: 817–829.

Kiedaisch J. 2019 April 16. You can now smell a flower that went extinct a century ago. *Popular Mechanics*.

Kwon C-T, Heo J, Lemmon ZH, Capua Y, Hutton SF, Van Eck J, Park SJ, Lipp man ZB. 2020. Rapid customization of Solanaceae fruit crops for urban agriculture. *Nature Biotechnology* 38: 182–188.

Maloney T, Phelan R, Simmons M. 2018. Saving the horseshoe crab: A synthetic alternative to horseshoe crab blood for endotoxin detection. *PLoS Biology* 16: e2006607.

National Academies of Sciences, Engineering, and Medicine. 2017. *Human Genome Editing: Science, Ethics, and Governance*. Washington, DC: National Academies Press.

Parker L. 2018 March 22. The Great Pacific Garbage Patch isn't what you think it is. *National Geographic*.

Phelps CJ, Koike C, Vaught TD, Boone J, Wells KD, Chen SH, Ball S, Specht SM, Polejaeva IA, Monahan JA, Jobst PM, Sharma SB, Lamborn AE, Garst AS, Moore M, Demetris AJ, Rudert WA, Bottino R, Bertera S, ... Ayares DL. 2003. Production of alpha 1,3-galactosyltransferase-deficient pigs. *Science* 299: 411–414.

Raz G. 2020 May 11. Impossible Foods: Pat Brown. *How I Built This with Guy Raz*. National Public Radio.

Regalado A. 2015 October 19. First gene-edited dogs reported in China. *MIT Technology Review*.

Regalado A. 2018 November 25. Exclusive: Chinese scientists are creating CRISPR babies. *MIT Technology Review*.

Standaert M. 2017 July 3. China genomics giant drops plans for gene-edited pets. *MIT Technology Review*.

Tullo AH. 2019 September 8. PHA: A biopolymer whose time has finally come. *Chemical and Engineering News* 97.

Waltz E. 2019. Appetite grows for biotech foods with health benefits. *Nature Biotechnology* 37: 573–575.